新訂

新修代数学

永田雅宜 著

現代数学社

序

現代数学社から「大学の代数学の参考書でわかり易いものを書いてほしい」との依頼があり，それにこたえて書いたのが本書である．内容について，若干の説明を加えると:

(1)　第1章～第7章は，そのタイトル「1　自然数; 2　nを法とする合同; 3　実数; 4　複素数; 5　多項式; 6　代数方程式の解法; 7　算法をもつ集合」からわかるように，高校までの数学で出てくるものを素材にしている．このような身近な素材を材料にすることによって，新しい概念へのアプローチをし，第8章以降への準備としたのである．第8章～第12章（8　準同型と同型; 9　置換群と対称式; 10　可換環; 11　代数拡大体; 12　ガロア理論の応用）では群，環，体の基本事項とガロア理論の応用を易しく解説することによって，大学での代数学の講義の復習，補習に役立つようにした．

なお，特に第1章～第8章では，関連する内容の問題が，教員採用試験に多く出題されているので，過去の出題から本書の素材にしたものが多くある．それらは主として協同出版の教員採用試験問題集によった．ここに同出版社に対して謝意を表したい．なお，問題のあとに地名がついているのは原則としてその都道府県の中学または高校の教員採用試験に出題されたことがあることを示す．例外は，「市」とあるときはその市での採用試験であり，「私」とあるのは私学の採用試験を意味するのとの二種類だけである．中学または高校の教員を志望する場合には，大いに参考になるものと考える．

(2)　第1章～第12章関連事項で，数学としての見地からは大切ではあるが，中へ並べると全体が難解になるおそれのある事項は切り離して，Appendix 1 ～ Appendix 12 に分けて述べた．これらは，自ら更に進んで勉強しようとする読者の便に供したものである．

(3)　定義，定理，証明が順次並んでいるのが通常の大学学習書のスタイルであるが，時として読者の興味を失わせることがおこる．その心配を少くしようというわけで，各章毎にいくつかの問題をとりあげ，これらの問題の解説に関連させて新しい概念の説明をするスタイルをとった．また，自習の助けのため類題を加えた．このスタイルは読者の助けになるものと期待している．

読者諸君が本書を大いに活用し，現代数学への理解を深める一助とされることを希望します．

最後に，本書の出版についていろいろ配慮して下さった現代数学社の諸氏に謝意を表します．

1984年1月

永田雅宜

新訂版に向けて

このたび 30 年ぶりに故永田雅宜先生の名著を復刊させていただく運びとなりました．大学数学の理解の助けになるようにという目的で書かれた本書は，演習書としてはもちろん，抽象代数学への入門書としても充分役立つものであると確信しております．

このたびの復刊に際して，京都大学大学院 理学研究科の森脇 淳教授，並びに大西智也氏には大変お世話になりました．ここに心より厚く御礼を申し上げます．

現代数学社編集部

目　　次

序

1　自　然　数……1

2　n を法とする合同……9

3　実　　数……14

4　複　素　数……20

5　多　項　式……28

6　代数方程式の解法……36

7　演算をもつ集合……43

8　準同型と同型……51

9　置換群と対称式……59

10　可　換　環……68

11　代数拡大体……77

12　ガロア理論の応用……88

Appendix 1　素因数分解の一意性……97

Appendix 2　代数学の基本定理……99

Appendix 3　対　称　式……100

Appendix 4　四次方程式の解法……101

Appendix 5　五次以上の代数方程式……102

Appendix 6　円周等分多項式……108

Appendix 7　n を法とする既約剰余類のなす群……110

Appendix 8　多項式の素元分解……113

Appendix 9　代数的閉体……115

Appendix 10　作図の可能性……118

Appendix 11　超越次数……121

Appendix 12　非可換環……123

略　解……125

索　引……156

1 自　然　数

通常10進法で自然数を表記するが，2進法，3進法なども考えられる．また，倍数，約数，素因数分解などの概念も大切である．数学的帰納法は，自然数全体が，1から出発して，順次1を加えて行けばすべて尽くされるという性質に基づくものである．

1 **(n 進法表記)**　5進法で表して2桁の数があり，それを7進法で表すと，数字の順が入れかわるという．これを10進法で表せばどうなるか．　（神奈川）

2 **(整除と剰余)**　p が3より大きい素数であれば，p^2-1 は24で整除されることを証明せよ．　（茨城）

3 **(約数の総和)**　自然数 N の約数（1と N を含む）の総和が $2N$ であるとき N は**完全数**であるという．次の問いに答えよ．

(1)　p, q が素数であって，pq が完全数であれば，pq はどんな数か

(2)　2^n-1 が素数であれば，$2^{n-1}(2^n-1)$ は完全数であることを証明せよ．　（栃木）

4 **(ユークリッドの互除法)***)　1002と7635の最大公約数および最小公倍数を求めよ．

5 **(数学的帰納法)**　p が素数であれば，どんな整数 n についても n^p-n は p でわりきれる．これを，数学的帰納法を利用して証明せよ．

*)　単に**互除法**ということもある．

1.1 n 進法表記

自然数 $n(>1)$ を固定し，$0, 1, \cdots, n-1$ を表す記号（ここでは，通常通りの $0, 1, 2, \cdots, n-1$ を用いることにする．ただし $n>10$ のときは（　）をつけて区別をする．）を用意しておく．どんな自然数 N をとっても，

$$N=a_e n^e+a_{e-1}n^{e-1}+\cdots+a_1 n+a_0 \quad (0 \leqq a_i < n;\ a_e \neq 0)$$

と表せるので，これを $a_e a_{e-1}\cdots a_1 a_0$ と表すのが n **進法表記**である．コンピューターでなじみになってきた2進法なら，記号は0,1の二つだけでよくなる．古代メソポタミア文明は60進法を利用したが，その際必要な記号は1を表す記号と10を表す記号を，いくつか並べる方法をとった．（非常に古い時代は0を表す記号がなく，位取りは前後の内容で判断したらしいが，少しおくれて0を表す記号を考えた．）角度の $1°$ が $60'$，$1'$ が $60''$ というのは，メソポタミア文明の影響である．

いくつかの数を，10進法，60進法，5進法，2進法で表してみよう．

10進法	60進法	5進法	2進法
23	(23)	43	10111
123	(2)(3)	443	1111011

さて，この例題1は，つぎのようにすれば，一次方程式が得られる．すなわち：
この数の5進法表記が ab であったとすると，7進法表記は ba であるというのだから，

$$5a+b=7b+a$$
$$\therefore \quad 4a=6b$$
$$\therefore \quad 2a=3b$$

これは単なる方程式ではない．5進表記が ab であったのだから，a は $1, 2, 3, 4$ のうちの一つ，b は $0, 1, 2, 3, 4$ のうちの一つである．したがって，$b=2, a=3$ が唯一組の解であり，求める数は17ということになる．

n 進法表記は自然数だけのものではない．正の数 $a_e n^e+a_{e-1}n^{e-1}+\cdots+a_1 n+a_0+a_{-1}n^{-1}+\cdots+a_{-s}n^{-s}$ は $a_e a_{e-1}\cdots a_1 a_0.a_{-1}a_{-2}\cdots a_{-s}$ というふうに，小数点を使って表せばよい．無限小数も考えられる．負の数は絶対値の n 進法表記に －（マイナス）記号をつければよい．古代メソポタミア文明では，正の数だけではあるが，60進法の有限小数が扱われた．

類題 ―――― 解答は126ページ

1.1. 9進法で表された2桁の数がある．これを7進法で表すと数字が逆順になるという．これを10進法で表せばどうなるか．（千葉）

1.2. 正の数 a は，10進法で表しても，3進法で表しても有限小数であるという．a は整数であることを証明せよ．

1.3. 1234（10進法）を2進法で表せ．

1.2　整除と剰余

整数 n を整数 a で割ると，**商** q と**余り**(**剰余**) r が得られて

$$n=aq+r\ \ (q, r \text{ は整数},\ 0\leqq r<|a|)$$

となる．$r=0$ となるとき，n は a で**整除**される，n は a の**倍数**である，a は n の**約数**であるという．

m が二つの整数 a, b の倍数(または約数)のとき，m は a, b の**公倍数**(または**公約数**)であるという(次のページ 1.3 参照)．a と b が，±1 以外に公約数をもたないとき，a と b は互いに**素**であるという．

整数 a, b, c について，

(i)　b が a の倍数であれば，bc も a の倍数; a が b の約数ならば，a は bc の約数

(ii)　b, c が a の倍数ならば $b\pm c$ も a の倍数; a が b, c の公約数ならば，a は $b\pm c$ の約数

(iii)　bc が a の倍数であっても，b, c どちらも a の倍数でないとは起りうる．例えば，4, 9 はいずれも 6 の倍数ではないが，4×9 は 6 の倍数

この(iii)に関連して，「素数」が大切になってくる．すなわち，1 より大きい自然数 p で，1 と p 以外には正の約数をもたないものを**素数**というが，このとき，

(iv)　p が素数で，bc が p の倍数ならば，b または c が p の倍数である．

このことは当り前と思ってきたであろうが，公理ではなく，定理であり，証明が必要なのである．2 種類の証明を，巻末の Appendix 1 と Appendix 8 とにおいて，一つずつ述べる．

さて，この例題 2 は，$p^2-1=(p-1)(p+1)$ であるから，

(1)　$p-1, p+1$ のどちらかは 3 の倍数である

(2)　p^2-1 は 8 の倍数である

の二つを示せばよい．

(1)：p は 3 の倍数ではないから，$3n\pm1$ の形．したがって(1)がいえる．

(2)：p は奇数であるから，$p=4m\pm1$の形．$p^2-1=16m^2\pm8m$　ゆえ，8 の倍数．

類題　解答は126ページ

2. 1.　a が正の整数のとき，$(a-1)a(a+1)$ はどんな整数になるか，理由もつけて答えよ．　(埼玉)

2. 2.　連続した n 個の整数 $a,\ a+1,\ a+2,\ \cdots,\ a+n-1$ の積は $n!=n(n-1)\cdots2\cdot1$ でわりきれることを示せ．

［ヒント］　$\dfrac{m(m-1)\cdots(m-(n-1))}{n!}$ は何の式だったかを思い出せ．前問の一般化ではあるが，方法は別．

1.3 約数の総和

中学の教科書で倍数，約数を学ぶが，それは自然数の範囲で学んでいる時期になされるので，負の約数，負の倍数は現れなかった．しかし，3ページで定義したように，負の倍数，約数は存在するのである．(また，0はどんな整数の倍数でもある．)

しかしながら，d が整数 a の約数(または倍数)であれば，$-d$ も a の約数(または倍数)であるのは当然なので，a の約数はと問われたときは，a が正の場合はもちろんのこと，a が負であっても，**自然数の範囲**での約数を答えることになっている．(倍数は何かという問はあまり見ないが，同様に自然数の範囲で答えてよい．) 例題3の設問は，この意味での約数の総和である．(負の約数も仲間に入れたら，総和は0に決まっている．)〔本来の理由は，ヨーロッパの数学では，負の数を数の仲間に入れたのが16世紀のできごとで，倍数，約数についての考察は，それよりずっと前に行われていて，その伝統に従って，自然数の範囲の約数，倍数を考えてきたのである．〕

定理 自然数 N の素因数分解が $p_1^{e_1}p_2^{e_2}\cdots p_n^{e_n}$ のとき，その約数の総和 $S(N)$ は

$$S(N)=\prod_{i=1}^{n}(1+p_i+\cdots+p_i^{e_i})=\prod_{i=1}^{n}\frac{p_i^{e_i+1}-1}{p_i-1}$$

で与えられる．

〔証明〕 N の約数を，p_n では割りきれないもの，p_n で割りきれて，p_n^2 では割りきれないもの，…，$p_n^{e_n}$ でわりきれるもの，の e_n+1 種に分類してみると，それぞれ $N_1=N/p_n^{e_n}=p_1^{e_1}p_2^{e_2}\cdots p_{n-1}^{e_{n-1}}$ の約数全体に，$1, p_n, p_n^2, \cdots, p_n^{e_n}$ をかけたものになっている．

したがって $S(N)=S(N_1)\times(1+p_n+p_n^2+\cdots+p_n^{e_n})$

同じことが，$N_1=N_2\times p_{n-1}^{e_{n-1}}$, … に適用でき，上記の等式を得る．(数学的帰納法)

例題3に帰ろう．

(1) $p=q$ とすれば，$S(pq)=1+p+p^2$ これが $2pq=2p^2$ に等しいのであるから，$p^2=1+p$.

これは自然数の解をもたないから，$p=q$ ではない．$\therefore\ p\neq q$

p, q は対称的だから $p<q$ とする．$S(pq)=(1+p)(1+q)=1+p+q+pq$. これが $2pq$ に等しいのだから，$pq=1+p+q$. $1+p+q$ が q でわりきれるのだから，$p+1$ が q でわりきれる．

$\therefore\ p+1=q$ ゆえに $pq=1+p+q=2q$ $\therefore\ p=2,\ q=3$ 答 6

(2) 2^n-1 が素数という仮定と，上で証明した等式とにより

$$S(2^{n-1}(2^n-1))=(2^n-1)(1+2^n-1)=2^n(2^n-1)=2\times2^{n-1}(2^n-1)$$

ゆえに，このとき $2^{n-1}(2^n-1)$ は完全数．

類 題 解答は126ページ

3.1. 上の記号のもとで，$S(2^m)$ の値はいくらか．(m は自然数)． (富山)

3.2. 上の記号のもとで，(1) p が素数で，e が自然数のとき，$S(p^e)$ と $2p^e$ との大小を比較せよ．

(2) p, q が素数，$2<p<q$ であって，$S(2pq)>4pq$ となる数 $N=2pq$ を二つ求めよ．

1.4　ユークリッドの互除法の原理

二つの整数 a, b について，b を a でわって余り r を得たとき，a と b との公約数であることと，a と r との公約数であることとは同等である．それは関係 $b=aq+r$ をみればわかる．したがって (a と b との最大公約数)=(a と r との最大公約数) ということがいえる．そこで，次に r で a を割って，その余りと r との最大公約数を考えればよいことになる．余りはだんだん小さく (負でなくて) なるから，いつかは余り 0 になる．そうしたら，そのとき割る数になったものが最大公約数になるのである．

整数の場合は，「a, b の絶対値の大きいもの」を，上の置きかえによって，だんだん小さくして行くというのが原理であるが，この原理は，数係数の 1 変数の多項式の場合に，絶対値の代りに次数を考えて適用することができる．もっと一般な場合へも適用されるが，それは69ページのユークリッド環のところで述べる．

例題 4 で要求されたうち，最大公約数は，上の原理の実演であり，計算は右のようにすればよい．

最小公倍数は (積÷最大公約数) ゆえ，

$$1002\times7635\div3=1002\times2545=2550090$$

答 $\begin{cases}\text{最大公約数} & 3\\ \text{最小公倍数} & 2550090\end{cases}$

1002	7635	
621	7014	
381	621	2545
240	381	1002
141	240	5090
99	141	2545
42	99	2550090
30	84	
12	15	
12	12	
0	3	

〔補足〕 第10章のユークリッド環のところでも述べるが，上の方法の一つの大切な効用を述べておく．それは，

> 整数 a, b の最大公約数が d であれば，適当な整数 α, β によって，
>
> $$d=\alpha a+\beta b$$
>
> と，a, b の整数係数の一次結合として d が表せる．

〔証明〕 $r=aq+b$ ゆえ，r は a と b の一次結合で表せる．($\alpha=q, \beta=1$)．a を r でわった余り r_1 は a と r との一次結合であるから，r_1 は a と b との一次結合でもある．というわけで，順次現れる余りは a と b との一次結合で表せる．d はある段階での余りだから，d も a と b の (整数係数の) 一次結合である．

類題 解答は126ページ

4.1. 次の各組の数の最大公約数を求めよ．

(1) 2541, 2382　　(2) 273, 364

(3) 2112, 1342, 132

4.2. 次の各組の数の最小公倍数を求めよ．

(1) 123, 82　　(2) 132, 121

1.5 数学的帰納法

この例題5は，n を自然数に限定すれば，高校での数学的帰納法の典型例である：

$n=1$ のとき：$1^p-1=0$ で，それは p でわりきれる．

$n=k$ のとき正しいと仮定し，$n=k+1$ のときを考えよう．

$$(k+1)^p-(k+1)=k^p+{}_pC_1k^{p-1}+\cdots+{}_pC_rk^{p-r}+\cdots+{}_pC_{p-1}k-k$$

${}_pC_1,\ {}_pC_2,\ \cdots,\ {}_pC_{p-1}$ は分子に p が現れて，分母に p が現れないから，全部 p の倍数である．k^p-k は仮定により p でわりきれるから，$(k+1)^p-(k+1)$ は p でわりきれる．（証明終）

高校での数学的帰納法は，教科書によって多少の差はあるが，大体において，「自然数 n に関する命題 $P(n)$ を証明するのに，(1) $P(1)$ を証明し，次に (2) $P(k)$ は正しいと仮定して，$P(k+1)$ を証明する」ことにしている．この問題のように，整数 n となると，この言い方は少し困ることになる．

まず，自然数 n に関する命題という限定は窮屈である．$P(1), P(2), \cdots$ は別の命題とみなして，「自然数で番号づけられた命題 $P(1), P(2), \cdots$」であってもよい筈である．この例題5ならば，$P(n)$ として，「整数 N の絶対値が $n-1$ であって，p が素数ならば N^p-N は p で割りきれる」を考える．

$P(1)$: $|N|=1-1=0$ ゆえ，$N=0$, $N^p-N=0$ ゆえ正しい．

$P(2)$: $|N|=1$ ゆえ，$N=\pm1$, $N=1$ のときは $N^p-N=1-1=0$ ゆえ正しい．

$N=-1$, $p=2$ のときは $N^p-N=1+1=2=p$ ゆえ正しい．

$N=-1$, $p\geqq3$ のときは $N^p-N=-1+1=0$ ゆえ正しい．

ゆえに $P(2)$ も正しい．

$k\geqq2$ として，$P(k)$ が正しいと仮定し，$P(k+1)$ を考えよう．$|N|=k$ ゆえ，$N=\pm k$

N_1 として $\pm(k-1)$ をとれば，$N=N_1\pm1$, $N^p-N=(N_1\pm1)^p-(N_1\pm1)$. 最初の計算により，これは $N_1{}^p-N_1+(\pm1)^p-(\pm1)+(p$ の倍数). $P(k)$ と $P(2)$ とが正しいのだから，$P(k+1)$ も正しい．（ただし複写同順）（証明終）

（n が自然数の場合，0の場合，負の場合に分けても証明できるのは当然である．）

この証明では，$P(2)$ の証明には $P(1)$ を使うわけでなく，別の証明が必要であった．さらに，$P(k+1)$ の証明では，$P(k)$ と $P(2)$ を使っている．したがって，高校で教える「まず $P(1)$, 次に $P(k)$ を仮定して $P(k+1)$」というのはよくないのである．正しいのは：

> 自然数で番号づけられた命題 $P(1), P(2), \cdots$ があるとき，命題の番号に現れる各自然数 n について，「n より小さい自然数 m については $P(m)$ はすべて正しい」と仮定して $P(n)$ が証明できれば，すべての $P(n)$ は正しい．

[これでよいことの証明] 正しくない $P(n)$ があったとして，そのような n のうち最小のものを N とする．自然数 m が N より小さければ，$P(m)$ は正しいのだから，$P(N)$ も正しい．したがって，正しくない $P(n)$ は存在しない．

[蛇足]　$P(1)$ を考えたとき，1より小さい自然数は無いのだから，この言い方は変だという読者があるかも知れない．1より小さい自然数は無いのだから，$P(1)$ は与えられた条件だけで証明しなくてはならないのである．したがって，普通 $P(1)$ は特別の証明が必要になるのである．しかし，上の例のように，$P(2)$ にも特別な証明が必要になることもあり得るのである．

他方，本当に自然数で番号づける必要があるわけではない．上の□内のことがよいことの証明からわかるように，数のある集まり M で番号づけられていて，M には1番小さいもの，その次のもの，その次のもの，…ととっていくと有限で終わるか，または自然数全体と1対1に対応する結果になる場合でもよい．もう少し一般にして，次の場合も考えられる．

> 自然数二つの組で番号づけられた命題 $P(m, n)$ の集まりについて，現れる番号 (m, n) について，$P(k, l)$ で，(i) $k<m$ であるか，または (i) $k=m, l<n$ であるものはすべて正しいと仮定すれば $P(m, n)$ も正しい，ということが証明できれば，すべての $P(m, n)$ は正しい．

[それでよいとの証明]　正しくない $P(m, n)$ があったとして，そのような (m, n) のうち，m の最小を a とし，正しくない $P(a, n)$ のうち n の最小を b とする．$P(a, b)$ を考えると□内のことが適用されて，$P(a, b)$ が正しいことになり矛盾である．

この証明法を**二重帰納法**という．この場合，番号がすべての自然数二つの組にわたるとしたら，一番小さい，すなわち，仮定なしで証明しなくてはならない番号は $(1, 1)$ で，$(1, 1)$ だけが使えるのは $(1, 2)$ で，$(1, 1)$ と $(1, 2)$ だけが使えるのは $(1, 3)$，というように，下から順次とっていくと，$(1, 1), (1, 2), (1, 3), \cdots, (1, n), (1, n+1), \cdots$ という無限列ができて，いつまでたっても $(2, 1)$ に到達しない．しかし，$(2, 1)$ はこの無限列に対する分が全部正しいとなれば，それを使って証明できたことになる，という仕かけになっている．このように，順序をつけて，前のもの全部を仮定した上で証明するという考え方の良さがある．（順序のつけ方にはもちろん制限がある．それは，「$a_1>a_2>a_3>\cdots$ というように，だんだん小さくなっていく無限個の元の列は存在しない」という条件をみたせばよい．）

類題　解答は126ページ

5.1.　n が自然数のとき，次の等式を数学的帰納法で証明せよ．

$$\sum_{k=1}^{n} k^3 = \frac{n^2(n+1)^2}{4}$$

5.2.　数学的帰納法を利用して，次の不等式を証明せよ．また，等号の成り立つのは $n=1$ のときに限ることも証明せよ．

$$(1+2+3+\cdots+n)\left(1+\frac{1}{2}+\frac{1}{3}+\cdots+\frac{1}{n}\right) \geqq n^2$$

5.3.　実数係数の多項式 $f(x)=a_0x^n+a_1x^{n-1}+\cdots+a_{n-1}x+a_n$ について，「適当な自然数 N をとれば，N より大きい自然数 m すべてについて，$f(m)$ は整数である」という性質があれば，つぎのことがいえることを証明せよ．

(1)　どんな整数 m についても $f(m)$ は整数である．また $a_0 \cdot n!$ は整数である．

(2)　自然数 d に対して，$g_d(x)=x(x-1)\cdots(x-d+1)/(d!)$ と定めれば，$f(x)$ は整数 $c_0, c_1, \cdots, c_n$ により，$c_0+c_1g_1(x)+c_2g_2(x)+\cdots+c_ng_n(x)$ と表すことができる．

[ヒント]　$h(x)=f(x+1)-f(x)$ を考えよ．

EXERCISES

(解答は127ページ)

1 3桁の自然数のうちで，6でも8でも割り切れない数はいくつあるか． (山梨)

2 100以上の自然数のうちで，26でわったときの商と余りが等しくなるものは何個あるか． (山形)

3 32461 を2進法で表せ．

4 (1) 360の約数の個数を求めよ．

(2) 1から100までの整数で，約数が三つのものをすべて書け． (山口)

5 自然数 n の約数の総和を $S(n)$ で表すとき，m, n が共通因数をもたない自然数ならば $S(mn)=S(m)S(n)$ であることを証明せよ．

6 偶数の完全数は $2^{n-1}(2^n-1)$ (n は自然数; 2^n-1 は素数) の形のものに限ることを証明せよ．

7 (1) 2以上の自然数は，いくつかの素数の積で表せることを，数学的帰納法で証明せよ．

(2) n 変数 $x_1, x_2, \cdots, x_n$ $(n\geqq1)$ の，有理数係数の多項式の範囲で考えたとき，1次以上の多項式はいくつかの既約多項式の積で表せることを，次数についての数学的帰納法で証明せよ．

Advice

1 6で割り切れるものの数，8で割り切れるものの数，6でも8でも割り切れるものの数を順次求めれば，あとは易しい．

2 $26x+x$ で表される数で，100以上であって，(x は余りであるから) $0\leqq x<26$ をみたすものがいくつあるか，ということです

3 類題1.3の計算法の練習．

4 $p_1, p_2, \cdots, p_n$ が互いに相異なる素数で，$e_1, e_2, \cdots, e_n$ が自然数であるとき，$N=\Pi\, p_i^{e_i}$ の約数は $0\leqq f_i\leqq e_i$ であるような整数 f_i により $\Pi\, p_i^{f_i}$ の形で得られるものであるから，その個数は(f_1 の選び方の数)×(f_2 の選び方の数)×…×(f_n の選び方の数)$=(e_1+1)(e_2+1)\cdots(e_n+1)$ である．

5 $S(n)$ の公式(4ページ)を利用すればよい．mn の約数を，それに含まれる m の約数で分類して，直接証明を試みるのもよい．

6 $2^e u$ (u は奇数) が完全数であったして，u が素数で $u=2^{e+1}-1$ であることを示す．前問の結果を利用して，$2^{e+1}u=S(2^e u)=(2^{e+1}-1)S(u)$．ゆえに $u=(2^{e+1}-1)m$ となる整数 m がある．$2^e u=2^e(2^{e+1}-1)m$ の約数で m の倍数であるものに注目せよ．

7 (1) 自然数 N の大きさについての数学的帰納法を使う．N より小さい自然数 ($\geqq2$) については正しいと仮定して，N について証明する．N が分解しなければ N 自身素数だから，素数一つの積．分解すれば各因数は N より小さいから，帰納法が適用される．(2)も同様．

2 n を法とする合同

整数 n を法とする合同式は，「n で割った余りを考える」ことに相当するというのが第一の着眼点である．

1 **(合同式)** a, b, n が整数で，$a-b$ が n の倍数であるとき，a は n を法として b と**合同**であるといい，$a \equiv b \pmod{n}$ で表す．

(1) m が自然数，$a \equiv b \pmod{n}$ ならば，$a^m \equiv b^m \pmod{n}$ であることを証明せよ．

(2) $a \equiv b \pmod{n}$ のとき，$f(x)$ が整数係数の多項式であれば，$f(a) \equiv f(b) \pmod{n}$ であることを証明せよ．

(3) 10進法で表された自然数 N の，奇数位の数字の和と偶数位の数字の和が11を法として合同であるならば，N は11の倍数であることを証明せよ．（愛知）

2 **(一次合同(方程)式の解)** a, b, n が整数であるとき，合同式 $ax \equiv b \pmod{n}$ について，次のことを証明せよ．

(1) a と n とが互いに素であれば，この合同式は解をもつ*)．また，c が一つの解であれば，他の解は $y \equiv c \pmod{n}$ の解と一致する．

(2) a と n との最大公約数 d について，b が d の倍数でないときは，この合同式は解をもたない．

(3) a と n との最大公約数 d が b の約数でもあるときは，$a=a'd, b=b'd, m=n'd$ とすれば，上の合同式の解と，合同式 $a'x \equiv b' \pmod{n'}$ の解とは一致する．

3 **(連立一次合同(方程)式)** 次の連立一次合同式を解け．

(1) $\begin{cases} 2x+3y \equiv 1 & \pmod{5} \\ 3x+y \equiv 0 & \pmod{5} \end{cases}$　　(2) $\begin{cases} 2x+y \equiv 0 & \pmod{5} \\ 3x-2y \equiv 1 & \pmod{11} \end{cases}$

*) 例えば，$3x \equiv 1 \pmod{3}$ について，$x=\dfrac{1}{3}$ は解だといえるかも知れないが，整数係数の合同式の解は整数の範囲で考えることにしている．この例では，左辺にどんな整数を代入しても，左辺$\equiv 0$ となるから，解はないことになる．

2.1 合同式

この $\equiv \pmod p$ の記号を使えば6ページの本文4行目の計算も

$$(k+1)^p-(k+1)\equiv k^p-k \pmod p$$

ということになって，大変見易くなる．その見易さがこの記号利用の一つの目的である．

$a\equiv b \pmod n$, $c\equiv d \pmod n$ であれば，

$$ac\equiv bd \pmod n,\quad a\pm c\equiv b\pm d \pmod n$$

は当然成り立つので，法 n が一定である限り，加法，減法，乗法については，等号と同様に扱ってよい．$ab\equiv ac \pmod n$, $a\not\equiv 0 \pmod n$ であっても $b\equiv c \pmod n$ になるとは限らない点は注意を要する．この点については次のページでふれる．

上で述べた加・減・乗についてのことから，この例題1の(1)，(2)は当然得られることではあるが，直接の証明も易しい:

(1)　$a^m-b^m=(a-b)(a^{m-1}+a^{m-2}b+\cdots+b^{m-1})\equiv 0 \pmod n$

(2)　$f(x)=c_dx^d+c_{d-1}x^{d-1}+\cdots+c_0$ とすると，$f(a)-f(b)=\sum_{i=1}^{d} c_i(a^{d-i}-b^{d-i})\equiv 0 \pmod n$

(3)　は mod 11 で考えることにすればよい．すなわち，$N=\sum_{i=0}^{d} c_i 10^i$ とすると，$10\equiv -1 \pmod{11}$ であるから，$N\equiv\sum_{i=0}^{d}(-1)^i c_i$．問題の条件は 右辺$\equiv 0 \pmod{11}$ であるから，$N\equiv 0 \pmod{11}$ というわけである．

類 題 ―――――――――――――――――――――――――――――――――― 解答は127ページ

1.1. ある自然数 N を10進法で表したとき，並んだ数字の和を9で割った余りは，N を9で割った余りと等しい．これを証明せよ．

1.2. n が自然数であるとき，整数係数の二つの多項式 $f(x)$, $g(x)$ について，$f(x)\equiv g(x) \pmod n$ であれば，どんな整数 m についても $f(m)\equiv g(m) \pmod n$ であることを示せ．

[注意] 二つの多項式 $h(x)$, $k(x)$ について，$h(x)-k(x)$ を整理したとき，係数がすべて自然数 n の倍数であるとき，$h(x)\equiv k(x) \pmod n$ で表す．すると，このページの本文4～8行に述べたことと同様のことがいえる．多変数の多項式についても同様である．

1.3. p が素数で，$f(x)$, $g(x)$ が整数係数の多項式であるとき，$f(x)g(x)\equiv 0 \pmod p$ であれば，$f(x)\equiv 0 \pmod p$ または $g(x)\equiv 0 \pmod p$ であることを証明せよ．

[ヒント] $f(x)\equiv a_dx^d+$(高次の項) $\pmod p$, $g(x)\equiv b_ex^e+$(高次の項) $\pmod p$, $a_d\not\equiv 0 \pmod p$, $b_e\not\equiv 0 \pmod p$ のとき，$f(x)g(x)$ の x^{d+e} の係数を mod p で考えてみよ．

1.4. 類題1.3の主張は，一変数の $f(x)$, $g(x)$ の代りに，多変数の整数係数多項式を考えても成り立つ．これを変数の数についての数学的帰納法で証明せよ．

2.2　一次合同(方程)式の解

未知数を含んだ合同式をみたす整数を見つけることを，その合同式を**解く**という．解を求めるのだからということで，**合同方程式**ともいう．9ページの脚注でも述べたように，分数がその合同式をみたしたとしても，解とは考えない．

(1)の解説で述べるように，考えている法で合同な解は同じと考え，答も合同式で表示する．

この例題2の内容は，一次合同式についての極めて基本的な定理である．

〔証明〕 (1)：a と n とが互いに素ということは，a と n との最大公約数が1ということである．5ページの補足で述べたことにより，適当な整数 α, β により $\alpha a+\beta n=1$ となる．すると，

$b=\alpha ba+\beta bn$　$\therefore$　$\alpha ba\equiv b \pmod{n}$　ゆえに $x=\alpha b$ は一つの解である．

次に $x=c$ が他の解であれば，$ac\equiv b\equiv \alpha ba \pmod{n}$　ゆえ，$a(c-\alpha b)\equiv 0 \pmod{n}$　a と n とが互いに素であることから，$c-\alpha b\equiv 0 \pmod{n}$ 〔詳しくこのことを証明しようとすれば：

$1=\alpha a+\beta n$　　$\therefore$　$c-\alpha b=(c-\alpha b)\alpha a+(c-\alpha b)\beta n\equiv 0 \pmod{n}$〕

ゆえに，この合同式の解は $x\equiv \alpha b \pmod{n}$ ただ一つである．

(2)：$a=a'd,\ n=n'd$ と表してみると，$a'dx\equiv b \pmod{n'd}$ が与えられた合同式である．すなわち，x に解 x_0 があれば，$a'dx_0-b$ が $n'd$ の倍数になることになる．すると $a'dx_0-b$ は d の倍数でなくてはならないので，仮定に反する．したがって，この場合，解はない．

(3)：この場合は，$a'dx\equiv b'd \pmod{n'd}$ が与えられた合同式である．解 x_0 についての条件は $a'dx_0-b'd=cn'd$ となる整数 c の存在である．この等式は，整数についての等式であるから，d で割っても同値であり，$a'x_0-b'=cn'$ となる．すなわち，もとの合同式の解は，$a'x\equiv b' \pmod{n'}$ の解と同じである．

注意　この(3)のように，解を表示する法は，最初の合同式の法とは別のものを採用した方がよい場合があるが，通常最初の法のままで表す．したがって(3)の場合は解が多くなる．（類題2.2，2.3参照）

類題　解答 128ページ

2.1.　次の合同式を解け．

(1)　$3x\equiv 2 \pmod{5}$　　(2)　$4x\equiv 3 \pmod{11}$

(3)　$4x\equiv 3 \pmod{6}$　　(4)　$6x\equiv 9 \pmod{13}$

(5)　$4x+3\equiv 4 \pmod{5}$

2.2.　次の合同式を解け．

(1)　$6x\equiv 4 \pmod{8}$　　(2)　$10x\equiv 15 \pmod{25}$

2.3.　合同式 $ax\equiv b \pmod{n}$ (a, b, n は自然数) において，a と n の最大公約数 d で b が整除できる場合，この合同式の解は mod n でちょうど d 個あることを証明せよ．

2.3 連立一次合同式

普通の連立一次方程式でも，解がない場合，一つの場合，無限にある場合があるように，連立合同式でもそのような場合がおこる．

また，いくつかの合同式を連立させるのであるが，現れる合同式の法は共通とは限らない．共通でない法をもつときは，現れる法の最小公倍数を法として，法を共通にすることができる．

いずれにしても，解き方としては，連立一次方程式と同様にすればよいが，注意すべきことは，法と共通因数をもつ数で約すときには充分気をつけなくてはならないということである．

例題 3, (1) の解：$\equiv$ は mod 5 として　$2x+3y\equiv 1$ …①，$3x+y\equiv 0$ …②

①は $2x-2y\equiv 1$　これに ②×2 を加えると $8x\equiv 1$　$\therefore\ 3x\equiv 1\equiv 6$

$\therefore\ x\equiv 2$　$\therefore\ y\equiv -3x\equiv -6\equiv -1$　　答　$x\equiv 2,\ y\equiv -1 \pmod 5$

(2)のように，現れる法が互いに素なときについては，次の定理が基本的といえる．

定理　r, s が互いに素な整数であり，a, b が整数であるとき，

$$\begin{cases} x\equiv a & \pmod r \\ x\equiv b & \pmod s \end{cases}$$

は解をもち，$\bmod rs$ で解はただ一つである．$\alpha r+\beta s\equiv 1 \pmod{rs}$ であれば解は $x\equiv a\beta s+b\alpha r \pmod{rs}$ として得られる．

［証明］　解の存在：r と s とが互いに素であるから，適当な整数 α, β をとれば，$\alpha r+\beta s=1$ になる．すると $\beta s\equiv 1 \pmod r$, $\alpha r\equiv 1 \pmod s$　ゆえ，$x\equiv a\beta s+b\alpha r \pmod{rs}$ は解になる．一意性：u, v が解であったとき，$u-v\equiv 0 \pmod r$　また，$u-v\equiv 0 \pmod s$．r, s は互いに素ゆえ，$u-v\equiv 0 \pmod{rs}$．ゆえに解は $\bmod rs$ で唯一．

(2)の解：y の値 y_0 を勝手に与えれば，$\begin{cases} 2x\equiv -y_0 & \pmod 5 \\ 3x\equiv 2y_0+1 & \pmod{11} \end{cases}$　となる．

これは mod 55 で一意的に解をもつから，y の値 y_0 $(=0, 1, 2, \cdots, 54)$ のおのおのに対して丁度一つずつ解があることになる．それを求めるのには，x の係数が 1 になるよう変形した方がよい．

$1\equiv 6=2\times 3 \pmod 5$　ゆえ，最初の式は 3 をかければ，$x\equiv -3y_0\equiv 2y_0 \pmod 5$

$1\equiv 12\equiv 3\times 4 \pmod{11}$　ゆえ，第 2 の式は $x\equiv 8y_0+4\equiv -3y_0+4 \pmod{11}$

以下 $\equiv$ は mod 55 とすれば，上の定理と $11+(-2)\times 5\equiv 1 \pmod{55}$ により

$$x\equiv 2y_0\times 11+(-3y_0+4)\times(-2)\times 5=(22+30)y_0-40\equiv -3y_0+15 \pmod{55}$$

$$y=y_0\equiv 0, 1, 2, \cdots, 54$$

の55種の答が出る．

類題　解答は128ページ

3.1.　①　$\begin{cases} 3x+y\equiv 1 & \pmod 2 \\ x+2y\equiv 3 & \pmod 3 \end{cases}$　　②　$\begin{cases} 2x-y\equiv 3 & \pmod 5 \\ 3x-2y\equiv 0 & \pmod 7 \end{cases}$　をそれぞれ解け．

EXERCISES

（解答は128ページ）

1　次の多項式を，mod 3, mod 7, mod 13 で，それぞれ因数分解せよ．

$$x^2+x+1$$

2　a, b, c, n が整数であるとき，x, y についての合同式

$$ax+by\equiv c \pmod{n}$$

が解をもつための必要充分条件は，c が a, b, n の最大公約数 d の倍数であることであることを証明せよ．

3　次の各連立合同式を解け．

(1) $\begin{cases} x\equiv 3 \pmod{5} \\ x\equiv 1 \pmod{7} \end{cases}$　　(2) $\begin{cases} x\equiv 7 \pmod{11} \\ x\equiv 0 \pmod{3} \end{cases}$

(3) $\begin{cases} 2x-y\equiv 1 \pmod{6} \\ 3x-4y\equiv 0 \pmod{6} \end{cases}$　　(4) $\begin{cases} 3x+y\equiv 2 \pmod{5} \\ 2x-y\equiv 3 \pmod{5} \end{cases}$

(5) $\begin{cases} x-y\equiv 2 \pmod{3} \\ x+y\equiv 3 \pmod{5} \end{cases}$

4　$m_1, m_2, \cdots, m_r$ がどの二つも互いに素な整数であり，$a_1, \cdots, a_r$ が整数であるとき，連立合同式

$$\begin{cases} x\equiv a_1 \pmod{m_1} \\ x\equiv a_2 \pmod{m_2} \\ \cdots\cdots\cdots \\ x\equiv a_r \pmod{m_r} \end{cases}$$

は，$m_1m_2\cdots m_r$ を法として，丁度一つの解をもつことを証明せよ．

また，$a_j=1$ で他の a_i がすべて 0 のときの解を e_j $(j=1, 2, \cdots, r)$ とすれば，もとの連立合同式の解は $\sum a_je_j$ になることを示せ．

Advice

1　mod 3 のときは $x\equiv 1$ が根であることに着目．mod n $(n=7, 13)$ のときは，$\alpha\not\equiv 1$, $\alpha^3\equiv 1$ となる α を探せ．

2　必要条件であることは，11ページと同様である．充分性は，$d=a\alpha+b\beta+n\gamma$ であるような整数 α, β, γ の存在を証明し（5ページの枠囲みの定理を2回使う），これを11，12ページの方法のまねをして使う．

3　(1)，(2)，(3)，(5)は12ページと同様．(4)は2式が同値であるから，少し様子がちがう．

4　r についての数学的帰納法を使う．$r=2$ のときは12ページの定理である．最後のことは12ページと同様．

3 実　　数

教員採用試験には$\sqrt{\ }$の入った数の扱いが多く出題されているので，もう少し深く考えることにしよう．実数についてのむつかしいことは解析学の分野，たとえば微分学の入門のときなどに勉強することにして，ここでは，次のことを認識した上で進むこと．① 自然数には大小関係がある．したがって整数全体にも大小関係が定まっている．② 二つの分数の間にも，分母を自然数にして通分したときの分子の大小によって大小関係が定義されている．③ 実数には有理数の列でどこまでも近づける．したがって，実数の間にも自然な大小関係が入っている．

1 **(実数の大小関係)** n が自然数であれば，$(2+\sqrt{2})^n$ の整数部分は奇数であることを証明せよ．

（山梨）

2 **(無理数)** 自然数 n が平方数でないならば，$\sqrt{n}$ は無理数であることを証明せよ．

3 **(無限小数)** 実数を小数で表したとき，次のことがいえることを証明せよ．

(1) 有限小数で表せるのは，有理数であって，整数であるか，または，分母に2, 5以外の素因数を含まぬ既約分数の形に表せるものである．

(2) 循環小数で表せるのは，有理数であって，既約分数で表したとき，分母が2, 5以外の素因数を含むものである．（ただし，$0.099\cdots9\cdots=0.1$ であるように，あるところから先9ばかり続くものは循環小数とはしないで考える）

(3) 循環小数でない無限小数になるのは，無理数である．

(4) この(1)～(3)は逆もいえる．

4 **(無理数の計算)** $x=\dfrac{\sqrt{3}-\sqrt{2}}{\sqrt{3}+\sqrt{2}}$，$y=\dfrac{\sqrt{3}+\sqrt{2}}{\sqrt{3}-\sqrt{2}}$ のとき x^3+y^3 の値を求めよ．

（京都）

3.1 実数の大小関係

実数には大小関係が定まっている. $a>b$ の定義は $a-b>0$ とするのが普通である.

この大小関係について基本的なことは, 次の三つであろう.

(1) $a>b,\ c\geqq d$ ならば $a+c>b+d$

(2) $a>b$ ならば $-a<-b$

(3) $a>0,\ b>0$ ならば $ab>0$

この(2)は, 実は(1), (3)から導ける. [証明: $c>0$ ならば $-c<0$ をいえば, それを $c=a-b$ に適用して(2)が出る. $c>0,\ -c>0$ とすると, (1)により $0>0$]

また, $1>a>0$ ならば, $a>a^2>\cdots>a^n>a^{n+1}>\cdots>0$ もすぐ導ける. [証明: $1-a>0$ ゆえ, $a^n(1-a)>0$ $\therefore\ a^n>a^{n+1}$. なお $a^n>0$ は(3)を使えばよい.]

与えられた例題1はこの不等式の応用である. すなわち $1>2-\sqrt{2}>0$. ゆえに, $1>(2-\sqrt{2})^n>0$ 他方 $(2+\sqrt{2})^n+(2-\sqrt{2})^n$ を考えると, $\sqrt{2}$ について奇数次の項は全部消し合うから, 結果は偶数になる. すなわち,

$$(2+\sqrt{2})^n=(\text{偶数})-(1\text{ より小さい正の数})$$

したがって, これの整数部分は奇数ということになるのである.

上のように $1>a>0$ のとき, a^n は n を大きくするに従って0に近づき, 極限値は0であるということは, 当り前と思っているのが普通であるが, これも証明の要ることなのである. 実数は小数表示ができるということを基礎にした証明をしてみよう. a を小数展開してみると, 0.99…9… となることはないから, 9でない数字が現れたところより下を切り上げれば, $1>b>a$ となる有理数 b が得られる. $b^n>a^n$ ゆえ, $b^n\to 0$ がいえればよい. b を分数で表して $m/(m+l)$ (l, m は自然数) の形にしてみると, $b^{-n}\geqq 1+n(l/m)$ ゆえ, $n\geqq 9m$ ならば, $b^{-n}\geqq 10$. このとき $b^n\leqq 0.1$. ゆえに, $b^{sn}\leqq(0.1)^s=0.0\cdots01$ (0 が s 個). ゆえに, どんな小さい正の数 ε をとっても, $\varepsilon>b^N\geqq a^N>0$ となる自然数 N があるので, $\{a^n\}$ の極限値は0になる.

類 題 解答は129ページ

1.1. n が自然数であれば, $(4+\sqrt{10})^n$ の整数部分は奇数であることを証明せよ.

1.2. n が自然数であれば, $(3+\sqrt{6})^n$ の整数部分は3を法として2と合同であることを示せ.

1.3. 次の命題は, ある立場の実数論では, **アルキメデスの公理**とよんで, 公理として採用しているものである. これを, 実数は有理数で近似できるものであるという立場に立って証明してみよ.
「$a>0$ ならば, どんな実数 b に対しても, 適当な自然数 n をとれば $na>b$ となる」

1.4. 実数 $c>1$ が与えられたとき, $c<c^2<\cdots<c^n<c^{n+1}<\cdots$ であり, 数列 $\{c^n\}$ は無限大に発散すること, すなわち, どんな実数 M をとっても, 適当な自然数 n をとれば, $M<c^n<c^{n+1}\cdots$ となること, を証明せよ.

3.2 無 理 数

分母，分子が整数であるような分数で表せるのが**有理数**で，そうでない実数が**無理数**であることは言うまでもない．$\sqrt{2}$ が無理数であることも，高校の教科書に大てい出ている．その真似をすれば，この例題2は簡単にできる．すなわち:

$\sqrt{n}$ が有理数であったと仮定しよう．$\sqrt{n}=\dfrac{b}{a}$ $(a, b$ 自然数$)$ と表せる．分母をはらって平方すれば，$a^2n=b^2$．n は平方数ではないから，素因数分解したとき，奇数乗で現われる素数がある．それを p としてみると，a^2n に含まれる p のべきは奇数乗であり，b^2 については偶数乗であるから，素因数分解の一意性に反する．(証明終)

しかしながら，無理数は $\sqrt{n}$ の形のものだけと思ったりしてはいけない．そう言われれば，「a が有理数なら，$a+\sqrt{n}$ (n は平方数でない) も無理数だな」と気づくであろうが，無理数は，もっとたくさんあるのである．$\sqrt{\ }$, $\sqrt[3]{\ }$, $\sqrt[4]{\ }$, $\cdots$, $\sqrt[n]{\ }$ などの中に自然数を入れたものを四則算法で結びつけて得られる数全体に比べても，比較にならない程たくさんあるというのが，集合の「濃度」といわれるもの(元の多さを示す概念; 無限個といっても，いろいろちがう多さがあるのである)を考えることによってわかるが，本書では深入りしないでおく．集合の濃度についての考察によってわかったことの一つとして，次のことがある．

任意の自然数 n について，n 個の実数 $c_1, c_2, \cdots, c_n$ であって，次のようなものが存在する:

「整数係数の n 変数の多項式 $f(X_1, \cdots, X_n)$ で，$f(c_1, \cdots, c_n)=0$ となるものは，定数0に限る」

$n=1$ のとき c_1 として得られるものを**超越数**という．円周率 π が超越数であることが知られている．一般にある数が超越数であるかどうかを確かめることは非常にむつかしいことである．π 以外に，超越数とわかっているものはいくつかあるが，証明はいずれもむつかしい．

類 題 解答は129ページ

2.1. $\sqrt[3]{2}$ は無理数であることを証明せよ．

2.2. 次のことは正しいかどうか言え．「a, b が無理数ならば，$a+b$ も無理数である」 (神奈川・川崎市・横浜市)

2.3. a が0でない有理数，b が無理数であれば，$a+b$, ab, b/a はいずれも無理数であることを示せ．

2.4. 自然数 a, b が，いずれも平方数でないならば，$\sqrt{a}+\sqrt{b}$ は無理数であることを示せ．
[ヒント] ab が平方数である場合と，そうでない場合とに分けて考えよ．

2.5. $\sqrt{2}$，$\sqrt{3}$，$\sqrt[3]{2}$ はいずれも超越数ではないことを示せ．

3.3 無限小数

実数は有限または無限の長さの小数で表すことができる.(蛇足: 無限の長さの小数なんて書けないけれど,小数点以下どこまででも,どんどん決めていくことは可能であるので,表せると考えるのである.)このことは,実数が有理数でいくらでも近似できるという性質によるものである.

$a_0.a_1a_2\cdots a_n\cdots$ (a_0 は自然数 $a_1, a_2, \cdots$ は0から9までの数字で,小数表記法にしたがったものとする)は,$b_n=a_0+\sum_{i=1}^{n} a_i(0.1)^i$ とおけば,$b_1, b_2, \cdots, b_n, \cdots$ がこの数をどこまでも近似するものであり,もとの数は $\lim_{n\to\infty} b_n$ なのである.

したがって,例題3は,次のようにしてできる.

(1) $\pm a_0.a_1a_2\cdots a_n$ と n 位でとまっていれば,その数に 10^n をかければ整数になる.したがって,分母を 10^n としてこの数が表せ,それを約分しても,分母の素因数は2か5ばかりである.

(2) $\pm a_0.a_1a_2\cdots a_s\dot{a}_{s+1}\cdots\dot{a}_{s+t}$ と,循環節 $a_{s+1}\cdots a_{s+t}$ をもつ循環小数であれば,$b=a_0+\sum_{i=1}^{s} a_i(0.1)^i$,$c=\sum_{i=1}^{t} a_{s+i}10^{t-i}$ とおいたとき,もとの数は $\pm(b+(0.1)^{s+t}c\times\sum_{i=0}^{\infty}(0.1)^{ti})=\pm b\pm 0.1^{s+t}c(1-(0.1)^t)^{-1}$. したがって,有理数である.既約分数に表して,分母が 2^l5^h の形であれば,有限小数になるから,分母には2, 5以外の素因数がある.

(3) 有理数ならば,分数 m/n とかける(n は自然数,m は整数).小数展開するために $|m|$ を順次割って行くと,小数点以下の各位を算出したときの余りの数字(その位に応じた10のべきをかけて整数化したもの)は,$1, 2, \cdots, n-1$ の $n-1$ 通りの他にはありえない.したがって,同じものが再び現われることがあり,そうすると,以後循環することになる.

(4) 上の(1), (2), (3)は互いに共通部分のない場合分けに対して,共通部分のない結論になっているから,逆も成り立つ.

ところで,(2)の問題文でもふれたように,小数展開は,有限小数を,あるところからあと全部9が続くような無限小数で表すことも可能であるので,単に小数展開といえば,有限小数で表しうるもの(0でない整数を含む)については二通りあり,それ以外については一通りである.

n が1より大きい自然数であるとき,n 進小数展開も考えられる.この場合,次の類題3.2にいうような形で類似のことがいえる.

類 題 解答は129ページ

3.1. 10進法の小数で循環節の長さが t の循環小数を既約分数で表したとき,その分母は (10^t-1 の約数)$\times 2^d\times 5^e$ (d, e は0または自然数)の形であることを証明せよ.

3.2. n が1より大きい自然数のとき,n 進小数展開について次のことを証明せよ.

(1) 有限小数で表しうる実数は,有理数であって,整数であるか,または既約分数で表したとき,分母の素因数がすべて n の素因数に限られるような数である.

(2) (あるところから先 $n-1$ ばかりが並ぶ場合を除いて)循環小数になるのは,有理数であって,既約分数で表したとき,分母の素因数のうちに,n の素因数でないものが存在するものである.

(3) 循環しない小数になるのは無理数である.

(4) (1)〜(3)は逆もいえる.

3.4 無理数の計算

無理数の計算といっても，根号を使った無理数の計算が主であるが，案外多数の問題が教員採用試験には出題されるようである．気をつけるべきことは，計算ミスをしないことではあるが，そのためには，うまく計算する工夫が必要であろう．① 分母の有理化，② うまく消し合う形をとる工夫，などが主なところであろう．式の形のまま，まず因数分解してから代入するとうまく行く場合もある．

例題 4 では，$xy=1$ ではあるが，分母の有理化をしてみると，$x=5-2\sqrt{6}$，$y=5+2\sqrt{6}$ になるので，これを使うと x^3+y^3 に代入したとき多くの項が消し合うことがわかる：

$$x^3+y^3=2(5^3+3\times5(2\sqrt{6})^2)=10(25+12\times6)=970$$

この種の問題では，$xy=1$ という性質が役に立つときもある．上の場合でも，役立たせようとすれば，$xy=1$, $x+y=10$ ゆえ，$x^3+y^3=(x+y)(x^2-xy+y^2)=(x+y)\times((x+y)^2-3xy)=10\times(100-3)=970$ という解答も可能である．

式を工夫してうまく計算する例をつけ加えておこう．次の問題を考える．

$x=\dfrac{\sqrt{3}+\sqrt{2}}{\sqrt{3}-\sqrt{2}}$ のとき，$x^2-10x+20$ を計算せよ．

[解] $x=5+2\sqrt{6}$ この 5 と一次の項 $-10x$ とを見比べて，この x の値を一根にもつ 2 次式が $X^2-10X+(5+2\sqrt{6})(5-2\sqrt{6})=X^2-10X+1$ であることを利用すると簡単になる．

$x^2-10x+20=x^2-10x+1+19$ ゆえ，x の値を入れれば 19になる．

類題 ——— 解答は129ページ

4.1. $x=\dfrac{\sqrt{a+1}-\sqrt{a-1}}{\sqrt{a+1}+\sqrt{a-1}}$，$y=\dfrac{\sqrt{a+1}+\sqrt{a-1}}{\sqrt{a+1}-\sqrt{a-1}}$ のとき x^4+y^4 の値を求めよ．

4.2. $3\left(\dfrac{2-\sqrt{7}}{3}\right)^2-4\left(\dfrac{2-\sqrt{7}}{3}\right)+1$ を計算せよ． (静岡)

4.3. $x=\sqrt{5}+1$ のとき $\dfrac{x^3+x+1}{x^5}$ の値を求めよ． (京都市)

4.4. $\sqrt{3}$ の小数部分を a, $\sqrt{2}$ の小数部分を b とするとき，$\left(a-\dfrac{1}{a}\right)\left(b+\dfrac{1}{b}\right)$ の値を求めよ． (広島)

4.5. $\sqrt{x}=\sqrt{a}+\dfrac{1}{\sqrt{a}}$ のとき，次の式の値を求めよ． (三重)

$$\frac{x-2-\sqrt{x^2-4x}}{x-2+\sqrt{x^2-4x}}$$

EXERCISES

（解答は130ページ）

1　正の数ばかりからなる無限数列 $a_1, a_2, \cdots, a_n, \cdots$ について，$\lim_{n\to\infty} a_n=0$ ということと，$\lim_{n\to\infty} a_n{}^{-1}=\infty$ ということは同値であることを証明せよ．

2　n が自然数であれば，$\sqrt{n}+\sqrt{n+1}$ は無理数であることを証明せよ．

3　次の数 a は無理数であることを示せ．
　$0<a<1$ であり，a を小数展開すると，(1) 各自然数 n について，a の小数点以下第 $n!$ 位の数字は 1 であり，(2) その他の位の数字は全部 0 である．

4　$x+\dfrac{1}{x}=7$ のとき $\sqrt{x}+\dfrac{1}{\sqrt{x}}$ の値を求めよ．　（香川）

5　$a>|b|>0>b$ のとき $\sqrt{a^2-2b\sqrt{a^2-b^2}}$ を簡単にせよ．　（岡山）

6　a, b が正の有理数で，$\sqrt{a}+\sqrt{b}$ が有理数ならば，$\sqrt{a}$，$\sqrt{b}$ いずれも有理数であることを示せ．

Advice

1　自然数 N に対して，$a_n<N^{-1} \Leftrightarrow a_n{}^{-1}>N$

2　「n, $n+1$ ともに平方数であることはない」ことを証明して，それを使え．16ページの類題 2.4 参照．

3　循環小数でないことを示せばよい．

4　値を求める式を平方してみよ．

5　$\sqrt{u+v+2\sqrt{uv}}=\sqrt{u}+\sqrt{v}$ の応用である．

6　$\sqrt{a}$，$\sqrt{b}$ の一方が有理数ならよい．そこで，共に無理数であると仮定して，16ページの類題 2.4 を使う工夫をせよ．

4 複　素　数

実数でない複素数を虚数 (imaginary number) というが，これは不適当な命名だと思っている．実数が長さ，比などに関連して，実感が伴ったのに対し，虚数は，実数の不完全さを補う目的で，それまでの感覚を超えた思考によって生まれたために，imaginary とつけられたのであろうが，虚の数ではない．このような数の実在を感ずる一つの手がかりがガウス平面である．数学を深く学べば，もっといろいろな面から実在性を感ずるようになるであろう．

1 **(複素数の計算)** $(\sqrt{6}+i)^6$ を計算せよ．ただし $i^2=-1$　（福島）

2 **(共役複素数)** 次の(1)～(3)を証明せよ．ただし α, β は複素数を表し，$-$ は複素共役を表すものとする．

(1) $\overline{(\alpha+\beta)}=\bar{\alpha}+\bar{\beta},\ \overline{\alpha\beta}=\bar{\alpha}\cdot\bar{\beta}$

(2) $\alpha\bar{\alpha},\ \alpha+\bar{\alpha}$ はいずれも実数である．$\alpha\neq0$ ならば $\alpha\bar{\alpha}>0$ である．

(3) $f(x)$ が実数係数の多項式であって，$f(\alpha)=0$ であれば，$f(\bar{\alpha})=0$ である．

3 **(ガウス平面)** 複素平面(ガウス平面)上で，$3+2i,\ 3i,\ 2-i$ を表す3点を A, B, C とする．このとき，次の(1)，(2)に答えよ．

(1) 3点 A, B, C を通る円の方程式を，z を変数とし，適当な定数 α, β を選んで，

$$|z|^2+\alpha z+\bar{\alpha}\bar{z}+\beta=0$$

の形に書け．

(2) (1)における円周上を動く z に対し，$w=\dfrac{1}{z}$ とおくと，w のえがく図形も円であることを証明せよ．

4 **(絶対値と偏角)** 次の等式を証明せよ．

$$\left(\frac{1+\cos\theta+i\sin\theta}{1+\cos\theta-i\sin\theta}\right)^n=\cos n\theta+i\sin n\theta$$

（東京・私）

5 **(1の n 乗根)** $\zeta=\cos\dfrac{2\pi}{n}+i\sin\dfrac{2\pi}{n}$ とおけば，$x^n=1$ の解は $\zeta, \zeta^2, \cdots, \zeta^{n-1}, \zeta^n(=1)$ の n 個であることを証明せよ．

4.1　複素数の計算

i が**虚数単位**，すなわち $i^2=-1$ をみたす複素数，であるとき，任意の複素数 α は $a+bi$ (a, b は実数) の形に表すことができ，その表し方は一通りである．そして，加，減，乗の計算は，$i^2=-1$ とする以外は，実数のときと同様でよい．この一通りというのは，一つの基本的なことである．特に $a+bi=0$ は $a=b=0$ のときに限る．したがって，$(a, b)=(0, 0)$ のときを除けば，$a+bi\neq 0$ なのである．

以上では除法のことはまだ何も言っていない．除法についてはこの後22ページで述べる．

なお，上の a, b を，α の**実数**，**虚部**といい，$\mathrm{Re}\,\alpha, \mathrm{Im}\,\alpha$ で表す．$\mathrm{Re}\,\alpha=0$ のものを**純虚数**という．

例題1の場合，$(\sqrt{6}+i)^6$ を二項定理で展開してもよいが，あまり項が多いと計算まちがいをする可能性も高いので，次のようにゆっくりした方が安全であろう．

$(\sqrt{6}+i)^2=6+2\sqrt{6}\,i-1=5+2\sqrt{6}\,i$.　求めるものは，これの3乗である．

$5^3+3\cdot 5^2\cdot 2\sqrt{6}\,i-3\cdot 5\cdot 24-2^3\cdot 6\sqrt{6}\,i=-235+102\sqrt{6}\,i$　　(答)

このようにゆっくりやった方がよい主な理由は，i^2 は -1 におきかえられるから，乗法は多項式の乗法より項が少ない形になり，一ぺんに展開するのに比べて段階的にする方が，項数の少ないものばかりを扱うことになるからである．

類題　解答は130ページ

1.1.　$x=\dfrac{1-\sqrt{3}\,i}{2}$ のとき，次の式の値を求めよ．

(1)　x^2-x+1　　　(2)　x^3+2x^2-4x+4　　　(岐阜)

1.2.　$\alpha=1+i$ が $x^2+ax+b=0$ の根になるような，実数 a, b の値を求めよ．　(大阪)

1.3.　$(\cos\theta+i\sin\theta)(\cos\mu+i\sin\mu)=\cos(\theta+\mu)+i\sin(\theta+\mu)$ であることを証明せよ．ただし，θ, μ は任意の実数である．

1.4.　次の連立方程式をみたす複素数 z, w を求めよ．

$$\begin{cases} z+iw=1 \\ iz+w=1+i \end{cases}$$

1.5.　複素数 $\alpha=\dfrac{1}{\sqrt{2}}(1+i)$ について，

(1)　$\alpha^2=i$ であること，および，$\alpha^n=1$ となる自然数 n のうちの最小は8であることを証明せよ．

(2)　$\alpha\beta$ が実数になるような複素数 β の全体は $A=\{c(1-i)\,|\,c$ は実数$\}$ と一致することを証明せよ．

4.2 共役複素数

複素数 $a+bi$ (a, b は実数, $i^2=-1$) に対して, $a-bi$ を, その**複素共役**, または**共役**という. 共役はもともとは共軛と書いた. (軛は牛車や馬車を牛馬に引かせるとき, 牛馬と車とをつなぐものである.) 軛はヤクと読む. 当用漢字が定められたとき, この字が入っていなかったので, ヤクと読める役に変ったのであるが, そうなると重箱読みであるため, キョウエキと読んでしまう人が現れるようになった. キョウヤクと読んで頂きたい.

例題2は共役な複素数に関しての基本事項である. $\alpha=a+bi$, $\beta=c+di$ であれば, $\bar{\alpha}=a-bi$, $\bar{\beta}=c-di$ ゆえ, $\bar{\alpha}+\bar{\beta}=a+c-(b+d)i=\overline{a+c+(b+d)i}=\overline{\alpha+\beta}$,

$$\bar{\alpha}\bar{\beta}=(a-bi)(c-di)=ac-bd-(bc+ad)i=\overline{ac-bd+(bc+ad)i}=\overline{\alpha\beta}$$

(2)は, $\alpha\bar{\alpha}=(a+bi)(a-bi)=a^2+b^2$ で, これは実数. $\alpha\neq0$ なら $a^2+b^2>0$. $\alpha+\bar{\alpha}=2a$

(3)は, $f(X)=c_0+c_1X+\cdots+c_nX^n$ とすれば, $f(\alpha)=c_0+c_1\alpha+\cdots+c_n\alpha^n$ (1)により $\overline{f(\alpha)}=\overline{c_0}+\overline{c_1\alpha}+\cdots+\overline{c_n\alpha^n}=c_0+c_1\bar{\alpha}+\cdots+c_n\bar{\alpha}^n=f(\bar{\alpha})$. これは実数係数の多項式について, いつでも成り立つ. 特に $f(\alpha)=0$ ならば, $\bar{0}=0$ ゆえ, $f(\bar{\alpha})=0$.

複素数の除法が出来る基礎がこの(2)である. $\alpha\bar{\alpha}=r^2$ (r は正の数または0) とかける. この $r=\sqrt{\alpha\bar{\alpha}}$ を α の**絶対値**とよび, $|\alpha|$ で表す $|\alpha|=|\bar{\alpha}|$ である. $\alpha\neq0$ のとき β/α を考えると, $\beta/\alpha=\bar{\alpha}\beta/\alpha\bar{\alpha}=\bar{\alpha}\beta r^{-2}$ (r は実数なので, $\bar{\alpha}\beta$ に実数 r^{-2} をかけたものとして, その演算ができる) ということで, 除法が (0で割ることは除いて) 可能なのである.

絶対値については, 次の等式も重要である.

$$|\alpha\beta|=|\alpha|\,|\beta|.$$

証明 $|\alpha\beta|^2=\alpha\beta\bar{\alpha}\bar{\beta}=|\alpha|^2|\beta|^2$. $|\alpha|, |\beta|, |\alpha\beta|$ いずれも負でない実数だから, $|\alpha\beta|=|\alpha|\,|\beta|$ を得る.

類題 解答は131ページ

2.1. 複素数 α について, $\alpha=\bar{\alpha}$ であるための必要充分条件は, α が実数であることである. これを証明せよ.

2.2. α が複素数であれば, $\alpha-\bar{\alpha}$ は純虚数であり, $\mathrm{Im}\,\alpha=b$ ならば, $\alpha-\bar{\alpha}=2bi$ であることを示せ.

[蛇足] 0は実数であるのに, $\mathrm{Re}\,0=0$ であるから, 純虚数でもある.

2.3. 変数 X の二次式 X^2+aX+b (a, b は複素数) に対して, $X^2+aX+b=(X-\alpha)(X-\bar{\alpha})$ となる複素数 α が存在するための必要充分条件は (1) a, b は実数である, (2) $a^2-4b\leqq0$, の二条件が成り立つことである. これを証明せよ.

2.4. 0でない複素数 α について, $\alpha/\bar{\alpha}$ が実数であるのはどんな場合であるかをしらべよ.

4.3 ガウス平面

平面上の点 (a, b) が複素数 $a+bi$ (i は虚数単位) を表すとしたとき，この平面を**ガウス** (Gauss) **平面**，または**複素平面**という．実数を直線上の点に対応させ，原点 0 からの距離が絶対値に等しいようにしたのが数直線であったが，それによって実数についての一つの具体的なイメージを与え，直観に訴え易くしている．ガウス平面も，幾何学的観点からいろいろ利用されることもあり，複素数を理解し，また利用するために，大切なものである．

原点 $(0, 0)$ は当然のことながら 0 を表す．x 軸上の点が実数を表し，y 軸上の点が純虚数を表す．そこで，x 軸を**実軸**，y 軸を**虚軸**という．

今後ここでは，$\alpha, \beta, \cdots$ で複素数を表すと同時に，それら複素数を表すガウス平面上の点をも表すことにする．

$\alpha=a+bi$ の絶対値 $|\alpha|$ は $\sqrt{a^2+b^2}$ であったが，これは丁度 α と 0 との距離に等しい．

$\alpha \neq 0$ のとき，α と 0 とを結ぶ線分が実軸の正の部分となす角 θ を，α の**偏角**といい，$\arg\alpha$ または $\mathrm{amp}\,\alpha$ で表す．$\arg 0$ は不定とする．すなわち，必要に応じて，うまくあてはまる実数であると解釈する．(多項式の次数について，0 の次数も同様である．) $\arg\alpha=\theta$ であれば，$a=|\alpha|\cos\theta,\ b=|\alpha|\sin\theta$ となるから，α は次のように表せる．

$$\alpha=|\alpha|(\cos\theta+i\sin\theta) \quad (\theta=\arg\alpha)$$

この表し方を α の**極形式**という．21ページの類題1.3によって，次の大切な関係がわかる．

$$\arg(\alpha\beta)=\arg\alpha+\arg\beta$$

特に $\alpha\beta=1$ のときを考えれば $\arg\alpha^{-1}=-\arg\alpha$

さて，この例題3は，$A=3+2i,\ B=3i,\ C=2-i$ を通る円の方程式が，この形で表せることの証明も要求されていると見るべきであろう．

一般に，一点 γ を中心とし，半径 r の円は $|z-\gamma|=r$，すなわち，$(z-\gamma)(\bar{z}-\bar{\gamma})=r^2$．展開すれば，$|z|^2-\bar{\gamma}z-\gamma\bar{z}+|\gamma|^2=r^2$ となる．z を変数とする方程式 $|z|^2+\alpha z+\bar{\alpha}\bar{z}+\beta=0 \quad \cdots①$ は

$(z+\bar{\alpha})(\bar{z}+\alpha)=|\alpha|^2-\beta \quad \cdots②$ と変形されるので，次のことがいえる．

(Ⅰ) β が実数で，$\beta<|\alpha|^2$ ならば，①は $-\bar{\alpha}$ を中心とし，半径 $\sqrt{|\alpha|^2-\beta}$ の円を表す

(Ⅱ) β が実数で，$\beta=|\alpha|^2$ ならば，①は $z=-\alpha,\ z=-\bar{\alpha}$ の二点だけを解にもつ．

(Ⅲ) その他の場合には①の解はない．

というわけで，①の形の式が A, B, C を解にもてば，これは円を表すのである．したがって，あと，①または②に A, B, C を代入して適合する α, β を求めればよいが，そのためには②の方が便利であろう(②の左辺は $|z+\bar{\alpha}|^2$ であることに注意．) $\alpha=a+bi$ とおくと，

$$|3+2i+a-bi|^2=|3i+a-bi|^2=|2-i+a-bi|^2=|\alpha|^2-\beta$$
$$=(3+a)^2+(b-2)^2=a^2+(3-b)^2=(a+2)^2+(b+1)^2$$
$$=13+6a-4b+a^2+b^2=9-6b+a^2+b^2=5+4a+2b+a^2+b^2$$
$$\therefore\quad 4+6a+2b=0,\quad 4-4a-8b=0$$

$\therefore\ a=-1,\ b=1,\qquad \therefore\ |\alpha|^2=2$ 　また　$|\alpha|^2-\beta=5\qquad \therefore\ \beta=-3$

(1)の答は　$\alpha=-1+i,\ b=1,\ \beta=-3$ とすればよい.

つぎに例題の(2)を考えよう. $w=z^{-1}$ ゆえ, ①式は $|w|^{-2}+\alpha w^{-1}+\bar{\alpha}\bar{w}^{-1}+\beta=0$ となる. $|w|^2=w\bar{w}$ をかければ, $1+\alpha\bar{w}+\bar{\alpha}w+\beta|w|^2=0$. $\beta=-3$ であったから, -3 でわれば①と同様の形の式になり, これは図形をたしかに表しているのだから, (1) の前半での考察により円になっているのである. (中心は $\alpha/3$)

ガウス平面は大切であるので, 例題を一つ追加しておこう.

[例題]　$z=x+iy,\ w=u+iv$ で $w=\dfrac{1+iz}{-iz}$ という関係があるとき, z が $x=1$ の上を動けば, w はどのように動くか.　(神奈川)

[解]　w と z との関係は $wz=i-z$, $\therefore\ (ux-vy)+(vx+uy)i=i-x-iy$

$x=1$ を入れて整理すれば, $u-vy+1+(v+uy+y-1)i=0$

$$\therefore\ vy=u+1\quad\cdots①\qquad (u+1)y=1-v\quad\cdots②$$

①, ②から y を消去して, $(u+1)^2=v(1-v)$ …③　$\therefore\ (u+1)^2+\left(v-\dfrac{1}{2}\right)^2=\dfrac{1}{4}$.

ゆえに, w は $-1+\dfrac{1}{2}i$ を中心とし, 半径 $\dfrac{1}{2}$ の円 C の上を動く. 逆に円 C の上の点 w を考えると, (i) $u+1\neq 0,\ v\neq 0$ であれば, $z=1+iy$ が $y=(1-v)/(u+1)=(u+1)/v$ によって定まる. (ii) $u+1=0,\ v\neq 0$ であれば, ③により, $v=1,\ w=-1+i$. これは $z=1$ のときである. (iii) $v=0$ ならば③により $u+1=0$. これは②に矛盾する. したがって, w は円 C のうち, -1 を除いた部分全体を動く. (z が y を増加させる方向に動いたとき, w は右回りの方向に C を回わる.)

類題

解答は131ページ

3.1. つぎの方程式をみたす複素数 z はどのような図形上にあるか.

$$z\bar{z}+4i(z-\bar{z})-7=0$$

(岡山)

3.2. 複素平面上で点 z が単位円周上を動くとき, 複素数 $iz+i$ はどんな図形をえがくか.　(埼玉)

3.3. 次の方程式は何を表すか. ただし z は複素数.

$$|z-3|+|z+3|=10$$

(埼玉)

3.4. 次のことを証明せよ.

(1)　$|z|=1$ ならば $\bar{z}=z^{-1}$

(2)　$|z_1|=1$ または $|z_2|=1$ ならば $\left|\dfrac{z_1-z_2}{1-\bar{z}_1z_2}\right|=1$　(ただし, $\bar{z}_1z_2\neq 1$ とする)

(3)　$|z_1|<1$ かつ $|z_2|<1$ ならば $\left|\dfrac{z_1-z_2}{1-\bar{z}_1z_2}\right|<1$

[ヒント]　(3)については, $1-\left|\dfrac{z_1-z_2}{1-\bar{z}_1z_2}\right|^2=\dfrac{(1-|z_1|^2)(1-|z_2|^2)}{|1-\bar{z}_1z_2|^2}$ を導いて, それを用いよ.

3.5. z がガウス平面上, 原点を中心として半径 r の円周上を動くとき, $w=z+z^{-1}$ はどんな図形をえがくか. $r\neq 1$ のときと, $r=1$ のときとに分けて考えよ.

4.4 絶対値と偏角

絶対値と偏角についてはすでにふれた(22, 23ページ)が，要点を一応まとめてみよう．α, β は複素数を表し，かつその数の表すガウス平面(複素平面)上の点をも表すものとする．

(1)　$\alpha-\beta$ の絶対値 $|\alpha-\beta|$ は，α と β との距離である．

(2)　α の偏角 $\arg\alpha$ は，$\alpha=|\alpha|(\cos\theta+i\sin\theta)$ となる角 θ のことである．*)

(3)　$|\alpha\beta|=|\alpha|\,|\beta|$,　$\arg(\alpha\beta)=\arg\alpha+\arg\beta$,　$\arg\alpha^{-1}=-\arg\alpha$

(4)　$|\alpha|-|\beta|\leqq|\alpha\pm\beta|\leqq|\alpha|+|\beta|$,

(5)　$|\alpha^n|=|\alpha|^n$,　$\arg\alpha^n=n\cdot\arg\alpha$

このうち，(1), (2)は定義のいいかえであり，(3)は22, 23ページで述べた．(5)は(3)から出る．(4)は次のようにして証明される．0, α, β を頂点とする三角形(ペシャンコの場合も含む)を考えると，二辺の長さが $|\alpha|, |\beta|$ で，残りの一辺の長さが $|\alpha-\beta|$ であるから，本当に三角形になるときは $|\alpha-\beta|<|\alpha|+|\beta|$．ペシャンコのときを含めて，$|\alpha-\beta|\leqq|\alpha|+|\beta|$ がいえる．この関係を α, β の代りに$\alpha-\beta$, $-\beta$ に適用すると，$|\alpha|=|(\alpha-\beta)-(-\beta)|\leqq|\alpha-\beta|+|-\beta|=|\alpha-\beta|+|\beta|$．整理して，

$$|\alpha|-|\beta|\leqq|\alpha-\beta|, \qquad \therefore\ |\alpha|-|\beta|\leqq|\alpha-\beta|\leqq|\alpha|+|\beta|$$

β の代りに $-\beta$ をとれば，$|\alpha+\beta|$ のときが得られる．

この例題4は，$n=1$ のときさえわかれば，あとは上の(5)によってできるのである．

$n=1$ のときは，分母分子に分子をかけて

$$\frac{1+\cos\theta+i\sin\theta}{1+\cos\theta-i\sin\theta}=\frac{(1+\cos\theta)^2-\sin^2\theta+2i(1+\cos\theta)\sin\theta}{(1+\cos\theta)^2+\sin^2\theta}$$

$$=\frac{1+2\cos\theta+\cos^2\theta-\sin^2\theta}{2+2\cos\theta}+i\sin\theta=\frac{2\cos\theta+2\cos^2\theta}{2+2\cos\theta}+i\sin\theta=\cos\theta+i\sin\theta$$

なお，(3)から次のことがすぐ得られるが，これも基本的なことである．

> $|\alpha|=1$ のとき，z に αz を対応させる写像は原点0の回りの，$\arg\alpha$ だけの回転である．

類題　解答は131ページ

4.1.　複素数 z を，定点 α のまわりに θ だけ回転して得られる複素数を，z, α, θ を用いて表せ．

4.2.　$|z+1|=|z-1|$ をみたす z 全体はどんな図形を作るか．また r が1以外の正の数であるとき，$|z+1|=r|z-1|$ をみたす z 全体はどんな図形を作るか．

4.3.　α, β が相異なる複素数であり，θ が定数のとき，$\arg\left(\dfrac{z-\alpha}{z-\beta}\right)=\theta$ をみたす z 全体はどんな図形を作るか．ただし，$0\leqq\theta<2\pi$ とする．

---

*) このとき $\theta\pm2n\pi$ $(n=1, 2, \cdots)$ も $\arg\alpha$ であるといえる．したがって(3)の等式のような場合「偏角としてあてはまるものを適当にえらべば成り立つ」という意味で考える．

4.5　1の n 乗根

$x^n=1$ (n は自然数) の解が1の n 乗根である．実数の範囲では，n が奇数ならば1だけ，n が偶数ならば1と -1 だけが1の n 乗根である．前ページの(5)からわかるように，m が整数であれば，$\cos\frac{2m\pi}{n}+i\sin\frac{2m\pi}{n}$ はすべて，複素数の範囲で考えたときの，1の n 乗根である．m の可能性は無限であるが，cos, sin は 2π を周期とする周期函数であるから，$m=0, 1, 2, \cdots, n-1$ の n 個の場合で，全部すんでしまう．$m=1$ のときを ζ_n で表すことにすると，一般の m のときは $\zeta_n{}^m$ である．$\zeta_n{}^m=1$ になるのは，m が n の倍数のときに限られる．この ζ_n のように，n 乗目ではじめて1になる n 乗根を1の**原始 n 乗根**という．

この例題5は，上記の事実を問題の形にしただけといえる．解としては，上記 $\zeta_n{}^m$ の形のもの以外には1の n 乗根がないことの証明も必要であるので，あと，それを述べる．$r(\cos\theta+i\sin\theta)$ が1の n 乗根 (r は正の数) であったとする．n 乗したものは，$r^n(\cos n\theta+i\sin n\theta)$ であるから，$r^n=1$, $\cos n\theta=1$, $\sin n\theta=0$. ($r>0$ ゆえ) $r=1$, $n\theta$ は 2π の整数倍．したがって，上で得た $\zeta_n{}^m$ (m 整数) の形のもの以外には1の n 乗根はない．

原始 n 乗根については，つぎのことがいえる．

定理　ζ が1の原始 n 乗根であり，m が整数であるとき，ζ^m が1の原始 n 乗根であるための必要充分条件は，m と n が互いに素，すなわち，1が m と n の最大公約数，であることである．

証明　m と n との最大公約数を d とする．$m=m'd$, $n=n'd$ とおいてみると，$n'm=n'm'd=m'n$ ゆえ，$(\zeta^m)^{n'}=1$ ゆえに，$d>1$ であれば，ζ^m は原始 n 乗根ではない．$d=1$ としてみよう．$(\zeta^m)^s=1$ となれば，$\zeta^{ms}=1$ である．$ms\equiv t \pmod n$ $(0\leqq t<n)$ としてみると，$1=\zeta^{ms}=\zeta^t$．ζ が原始 n 乗根ゆえ，$t=0$．ゆえに ms は n の倍数．m が n と共通因数をもたないのだから，s が n の倍数．ゆえに，ζ^m は1の原始 n 乗根である．

したがって，1の原始 n 乗根の数は，$1, 2, \cdots, n-1, n$ のうち，n と互いに素なものの数である．その数は n に対して定まるので，自然数全体を定義域にし，自然数の中で値を取る函数である．この函数を**オイラーの函数**という．この函数については第7章に扱う．

1の n 乗根であっても，原始 n 乗根かどうかは重要な違いである．しかし，p が奇素数のときは，1以外の1の p 乗根はすべて原始 p 乗根であり，かつ，実数でない．そこで，それらを1の**虚 p 乗根**という．$p=3$ のときは**虚立方根**という．

類題　　解答は132ページ

5.1.　$z=\cos\frac{\pi}{5}+i\sin\frac{\pi}{5}$ のとき，$1+z+z^2+\cdots+z^9$ を求めよ．　　（千葉）

5.2.　1の虚立方根の一つを ω とするとき，1の原始6乗根全部を，ω を使って表せ．

5.3.　ζ, η がそれぞれ1の原始 m, n 乗根であり，m と n とが互いに素であるときは，$\zeta\eta$ は1の原始 mn 乗根になることを示せ．

［ヒント］$(\zeta\eta)^s=1$ ならば，$\zeta^s=\eta^{-s}$ で，左辺は1の m 乗根，右辺は1の n 乗根になる．

EXERCISES

（解答は132ページ）

1　2次方程式 $z^2+(a+bi)z+(c+di)=0$ が少なくとも一つの実根をもつための必要十分条件を求めよ．ただし，a, b, c, d は実数とする．

2　$(\cos\theta+i\sin\theta)(\cos 2\theta+i\sin 2\theta)\cdots(\cos n\theta+i\sin n\theta)=1$ をみたす θ の値を求めよ．

3　ガウス平面における集合　$A=\{\alpha\,|\,\mathrm{Re}\,\alpha>0\}$，$B=\{\alpha\,|\,\mathrm{Im}\,\alpha<0\}$，$C=\{\alpha\,|\,|\alpha|\leqq 1\}$ と，写像 $f(z)=\dfrac{z+1}{1-z}$ を考える．

(1)　$(A\cup B)\cap C$ は f でどのような領域に写されるか．

(2)　$(A\cap B)\cup C$ は f でどのような領域に写されるか．　（神奈川）

4　複素数 α, β, γ が表す点を結んで出来る三角形が正三角形であるための必要十分条件は

$$\alpha^2+\beta^2+\gamma^2=\alpha\beta+\beta\gamma+\gamma\alpha$$

であることを証明せよ．　（石川）

5　ガウス平面において，次の方程式は何を表すか．

$$\arg(z-1)-\arg(z-2)=\frac{\pi}{4}$$

（埼玉）

6　ガウス平面上で，方程式 $\bar{c}z+c\bar{z}=|c|^2\ (c\neq 0)$ は直線を表すことを証明し，$|c|<2$ のときは，この直線は2つの円 $|z|=1$，$|z-c|=1$ の交点を通ることを示せ．

7　z が1の虚7乗根であるとき，次の等式を証明せよ．

$$\frac{z}{1+z^2}+\frac{z^2}{1+z^4}+\frac{z^3}{1+z^6}=-2$$

Advice

1　z が実数だとしたら，この等式はどういう条件になるかを考えよ．

2　左辺$=\cos\eta+i\sin\eta$，$\eta=\theta+2\theta+\cdots+n\theta$

3　$z=x+yi$，$f(z)=u+vi$ とおいて，x, y を，u, v を用いて表し，その x, y が集合に課せられた条件をみたすのは，u, v がどういうときか，という形で考える方がよい．

4　正三角形という条件は $\begin{cases} \angle(\alpha)(\beta)(\gamma)=\angle(\beta)(\gamma)(\alpha) \quad \cdots \quad \arg\left(\dfrac{\alpha-\beta}{\gamma-\beta}\right)=\arg\left(\dfrac{\beta-\gamma}{\alpha-\gamma}\right) \\ \left|\dfrac{\alpha-\beta}{\gamma-\beta}\right|=\left|\dfrac{\beta-\gamma}{\alpha-\gamma}\right| \end{cases}$

5　25ページの類題4.3参照

6　新しい変数 w を考えて $z=\dfrac{1}{2}c+\bar{w}$ という変換をしてみよ．

7　$1+z+z^2+\cdots+z^6=0$ を導け．

5 多　項　式

多項式については，すでにいろいろ知っている．復習を含めて，さらに前進するための基礎固めをしよう．

1 **(剰余定理)** $f(x)$ を $3x-4$ で割ると 9 余るとき，$x^2f(x)$ を $3x-4$ で割ったときの余りを求めよ．　(東京)

2 **(多項式の整除)** $f_n=(x^n+y^n+z^n)(x^ny^n+y^nz^n+z^nx^n)-x^ny^nz^n$ (n は自然数) のとき，次の問いに答えよ．

(1) f_1 を因数分解せよ．

(2) n が奇数であれば，f_n は f_1 で割りきれることを証明せよ．　(宮城)

3 **(多項式の重根)** $f(x)=a_0x^n+a_1x^{n-1}+\cdots+a_{n-1}x+a_n$ (a_i は定数，$a_0\neq 0$) について，その導函数を $f'(x)$ $(=na_0x^{n-1}+(n-1)x^{n-2}+\cdots+a_{n-1})$ とする．$f(x)$ と $f'(x)$ との最大公約数を $d(x)$ とするとき，つぎのことを証明せよ．

α が $f(x)$ の重根であるための必要充分条件は，α が $d(x)$ の根であることである．したがって，特に $d(x)$ が定数であれば，$f(x)$ は重根をもたない．

4 **(アイゼンシュタインの既約性定理)** 整係数の多項式 $f(x)=a_0x^n+a_1x^{n-1}+\cdots+a_{n-1}x+a_n$ に対して，素数 p を適当にえらべば，(i) $a_0\not\equiv 0 \pmod{p}$, (ii) $i=1, 2, \cdots, n$ について，$a_i\equiv 0 \pmod{p}$, (iii) $a_n\not\equiv 0 \pmod{p^2}$ となるならば，$f(x)$ は有理数係数の多項式と見て既約である．これを証明せよ．

5 **(部分分数分解)** 一変数 x の分数式 $g(x)/f(x)$ において，分母 $f(x)$ が分解して，

$$f(x)=f_1^{e_1}(x)f_2^{e_2}(x)\cdots f_n^{e_n}(x)\ (e_i \text{ は自然数};\ i\neq j \text{ なら } f_i(x) \text{ と } f_j(x) \text{ は互いに素})$$

となったとき，もとの分数式は，整式 $g_0(x)$ および $g_{ij}(x)$ ($i=1, 2, \cdots, n$; $j=1, 2, \cdots, e_i$) を用いて

$$g_0(x)+\sum_{j=1}^{e_1}\frac{g_{1j}(x)}{f_1(x)^j}+\sum_{j=1}^{e_2}\frac{g_{2j}(x)}{f_2(x)^j}+\cdots+\sum_{j=1}^{e_n}\frac{g_{nj}(x)}{f_n(x)^j}\quad(\deg g_{ij}(x)<\deg f_i(x))$$

の形に表すことができることを証明せよ．

5.1 剰余定理

剰余定理は高校でも習うので周知のことであろうが，教員採用試験にはよく出題されるようなので復習しておこう．

「一変数の多項式 $f(x)$ を $x-a$ で割ったときの余りは $f(a)$ である」

というのが剰余定理である．したがって，余り 0 の場合として，次の**因数定理**が出る．

「一変数の多項式 $f(x)$ について，$f(a)=0$ であれば，$f(x)$ は $x-a$ で割り切れる」

[剰余定理の証明] $f(x)$ を $x-a$ で割ったときの商，余りをそれぞれ $q(x), r$ とすると，$f(x)=(x-a)q(x)+r$ (rは定数)． 両辺の x に a を代入すれば，$f(a)=r$

例題 1 のように，$3x-4$ で割る場合は，$x-\dfrac{4}{3}$ で割る場合と同じ余りになることに注意すれば，簡単に解ける:

例題 1 の解. $f\left(\dfrac{4}{3}\right)=9$. $x^2f(x)$ に $x=\dfrac{4}{3}$ を代入すれば，$\dfrac{16}{9}\times9=16$ ゆえ，求める余りは 16 である．

ここで注意しておきたいことは，剰余定理自身は，多変数の多項式であっても，割る多項式が $x-a$ (a は x を含まない多項式) であればよいことである．上の証明において，r として x を含まないものがとれるから，x の多項式としての割り算の余りがとれ，それが $f(a)$ になるのである．したがって，次のようにまとめられる．

[剰余定理] $x_1, \cdots, x_n$ の多項式 $f(x_1, x_2, \cdots, x_n)$ を $x-g(x_2, \cdots, x_n)$ で，x_1 の多項式としての割り算をしたとき，その余りは $f(g(x_2, \cdots, x_n), x_2, \cdots, x_n)$ である．したがって，これが 0 となるときは，$f(x_1, \cdots, x_n)$ は $x-g(x_2, \cdots, x_n)$ でわりきれる．

注意　この一般化は $x_1h(x_2, \cdots, x_n)-g(x_2, \cdots, x_n)$ で割るときには適用できない．というのは，たとえば，x^2-y^2 を $xy-1$ で割ろうとする場合，x^2 の係数が 1 なので，割って余りの次数を下げることができないからである．

類　題 解答は133ページ

1.1. x の多項式 $f(x)$ について，$f(x)$ を $x+1$ で割れば -5 余り，また，$x-3$ で割れば 3 余るという．$f(x)$ を $(x+1)(x-3)$ で割ったときの余りを求めよ．（岐阜）

1.2. $x^{20}-1$ を $(x-1)^2$ で割った余りを求めよ．（新潟）

[ヒント] $x^{20}-1=(x-1)^2q(x)+ax+b$ とおいて，両辺を微分したものを，併せて利用せよ．

1.3. $x^3+y^3+z^3+xy^2+yz^2+zx^2+xz^2+yx^2+zy^2$ は $x+y+z$ でわりきれることを，剰余定理を利用して示せ．

5.2 多項式の整除と素因子分解

多項式の因数分解を見つけるのには，一つの文字について考えたときなるべく次数の低い文字についての多項式に整理するのが有効なことが多い．しかし，具体的にはカンに頼らざるを得ない．以下ではそれ以外の基礎的事項についての復習から始めよう．

Appendix 1 の［補足］で述べるように，数係数の一変数の多項式についての**素因子分解**（**素因数分解**ともいう）の**一意性**が成り立つ．また，多変数であっても，Appendix 8 で示すように，素因子分解の一意性が成り立つ．したがって，二つの多項式 $f(x)$, $g(x)$ についての**最大公約元**（**最大公約数**ともいう），**最小公倍元**（**最小公倍数**ともいう）が定まるが，それらは，次のようにまとめられる．

(1) 係数の範囲を定めておく必要がある．係数の範囲として採用するのは，後に述べるように，環とよばれるものを一つとって，その範囲にするのであるが，ここでは，① 整数全体 $\boldsymbol{Z}$, ② 有理数全体 $\boldsymbol{Q}$, ③ 実数全体 $\boldsymbol{R}$, ④ 複素数全体 $\boldsymbol{C}$ などを考えることにする．変数も定めておく．

(2) $X_1, \cdots, X_m$ が変数であるとき，$cX_1{}^{e_1}X_2{}^{e_2}\cdots X_n{}^{e_n}$ (c は係数) の形のものを**単項式**といい，c をその**係数**という．$e_1+e_2+\cdots+e_n$ をこの単項式の**次数**という．多項式の**次数**は（整理した後で）現れる単項式の次数の最大をいう．整理しないままで，また，係数が 0 でないかどうか不明のままで同様に考えたものを，**見かけ上の次数**という．

(3) 多項式 f が多項式 g, h の積 gh と一致するとき，(i) g は f の**因子**（または**因数**）または**約元**（または**約数**）であるといい，(ii) f は g の**倍元**（**倍数**）であるという．二つ以上の多項式について，**公約元**，**公倍元**は整数の場合の公約数，公倍数と同様に定義する．**最大公約元**は，公約元であって，公約元全体の公倍元であるもの，**最小公倍元**は，公倍元であって，公倍元全体の公約元になっているものとして定義されるが，係数の範囲が②～④の場合は，最大，最小を次数の大小で判断してよく，①の場合は，次数の大小の他に，各多項式の係数の最大公約数を考えて，それの最大公約数，最小公倍数を考慮すればよい．

(4) 係数の範囲が②～④で，一変数のときは，二つの多項式の最大公約元は，ユークリッドの互除法で求めることができる．

(5) 多項式 f の約元のうちに，**単元**すなわち，逆元をもつ元（係数の範囲が①の場合は ±1, その他の場合は 0 でない数）または（単元$\times f$）の形のもの以外の約元があるとき，f は**可約**であるといい，そうでないとき，f は**既約**であるという．既約多項式は，素数と似た性質をもつ，すなわち：

(i) g, h が多項式で，gh が既約多項式 f の倍元であれば，g, h の少くとも一方は f の倍元である．(ii) どの多項式も既約多項式の積として表すことができる．$f_1, f_2, \cdots, f_n$, $g_1, g_2, \cdots, g_m$ が単元でない既約多項式であって，$f_1f_2\cdots f_n=g_1g_2\cdots g_m$ であれば，この二つの分解は順序と，単元因子による差異を無視すれば，同じ分解である．（正確に言えば，$m=n$ であり，$g_1, g_2, \cdots, g_n$ の番号の順序を適当にとりかえれば，$g_i=$(単元)$\times f_i$ $(i=1, 2, \cdots, n)$ となる．これが，多項式の場合の，**素元分解の一意性**）

注意 1 g が f の約元であれば，f/g が多項式になる．このゆえに，f は g で**整除**されるともいう．

注意 2 既約かどうかは，係数の範囲によって変わる．断りのないときは $\boldsymbol{Q}$ 上で考える．

(i) $2x+6$ は $\boldsymbol{Z}$ 上可約，$\boldsymbol{Q}$ 上既約．(ii) x^2-3 は $\boldsymbol{Q}$ 上既約，$\boldsymbol{R}$ 上可約．

(iii) x^2+1 は $\boldsymbol{R}$ 上既約, $\boldsymbol{C}$ 上可約.

注意　3　Appendix 8 で見るように, 係数の範囲が, 素元分解の一意性の成り立つ整域の場合には上の(5)が一般化できる. 例えば, $x_1, \cdots, x_n$ についての多項式の場合は, $x_1, \cdots, x_{n-1}$ についての多項式を係数とする x_n の多項式を見て一般化できることになる. (整域の定義については70ページ参照)

以上のことは, 例題2を解くのに直接利用するわけではないが, 例えば(1)を考えるのに, 素元分解の一意性が成り立たないとすると, どれだけ分解があるかも考えなくてはならなことになる. しかし, 素元分解の一意性があるので, 既約多項式の積への分解を一つ求めれば, 他の分解もすぐわかることになるので, 答も, そういう分解を一つ答えればよいことになっている. (注意2で述べたように, 係数は有理数の範囲で考えることになる.)

さて, 例題の解を考えよう. $f_1=(x+y+z)(xy+yz+zx)-xyz$. これは, どの項も3次の式になる. このように, 項の次数が一定数 d であるとき, d 次**斉次式**という. 斉次式については,

定理　斉次式の因子はすべて斉次式である.

証明. 一つの多項式 f, g において, f の最高次の部分が f_d, 最低次の部分が f_e, (d, e は次数), g についての同様のものが, g_a, g_b とする. $d>e$ と仮定しよう. すると, 積 fg において, 最高次の部分は $f_d g_a$, 最低次の部分は $f_e g_b$. $a \geqq b$ ゆえ, $d+a>e+b$. したがって fg は斉次でなくなる. ゆえに, fg が斉次であるならば, $d=e$, $a=b$.

したがって, f_1 は, (i) 既約, (ii) 一次斉次式と2次斉次式の積, (iii) 三つの一次斉次式の積のいずれかであるが, 既約でないとすれば, 一次斉次式を因子にもつから, 一次因子を探してみる. 式は x, y, z について対称的であるから, x の係数 $\neq 0$ としてよく, その係数で割って, $x+ay+bz$ が因子であると仮定してよい. すると剰余定理 (因数定理) により, $x=-(ay+bz)$ を代入して0になる筈である:

$$0=\{(1-a)y+(1-b)z\}\{yz-(y+z)(ay+bz)\}+(ay+bz)yz$$
$$=\{(1-a)y+(1-b)z\}\{(1-a-b)yz-ay^2-bz^2\}+ay^2z+byz^2$$

y^3 と z^3 の係数 $=0$ から　$a^2=a,\ b^2=b$

$(a, b)=(0, 1), (1, 0)$ ならば右辺は 0. ゆえに

f_1 は $x+y$, $x+z$ を因子にもつ. x, y, z について対称的であったから, $y+z$ も因子

$\therefore\ f_1=c(x+y)(y+z)(z+x)$　　x^2y の係数を比較して, $c=1$

ゆえに(1)の答は $(x+y)(y+z)(z+x)$

(2)　(1) により, $f_n=(x^n+y^n)(y^n+z^n)(z^n+x^n)$. n が奇数ゆえ, x^n+y^n は $x+y$ で整除される. 同様, y^n+z^n, z^n+x^n がそれぞれ $y+z$, $z+x$ で整除されるから, f_n は f_1 でわりきれる.

類題　解答は133ページ

2.1.　$(a+b)(b+c)(c+a)+abc$ を因数分解せよ.　(三重)

2.2.　$(a+b+c)^3-a^3-b^3-c^3$ を因数分解せよ.　(愛媛)

2.3.　$x+xy^2+y^3+3$ は既約多項式であることを示せ.

[ヒント] 一つの変数についての多項式 (係数は残りの文字についての, 多項式全体または有理式全体の範囲どちらで考えてもよい) として既約であり, 係数(残りの文字についての多項式になっている)に共通因子がないならば, その式は既約多項式である (Appendix 8 参照).

5.3 多項式の重根

x の多項式 $f(x)=a_0x^n+a_1x^{n-1}+\cdots+a_n$ について，$f(x)=0$ の解になるものが，$f(x)$ のまたは $f(x)=0$ の根とよばれる．根と解とのちがいは，① 根は一変数の多項式にも使える，② 根は重複度も考慮に入れ，解は重複度を考えないことにある．（その点，近項，重解とか，重複解という言葉が使われているのはよくない現象である.） 上で $a_0\neq0$, a_i すべて複素数の場合，$f(x)$ には n 個の根が複素数の範囲に存在し (Appendix 2 参照)，それらを $\alpha_1, \alpha_2, \cdots, \alpha_n$ とすれば，$f(x)=a_0\prod_{i=1}^{n}(x-\alpha_i)$ となるから，n 次方程式については，n個の根が定まれば，方程式が実質的に（定数因子による差異を無視しての意）定まってしまう．だから，方程式，または多項式の roots だというので根とよばれるのである．一般の方程式，たとえば無理方程式では，解の重複度を考えることに無理がある．たとえば，$\sqrt{x}=0$ の解 $x=0$ の重複度は考えにくい．$x^n=0$ なら n 重だからと考えれば，$\frac{1}{2}$ 重ということになるが，$\frac{1}{2}$ 重ではおかしいといわざるを得ない．

さて，この例題3は，重根についての基本的事項であり，導函数とユークリッドの互除法とにより，重根を求める方法を示しているものである．

まず例題の解を示そう．$f(x)=(x-\alpha)^e g(x)$, $g(\alpha)\neq0$ としよう．そのとき α は $f(x)$ の e 重根である．$f'(x)=e(x-\alpha)^{e-1}g(x)+(x-\alpha)^e g'(x)$. そこで，

(1) $e\geqq2$ であれば，$f'(x)$ は $(x-\alpha)^{e-1}$ でわりきれるから，$d(x)$ は $(x-\alpha)^{e-1}$ でわりきれる．ゆえに，α が $f(x)$ の重根であれば，α は $d(x)$ の根である．

(2) α が $d(x)$ の根であれば，α は $f(x)$ と $f'(x)$ との共通根である．ゆえに，$e\geqq1$. そして，$f'(x)$ を見ると，$e=1$ としてみると $f'(\alpha)=eg(\alpha)\neq0$ ゆえ，$e>1$. ゆえに α は $f(x)$ の重根である．

注意 $f'(x)$ は $(x-\alpha)^{e-1}h(x)$, $h(\alpha)\neq0$ の形である．したがって，$d(x)$ もそういう形をしており，つぎのことがわかる．[重根でない根は1重根ともいう.]

m が自然数のとき，α が $d(x)$ の m 重根 $\Leftrightarrow$ α が $f(x)$ の $m+1$ 重根

類 題 解答は133ページ

3.1. 次の，整数係数の多項式に，重根があるかどうかしらべ，重根がある場合，それらを，重複度を含めて求めよ．

(1) x^n-1 (n は自然数)

(2) $x^4-3x^3+2x^2+x-1$

3.2. 次の多項式が重根をもつような実数 c の値を求めよ．

$$x^3+3x^2-9x+c$$

[ヒント] 導関数の根を求めよ．例題3は，「α が $f(x)$ の重根 $\Leftrightarrow$ α が $f(x)$ と $f'(x)$ との共通根」ということを示していることに注意．

5.4　アイゼンシュタインの既約性定理

与えられた多項式が既約かどうかの判定は，一般には大変むつかしいことである．Appendix 8 定理 4 で示すように，多変数の多項式については，そのうち一つの変数についての多項式（係数は他の変数についての多項式）としての既約性と，係数に共通因子がないときには既約であるが，この判定法が実用的な場合は，着目する一つの変数についての次数が低いときなど，限られた場合にすぎない．しかしながら，判定法が少ないのであるから，これも大切な定理である．

この例題 4 の内容は，**アイゼンシュタイン** (Eisenstein) **の既約性定理**とよばれるもので，数少ない判定法の一つとして大切なものである．

[証明]　まず，$f(x)=g(x)h(x)$ （$g(x)$, $h(x)$ は整数係数の多項式で定数ではないもの）と分解したと仮定して矛盾を導びこう．$g(x)$, $h(x)$ のそれぞれの項のうち，係数が p でわりきれない最低次のものが $b_\alpha x^\alpha$, $c_\beta x^\beta$ としよう．すると，右辺では ($x^{\alpha+\beta}$の係数)$\equiv b_\alpha c_\beta \pmod p$ で，これは p ではわりきれない．ところが，左辺では p でわりきれないのは x^n の係数 a_0 だけである．ゆえに $\alpha+\beta=n$.　$\therefore$ $\deg g(x)=\alpha$, $\deg h(x)=\beta$　ゆえに，$g(x)$, $h(x)$ の定数項は，いずれも p でわりきれる．すると，その積 $g(x)h(x)$ の定数項は p^2 でわりきれる．ところが，その定数項は $f(x)$ の定数項であるから，$a_n\not\equiv 0 \pmod{p^2}$ に反する．あとは，次の定理を証明すればよい．

定理　整数係数の多項式 $f(x)$ が，有理数係数の多項式として積 $g_1(x)h_1(x)$ と分解したとすれば，適当な有理数 c $(\neq 0)$ により，$g(x)=cg_1(x)$, $h(x)=c^{-1}h_1(x)$ が整数係数の多項式になるようにすることができる．

[証明]　$g_1(x)$, $h_1(x)$ それぞれ係数の分母を払い，係数の共通因子をくくり出して，$f(x)=(b/a)g_2(x)h_2(x)$ (b/a は既約分数，$g_2(x)$, $h_2(x)$ はそれぞれの係数が共通因子をもたない整数係数の多項式）と表すことができる．a が素因数 p をもったとしよう．$g_2(x)$, $h_2(x)$ のそれぞれの項のうち，p で係数がわれないもののうち最低次のものを，$d_\alpha x^\alpha$, $e_\beta x^\beta$ (α, β は 0 かも知れぬ) すると，(右辺での $x^{\alpha+\beta}$ の係数)$\times a\equiv bd_\alpha e_\beta \pmod p$ である．$f(x)$ が整数係数ゆえ，$bd_\alpha e_\beta$ は a の素因数 p でわりきれる．しかし，仮定によれば，b, d_α, e_β いずれも p でわりきれないのだから矛盾である．すなわち，a は素因数をもたない．$\therefore$ $a=\pm 1$.　したがって，たとえば $g(x)=(b/a)g_2(x)$, $h(x)=h_2(x)$ とおけばよい．

類　題　解答は133ページ

4.1.　整数係数の多項式 $f(x)$ について，a が整数であれば，$f(x)$ が既約ということと $f(x+a)$ が既約であることとが同値であることを示し，この結果とアイゼンシュタインの既約性定理とを用いて，次のことを証明せよ．

p が素数ならば，多項式 $x^{p-1}+x^{p-2}+\cdots+x+1$ は既約である．

[ヒント]　$x^{p-1}+x^{p-2}+\cdots+x+1=(x^p-1)/(x-1)$ を使え．

4.2.　次の各多項式が既約かどうかしらべよ．

(1)　x^4+4x^2+2　　(2)　x^4+15　　(3)　x^7-47

(4)　x^3+2x^2+2x+4　　(5)　x^4+4　　(6)　x^4+1

5.5 部分分数分解

例題5でいうように，分数式 $g(x)/f(x)$ ($f(x)$, $g(x)$ は一変数の多項式) のとき，分母 $f(x)$ の因数分解に応じて，整式と，いくつかの分数の和に表すことを，**部分分数**に分けるという．有理函数の積分の計算の時に利用した経験は多分あるであろう．あとの証明でもわかるように，こういうことができるのは，$h(x)$, $k(x)$ が互いに素な多項式であるとき，$1=h(x)a(x)+h(x)b(x)$ となる多項式 $a(x)$, $b(x)$ が存在することによるのであるから，多変数の有理式には適用できないのである．

例題5の解　(1)　$n=1$, $e_1=e>1$ のとき：$g(x)$ を $f(x)=f_1{}^e$ でわり，その余りを $f_1{}^{e-1}$ でわり，というふうに順次行なえば，$g(x)=g_0(x)f(x)+g_1(x)f_1{}^{e-1}+g_2(x)f_1{}^{e-2}+\cdots+g_{e-1}(x)f_1+g_e(x)$ ($g_1(x)$, $\cdots$, $g_e(x)$ の次数はいずれも $g(x)$ の次数より小さい) を得る．したがって，$f(x)$ でわって，所期の部分分数分解を得る．

(2)　$n=2$, $e_1=e_2=1$ のとき：f_1, f_2 が互いに素であるから，$1=f_1a+f_2b$ となる多項式 $a=a(x)$, $b=b(x)$ がある．$\therefore\ g=f_1ag+f_2bg$　$\therefore\ g/f=(ag)/f_2+(bg)/f_1$　あと，(1) と同様にして，整式部分をとり出せば，所期の表示が得られる．

(3)　$n\geqq 3$, $e_1=e_2=\cdots=e_n=1$ のとき：n についての帰納法．$f=f_1\times(f_2\cdots f_n)$ に(2)を適用し，$g/f=g_0+g_1/f_1+g_2/(f_2\cdots f_n)$ を得る．$g_2/(f_2\cdots f_n)$ に帰納法の仮定を適用して，所期の表示を得る．

(4)　一般の場合：$f_i{}^{e_i}=F_i$ により $f=F_1\cdots F_n$ であるから，これに(3)を適用して $g/f=g_0+\sum g_i/f_i{}^{e_i}$ の形の表示を得る．これに(1)を適用すれば，所期の表示を得る．

一つの有理式に対して，具体的な部分分数分解を求めるには，次のようにすればよい．(1) まず，$g(x)$ を $f(x)$ でわって商 $g_0(x)$ を求め，分子の次数$<\deg f(x)$ の場合に帰着する．(2) 次に，未定係数法を利用する．

例1　$\dfrac{x^3}{x^2-1}=x+\dfrac{x}{x^2-1}=x+\dfrac{\alpha}{x-1}+\dfrac{\beta}{x+1}$ とおいてみると $\alpha x+\alpha+\beta x-\beta=x$

$$\therefore\ \alpha=\beta,\ \alpha+\beta=1 \qquad \therefore\ \alpha=\beta=\frac{1}{2} \qquad \therefore\ \frac{x^3}{x^2-1}=x+\frac{1}{2(x-1)}+\frac{1}{2(x+1)}$$

例2　$\dfrac{1}{x^2(x-1)}=\dfrac{a}{x}+\dfrac{b}{x^2}+\dfrac{c}{x-1}$ とおいてみると，$1=ax(x-1)+b(x-1)+cx^2$

$$\therefore\ a+c=0,\ -a+b=0,\ -b=1 \qquad \therefore\ b=-1,\ a=-1,\ c=1$$

$$\therefore\ \frac{1}{x^2(x-1)}=\frac{-1}{x}+\frac{-1}{x^2}+\frac{1}{x-1}$$

類題 解答は134ページ

5.1.　次の各分数式を，実数係数の範囲で部分分数に分解せよ．(この意味は，「分母を実数係数の範囲で既約多項式の積に分解し，その分解に応じた部分分数分解を求めよ」ということである)

(1)　$\dfrac{x^5}{x^3+1}$　　(2)　$\dfrac{2}{x^2(x^2-1)}$　　(3)　$\dfrac{x}{x^4+1}$

5.2.　分数 $\dfrac{m}{n}$ と，n の因数分解 $n=p_1{}^{e_1}p_2{}^{e_2}\cdots p_s{}^{e_s}$ ($i\neq j$ ならば p_i と p_j は互いに素) が与えられれば，$\dfrac{m}{n}$ は

$$a_0+\sum_{j=1}^{e_1}\frac{a_{1j}}{p_1{}^j}+\sum_{j=1}^{e_2}\frac{a_{2j}}{p_2{}^j}+\cdots+\sum_{j=1}^{e_s}\frac{a_{sj}}{p_s{}^j}\quad (a_0 \text{ は整数，} 0\leqq a_{ij}<p_i)$$

の形に表すことができることを示せ．

EXERCISES

(解答は134ページ)

1 x の多項式 $f(x)$ を，$x-a$ で割った余りが A，また $x-b$ で割った余りが B であるとき，$f(x)$ を $(x-a)(x-b)$ で割った余りを求めよ．ただし，$a \neq b$ とする． (高知)

2 整式 $f(x)$ を $(2x+3)^2$ で割ったときの余りは $x+6$，また，$(x-2)^2$ で割ったときの余りは $78x-99$ であるという．$f(x)$ を $(2x+3)^2(x-2)$ で割ったときの余りを求めよ．

3 $x(y+z)^2+z(x+y)^2+y(x+z)^2-4xyz$ を因数分解せよ． (高知)

4 x^3+2x^2-x-2 を因数分解せよ． (埼玉)

5 変数 x, y についての多項式 f を，x についての多項式として整理して

$$f=f_0x^s+f_1x^{s-1}+\cdots+f_s \quad (f_i \text{ は } y \text{ についての多項式})$$

としたとき，(1) f_0 の定数項は 0 でない．(2) $f_1, f_2, \cdots, f_s$ の定数項は全部 0 である．(3) f_s の一次の部分は 0 でない，(4) $f_0, f_1, \cdots, f_s$ には共通因子がない，という 4 条件をみたしておれば，f は既約多項式であることを証明せよ．

6 次の多項式が既約かどうか調べよ．

(1) $x^4+5x^3+25x^2+5$ (2) x^7+7x^6+6

7 次の分数式を有理数係数の範囲で部分分数に分解せよ．

(1) $\dfrac{x^2}{x^2-4}$ (2) $\dfrac{1}{x^3+1}$ (3) $\dfrac{1}{x^2(x+1)^2}$

Advice

1 $f(x)=(x-a)(x-b)q(x)+cx+d$ とおいてみよ．

2 $f(x)$ を $(2x+3)^2$ で割った商を $x-2$ で割って，$f(x)=(2x+3)^2(x-2)q(x)+(2x+3)^2r+x+6$．また，$f(x)$を $(x-2)^2$ で割った余りが$78x-99$ということから $f(x)=(x-2)^2q_1(x)+78x-99$．この二つから r を求めよ．

3 例題 2 の解の方法で一次因子を探してみよ．

5 例題 4 の証明の真似をせよ．

6 アイゼンシュタインの既約性定理

7 未定係数法(前ページ参照)

6 代数方程式の解法

2次方程式の解法は中学高校で熟知してきたことであろう．3次，4次の場合は，少しむつかしいが代数的解法が知られている．5次以上になると，四則演算とべき根をとる算法の範囲では解けないものが多くある（そのことは Appendix 5）ので，特別な場合しかうまく解けないのである．

1 **（2次方程式と2次函数）** (1) 2次方程式 $x^2-18x+5a=0$ の二根がともに正の整数となるような整数 a を求め，そのときの整数解を記せ．（山形）

(2) 放物線 $y^2=4x$ と直線 $y=x+a$ との共有点の数および座標を求めよ．（大阪）

2 **（相反方程式）**方程式 $a_0x^n+a_1x^{n-1}+\cdots+a_{n-1}x+a_n=0$ $(a_0\neq0)$ において，$a_i=a_{n-i}$ $(i=0, 1, 2, \cdots, n)$ であるとき，**相反方程式**という．このとき，つぎのことを示せ．

(1) n 個の根を $\alpha_1, \alpha_2, \cdots, \alpha_n$ とすれば，$\alpha_1^{-1}, \alpha_2^{-1}, \cdots, \alpha_n^{-1}$ は $\alpha, \alpha_2, \cdots, \alpha_n$ の順序を適当に変えたものである．

(2) n が偶数 $2m$ であれば，$y=x+\dfrac{1}{x}$ とおけば，y についての m 次の方程式が得られ，その根 $\beta_1, \beta_2, \cdots, \beta_m$ が求まれば，$x+\dfrac{1}{x}=\beta_i$ を各 i について解けば α_j 全体が求まる．

(3) n が奇数 $2m+1$ であれば，-1 は一つの根であり，左辺を $x+1$ で割れば，$2m$ 次の相反方程式が得られる．

3 **（整数係数の方程式の有理数根）** $2x^3+ax+5=0$ が負の有理数の根をもつような整数 a の値を求め，その場合にこの方程式を解け．

4 **（根の変換）** 方程式 $x^3+3x^2+1=0$ の3根それぞれに1を加えた3数を根にもつ3次方程式を求めよ．

5 **（高次方程式の根）** 方程式 $x^3+3px+q=0$ (p, q は定数) に対し，1の虚立方根の一つを ω とし，$d=q^2+4p^3$，$\alpha=\sqrt[3]{\dfrac{-q+\sqrt{d}}{2}}$，$\beta=\sqrt[3]{\dfrac{-q-\sqrt{d}}{2}}$ $(\alpha\beta=-p)$ とおけば，この方程式の3根は $\alpha+\beta$, $\omega\alpha+\omega^2\beta$, $\omega^2\alpha+\omega\beta$ であることを示せ．（この公式による三次方程式の解法は**カルダノの解法**とよばれる．）

6.1　2次方程式と2次函数

2次方程式の根の公式および根と係数の関係あるいは2次函数のグラフについては周知のことであるが，教員の採用試験にはそれらに関する問題は割合でているようである．（通常の問題以外に，根の公式を生徒にどうやって指導するかというような出題もある．）

例題1 (1)は，$y=x^2-18x+5a$ の軸が $x=9$ であるから，2根は $9-\alpha$, $9+\alpha$ の形．二根とも正の整数ということから，α は整数で，$0\leqq\alpha\leqq8$．a も整数ゆえ，根の一方は5の倍数．

① 小さい根が5の倍数 ⇒ $\alpha=4$．2根が5, 13．このとき $a=13$

② 大きい根が5の倍数 ⇒ $\alpha=1$, 6．$\alpha=1$ のとき，2根は 8, 10, $a=16$

$\alpha=6$ のとき，2根は 3, 15　$a=9$

答　$a=13$，二根 5, 13; $a=16$，二根 8, 10; $a=9$，二根 3, 15

(2) は，x を消去すれば，$y^2=4y-4a$　$\therefore$ $y^2-4y+4a=0$．判別式$=4(4-4a)=16(1-a)$ ゆえ，

① $a<1$ なら，共有点は二つあり，それらの y 座標は $2\pm2\sqrt{1-a}$．ゆえに2点は

$(2-a+2\sqrt{1-a},\ 2+2\sqrt{1-a})$, $(2-a-2\sqrt{1-a},\ 2-2\sqrt{1-a})$

② $a=1$ なら，共有点は1つで，$(2-a,\ 2)=(1,2)$

③ $a>1$ なら共有点はない．

教員試験に出題される無理方程式は，2次方程式に帰する場合が多く，無理不等式は2次函数のグラフに帰する場合が多い．

例1　$\sqrt{2+x}-\sqrt{6-x}=2$ を解け．（千葉）

[解]　$\sqrt{2+x}=\sqrt{6-x}+2$　$\therefore$ $2+x=6-x+4\sqrt{6-x}+4$

$\therefore$ $4\sqrt{6-x}=-8+2x$　$\therefore$ $2\sqrt{6-x}=x-4$　$\therefore$ $24-4x=x^2-8x+16$

$x^2-4x-8=0$　$x=2\pm2\sqrt{3}$

$x=2\pm2\sqrt{3}$ を左辺に代入してみると，$\sqrt{4\pm2\sqrt{3}}-\sqrt{4\mp2\sqrt{3}}$ これが正になるのは $x=2+2\sqrt{3}$ のときであり，そのとき左辺$=\sqrt{4+2\sqrt{3}}-\sqrt{4-2\sqrt{3}}=\sqrt{3}+1-(\sqrt{3}-1)=2$

答　$x=2+2\sqrt{3}$

例2　$\sqrt{x+1}>2x-1$ を解け．（千葉）

[解]　左辺により，$x\geqq-1$．このとき，右辺 <0 ならよい．そのときは $-1\leqq x<\frac{1}{2}$

右辺 $\geqq0$，すなわち $x\geqq\frac{1}{2}$ のとき: $x+1>4x^2-4x+1$　$\therefore$ $4x^2-5x<0$

$\therefore$ $0<x<\frac{5}{4}$．　$x\geqq\frac{1}{2}$ ゆえ，$\frac{1}{2}\leqq x<\frac{5}{4}$．　答　$-1\leqq x<\frac{5}{4}$．

類題　解答は135ページ

1.1.　2次方程式 $x^2-2px+p=0$（p は実数）の2実根が α,β で，$-1<\alpha<1$ のとき，β のとりうる値の範囲を求めよ．（三重）

1.2.　$\sqrt{x+1}-\sqrt{x-1}=\sqrt{x}$ を解け．（埼玉）

1.3.　$x^2-6x+8\geqq0$, $2x^2-6x-3\leqq0$ をみたす整数を求めよ．（愛媛）

6.2 相反方程式

この例題2は相反方程式についての基本事項をまとめたものであるが，…… がたくさんあるのはわかりにくいから，具体例から眺めてみよう．

例1　$x^4+4x^3-3x^2+4x+1=0$　　$x=0$ は根ではないから，$y=x+\dfrac{1}{x}$ とおいてよい．$y^2=x^2+x^{-2}+2$．$x^2+4x-3+4x^{-1}+x^{-2}=0$ ゆえ，$y^2-2+4y-3=0$　$\therefore\ y^2+4y-5=0$　$\therefore\ y=1$ または -5．(i) $y=1$ のとき，$x+x^{-1}=1$　$\therefore\ x^2-x+1=0$．$x=-\omega$, $-\omega^2$ (ω は1の虚立方根)

(ii) $y=-5$ のとき，$x+x^{-1}=-5$　$\therefore\ x^2+5x+1=0$　$x=(-5\pm\sqrt{21})/2$．

例2　$x^5+3x^4+5x^3+5x^2+3x+1=0$　左辺$=(x+1)(x^4+2x^3+3x^2+2x+1)$

$x^4+2x^3+3x^2+2x+1=0$ を解くのに $y=x+x^{-1}$ とおくと，$y^2-2+2y+3=0$．

$\therefore\ y^2+2y+1=0$　$\therefore\ y=-1$ (2重根)　$x+x^{-1}=-1$ を解くと，$x=\omega$, ω^2．

この場合，-1, ω, ω, ω^2, ω^2 が根になる．($y=-1$ が2重根だから)

さて，例題2の証明をしよう．まず，一般に，$a_0x^n+a_1x^{n-1}+\cdots+a_{n-1}x+a_n=0$ ($a_0a_n\neq0$) の根が α_1, α_2, $\cdots$, α_n であるとき，$a_nx^n+a_{n-1}x^{n-1}+\cdots+a_1x+a_0=0$ は α_1^{-1}, α_2^{-1}, $\cdots$, α_n^{-1} を根にもつ．[理由：$a_0x^n+a_1x^{n-1}+\cdots+a_n=a_0\Pi(x-\alpha_i)$, $a_n=(-1)^na_0\Pi\alpha_i$ であるから，$a_0\Pi(z-\alpha_i^{-1})=a_n\Pi(1-\alpha_nz)=a_nz^n\Pi(z^{-1}-\alpha_n)=a_nz^na_0^{-1}(a_0z^{-n}+a_1z^{-(n-1)}+\cdots+a_{n-1}z+a_n)=a_na_0^{-1}(a_0+a_1z+\cdots+a_{n-1}z^{n-1}+a_nz^n)$] したがって(1)はこの特別な場合として得られる．

(2)　上の例のように，x^m でわれば，$a_0(x^m+x^{-m})+a_1(x^{m-1}+x^{(m-1)})+\cdots+a_m=0$．$y^s=x^s+x^{-s}+c_{s1}(x^{s-1}+x^{-(s-1)})+\cdots+c_{s,s-1}(x+x^{-1})+c_{ss}$ ($s=2, 3, \cdots, m$) の形になるから，s についての数学的帰納法を利用して，x^s+x^{-s} は y についての s 次式 (最高次の係数は1) で表すことができることがわかる．ゆえに，与えられた方程式から y についての m 次方程式が得られ，それから，(2)に言うように解けば根全体が求まる．

(3)　$(x+1)(c_0x^d+c_1x^{d-1}+\cdots+c_d)=0$ が相反方程式になれば，$c_0=c_d$ であり，さらに，根の逆数全体を根にする方程式 $(x+1)(c_dx^d+c_{d-1}x^{d-1}+\cdots+c_1x+c_0)=0$ と定数因子を無視して一致することを意味する．$c_0=c_d$ ゆえ，式として一致しなくてはならない．ゆえに，$c_0x^d+c_1x^{d-1}+\cdots+c_d=0$ も相反方程式である．したがって，

「相反方程式 $a_0x^n+a_1x^{n-1}+\cdots+a_{n-1}x+a_n=0$ の左辺が $x+1$ でわりきれるときは，$x+1$ でわったものは相反方程式を与える」

ところで，(3) の場合，項の数が偶数で，$x=-1$ を入れると $c_{n-i}x^i$ と c_ix^{n-i} とが打ち消し合って0になるから，$x=-1$ は根であり，左辺は $x+1$ でわりきれる．

類題 解答は135ページ

2.1.　$x^4+x^3+x+1=0$ を解け．

2.2.　$x^5-3x^4+x^3-x^2+3x-1=0$ を解け．

[ヒント] $x=1$ は一つの根．

6.3　整数係数の方程式の有理数根

つぎの事実は基本的である．(高知県で出題された.)

定理　$a_0, a_1, \cdots, a_n$ が整数であるとき，$a_0x^n+a_1x^{n-1}+\cdots+a_n=0$ が有理数 r を根にもてば，r を既約分数に表したとき，(i) r の分母は a_0 の約数，(ii) r の分子は a_n の約数 (負の約数も含めて)である．

[証明]　$r=b/c$ (b は整数，c は自然数) が既約分数表示であったとする．代入して分母を払えば $a_0b^n+a_1b^{n-1}c+\cdots+a_nc^n=0$　$\therefore a_0b^n\equiv 0 \pmod{c}$．$b$ と c とは互いに素ゆえ，$a_0\equiv 0 \pmod{c}$．同様 $a_nc^n\equiv 0 \pmod{b}$ から，$a_n\equiv 0 \pmod{b}$．

整数係数の多項式 $f(x)$ について，これが有理数根をもたないからといって，$f(x)$ が既約とはいえないが，分解を見つけるのには，有理数根の有無をしらべるのは，一つの大切な作業といえる．また，高次方程式についても，有理数根がある場合にはそれを先に見つけることは，大切なことである．

さて，例題3にはこの定理の応用が有効である．負の根の可能性は，$-1, -5, -1/2, -5/2$ の4通りしかないから，それらを調べればよい．

(i)　$x=-1$ のとき：$-2-a+5=0$　$a=3$　このとき $2x^3+3x+5=(x+1)(2x^2-2x+5)$ ゆえ，他の根は $(1\pm 3\sqrt{-1})/2$

(ii)　$x=-5$ のとき：$-2\times 5^3-5a+5=0$　$\therefore a=-49$　$2x^3-49x+5=(x+5)(2x^2-10x+1)$ ゆえ，他の根は $(5\pm\sqrt{23})/2$

(iii)　$x=-1/2$ のとき：$-\dfrac{1}{4}-\dfrac{a}{2}+5=0$　このとき a は整数にならないから不可．

(iv)　$x=-5/2$ のとき：$-5^3/4-(5a/2)+5=0$　このときも a は整数にならないから不可．

答　$a=3$，三根 $-1, (1\pm 3\sqrt{-1})/2$；$a=-49$，三根 $-5, (5\pm\sqrt{23})/2$

注意 1.　有理数係数の多項式または方程式については，適当に分母を払って，整数係数の場合に帰着させて考えるのがよい．

注意 2.　有理数係数の3次式 ax^3+bx^2+cx+d については，可約であれば，因子の中に1次のものがあるから，有理数根をもつことになる．このようなときには上の定理は特に大切である．

類題 解答は135ページ

3.1.　次の多項式を因数分解せよ．

(1)　$x^3+\dfrac{3}{2}x^2+\dfrac{5}{2}x+1$　　(2)　$3x^3-8x^2+1$

3.2.　$2x^5+x^4+6x^3+3x^2-8x-4=0$ を解け．

3.3.　次の方程式を解け．

$$\sqrt{x^3+1}=4x-5$$

6.4 根の変換

この例題4は，次のように考えればよい． $x^3+3x^2+1=0$ の3根が α, β, γ であれば， $x^3+3x^2+1=(x-\alpha)(x-\beta)(x-\gamma)$． x の代りに $x-1$ を代入してみると，

$$(x-1)^3+3(x-1)^2+1=(x-(1+\alpha)(x-(1+\beta))(x-(1+\gamma))$$

したがって，求める方程式は，この左辺を整理して， $=0$ とおけばよい． 0 でない定数をかけても，一応別の方程式ができるが，方程式としては同等であるから，一つだけ答えればよい．というわけで，答は $x^3-3x+3=0$ である．

3次方程式を解くときに，2次の項を消すことをよくするが，この例題はそれを実行したのである．

上のことからわかるように，一般に， $a_0x^n+a_1x^{n-1}+\cdots+a_{n-1}x+a_n$ の根に一定数 c を加えたものを根とする多項式は $a_0(x-c)^n+a_1(x-c)^{n-1}+\cdots+a_{n-1}(x-c)+a_n$ である．

よく利用される根の変換は，この外に，38ページで述べた，逆数を根とするもの ($a_0x^n+a_1x^{n-1}+\cdots+a_n$ ($a_0a_n\neq 0$) に対して，$a_nx^n+a_{n-1}x^{n-1}+\cdots+a_0$) と，一定数 ($\neq 0$) をかけたものがある．この後者は，

$a_0x^n+a_1x^{n-1}+\cdots+a_{n-1}x+a_n$ ($a_0\neq 0$) の根に一定数 c をかけたものを根とする多項式として $a_0x^n+a_1cx^{n-1}+\cdots+a_{n-1}c^{n-1}x+a_nc^n$ が得られる．

証明　$y=cx$ とおく．最初の式$=a_0(x-\alpha_1)(x-\alpha_2)\cdots(x-\alpha_n)$ に c^n をかければ，

$$c^n(a_0x^n+a_1x^{n-1}+\cdots+a_{n-1}x+a_n)=a_0(y-c\alpha_1)(y-c\alpha_2)\cdots(y-c\alpha_n)$$

左辺を y で表せば $a_0y^n+a_1cy^{n-1}+\cdots+a_{n-1}c^{n-1}y+a_nc^n=a_0(y-c\alpha_1)(y-c\alpha_2)\cdots(y-c\alpha_n)$．ゆえに，この y についての多項式は $c\alpha_1, c\alpha_2, \cdots, c\alpha_n$ を根にもつ．

類題 解答は136ページ

4.1. 3次方程式 $x^3+3ax^2+bx+c=0$ の三根に a を加えたものを三根とする方程式を求め，それが x^2 の項を欠いていることを確かめよ．

4.2. $x^4+8x^3-x^2-2x-3=0$ の四根に一定数 c を加えたものを根とする4次方程式において，x^3 の係数が0であるようにしたい．c の値と，その方程式とを求めよ．

4.3. 次の方程式の根のうちに，その逆数も根になっているものがあるという．そのことを利用して解け．

$$2x^4-x^3-9x^2+4x+4=0$$

［ヒント］ 根の逆数を根とする多項式を求め，その多項式と，左辺との共通因子を求めよ．

4.4. $a_0, a_1, a_2, \cdots, a_n$ が整数で，$a_0\neq 0$ のとき，方程式 $a_0x^n+a_1x^{n-1}+\cdots+a_{n-1}x+a_n=0$ の n 個の根を a_0 倍したものを根とする方程式のなかに，整数係数で，x^n の係数が1であるものがあることを示せ．

6.5 高次方程式

通常3次以上の代数方程式を総称して，高次方程式という．36ページの最初に述べたように，4次方程式までは四則演算と $\sqrt[n]{\ }$ $(n=2,\ 3,\ 4)$ を使う範囲で必ず解くことができる．例題5は3次方程式に対し，40ページで扱った方法を適用して，まず x^2 の係数を0にした上で適用すべき根の公式である．4次方程式についての同様のものは，もっと複雑である．(Appendix 4 参照)．そして，5次以上の場合は，特別なものしか，四則算法と $\sqrt[n]{\ }$ $(n=1, 2, \cdots)$ を使う範囲では解けないことがわかっている (Appendix 5 参照)．

したがって，一般に高次方程式については，何かの工夫によって解けるものを解く場合と，実根の近似値を求める場合とが主要な課題になる．近似値を求める方法にはいろいろあり，実用的なものとして，ニュートンの方法があるが，それは微分法の演習問題の色彩が濃いので，本書では省く．計算は面倒ではあるが，小数以下の定めた位まで正確に求めうる，**ホーナーの方法**にだけ触れておこう．

まず，与えられた方程式 $x^n+a_1x^{n-1}+\cdots+a_n=0$ (a_i は実数) の一つの実根 α に対して，α の整数部分 α_0 (α_0 は整数で，$\alpha_0 \leqq \alpha < \alpha_0+1$) をとる．根から α_0 を減じた数を根にもつ方程式 $(x+\alpha_0)^n+a_1(x+\alpha_0)^{n-1}+\cdots+a_n=0$ の根を10倍したものを根とする方程式を作る．それが $x^n+b_1x^{n-1}+\cdots+b_n=0$ であるとしよう．この方程式の，0と10との間にある根が β であれば，$\alpha=\alpha_0+\dfrac{1}{10}\beta$ なのであるから，β の整数部分をみつけ，同様の操作をくりかえせばよいのである．(実際の計算は面倒すぎて，実用的ではない．)

例題5は計算でたしかめればよい．それには，$\alpha+\beta$, $\omega\alpha+\omega^2\beta$, $\omega^2\alpha+\omega\beta$ をそれぞれ代入してもよいが，そうすると，p, q の値如何では，この三つが相異なるとは限らないので，論理の補強が必要になる．したがって，根と係数の関係を使う方がすっきりする．

[解]　$t=\alpha+\beta$, $u=\omega\alpha+\omega^2\beta$, $v=\omega^2\alpha+\omega\beta$ とおく．

$$t+u+v=\alpha(1+\omega+\omega^2)+\beta(1+\omega^2+\omega)=0$$

$$tu+uv+vt=\alpha^2(\omega+\omega^2+1)+\beta^2(\omega^2+1+\omega)+\alpha\beta(\omega^2+\omega+\omega+\omega^2+\omega^2+\omega)=-3\alpha\beta=3p$$

$$tuv=\alpha^3+\beta^3+\alpha^2\beta(\omega^2+\omega+1)+\alpha\beta^2(1+\omega^2+\omega)=-q.$$

$\therefore$ $(x-t)(x-u)(x-v)=x^3+3px+q$. ゆえに，$t$, u, v は3根である．

一般に多項式 $f(x)$ による方程式 $f(x)=0$ を考える際には，函数 $y=f(x)$ のグラフの概形を知ることが重要になることが多い．そのためには導函数を利用することになる．

[例]　$a_1, a_2, \cdots, a_n$ が正の数であるとき，$x^n+a_1x^{n-1}+a^2x^{n-2}+\cdots+a_{n-1}x=a_n$ の正の根は唯一であることを示せ．　(熊本)

[解]　$f(x)=x^n+a_1x^{n-1}+\cdots+a_{n-1}x-a_n$ を考えると，$f(0)<0$ であり，導函数 $f'(x)=nx^{n-1}+(n-1)a_1x^{n-2}+\cdots+a_{n-1}$ は，$x\geqq 0$ の範囲でつねに正．ゆえに，$f(x)$ は $x \geqq 0$ の範囲で単調増加であるから，$f(x)=0$ の正の解はただ一つ．その解は $f'(x)=0$ の根ではないから，重根ではない (32ページ参照)．

EXERCISES

(解答は136ページ)

1 $f(x)=ax^2+bx+c\ (a \neq 0)$ について，$f(2)=f(1)+1$, $f(0)=4$, $x=1$ において $f(x)$ は最小値をとるという．a, b, c を求めよ．また，その $f(x)$ のグラフに直線 $3x+y=k$ が接するように k の値を定めよ．(岩手)

2 $\sqrt{x}+\sqrt{x-\sqrt{1-x}}=1$ を解け．(埼玉)

3 3次方程式についての根と係数の関係を述べよ．

4 3次方程式 $2x^3-4x^2+3x+1=0$ の3根を α, β, γ とするとき，次の値を求めよ．

$$(\alpha+\beta)(\beta+\gamma)(\gamma+\alpha)$$

(香川)

5 a, b, c が定数，$a \neq b$, $c \neq 0$ であって，$\dfrac{(a+c)(b+c)}{x+c}+\dfrac{(a-c)(b-c)}{x-c}=\dfrac{2ab}{x}$ が解をもたないならば，$a^2+ab+b^2=c^2$ であることを示せ．(埼玉)

6 $2x^4+3x^3+5x^2+3x+2=0$ を解け．

7 次の方程式は重根をもつ．そのことを利用して解け．

$$4x^4-4x^3+x^2+6x+2=0$$

Advice

2 平方した後の式がなるべく簡単になるよう(特に $\sqrt{\ }$ に関して)に，移項を工夫する．

4 3番により，$\alpha+\beta+\gamma$ の値がわかる．これを，$\alpha+\beta$, $\beta+\gamma$, $\gamma+\alpha$ に適用して，α, β, γ について対称でありながら，文字の出てくる回数の少ない式にしてから展開し，3番の結果をさらに使うのが簡単．与式を展開してみると，$(\alpha+\beta+\gamma)(\alpha\beta+\beta\gamma+\gamma\alpha)$ の展開と似ていることに気づくであろうから，それと比較して計算するのもよい．

5 証明することにとらわれず，まず分数方程式の分母を払ったものを解いてみる．その解がすべて，もとの分数方程式に不適である場合は，どういう場合であるかを調べる．6つの場合が出てくるが，そのいずれの場合も，証明すべき等式をみたすことを示せばよい．

6 これは相反方程式．

7 左辺を $f(x)$ とし，その導函数 $f'(x)$ をとれば，$f(x)$ の重根 $\Leftrightarrow$ $f(x)$ と $f'(x)$ との最大公約数元の根 (32ページ)．したがって，まず $f(x)$ と $f'(x)$ との最大公約元を，ユークリッドの互除法を利用して求めよ．

7 算法をもつ集合

数の加法，減法，乗法，除法のいわゆる四則算法以外に，演算の例はいろいろある．多項式の間の演算は，数と同様ではあるが，数そのものの算法ではない．また，行列の演算は，乗法が可換ではない．主として，結合法則をみたす算法について考えてみよう．

1 **(結合法則)** 実数全体を定義域とし，実数値をとる函数全体を F とする． 二つの函数 f, $g\,(\in F)$ に対して，その積 $f\circ g$ を，x に $f(g(x))$ を対応させる函数として定める．このとき，この演算 $\circ$ は (1) 交換法則はみたさないこと，および (2) 結合法則をみたすことを示せ．

2 **(群の定義)** 群の定義を述べよ．つぎに，群をなすものの例をあげ，それが Abel 群であるかどうかをしらべよ．（山梨）

3 **(環および体の定義)** (1) 次の数体系のうち，環になるもの，および体になるものをそれぞれ選び出せ．

a 自然数全体に 0 を併せたもの　　b 整数全体

c 有理数全体　　d 実数全体

(2) 体には零因子がないことを背理法により証明せよ．（大阪）

4 **(行列環と行列群)** 行列から成る次の集合について，群であるかどうか，環であるかどうか，体であるかどうかを，それぞれ調べよ．

(1) 実数体 $\boldsymbol{R}$ の上の n 次行列全体 $M(n,\boldsymbol{R})$

(2) $\{A\in M(n,\boldsymbol{R})\,|\,\det A\neq 0\}$

(3) $\{A=(a_{ij})\in M(n,\boldsymbol{R})\,|\,i\neq j$ ならば $a_{ij}=0\}$

ただし，(2) において $\det A$ は A の行列式を意味する．

5 **($\boldsymbol{n}$ を法とする剰余類とオイラーの函数)** 自然数 n に対し，n 以内の自然数のうち，n と素であるようなものの数を $\varphi(n)$ で表そう．このとき，つぎのことを示せ．

(1) 自然数 m, n が互いに素であれば，$\varphi(mn)=\varphi(m)\times\varphi(n)$

(2) 整数 k が n と素であれば，$k^{\varphi(n)}\equiv 1 \pmod{n}$

7.1 結合法則

数の体系では，**結合法則**：$a+(b+c)=(a+b)+c,\ a(bc)=(ab)c$

分配法則：$a(b+c)=ab+ac,\ (b+c)a=ba+ca$

交換法則：$a+b=b+c,\ ab=ba$

をみたしている．一つだけの算法をもつ集合で数学的に重要なものには，結合法則をみたすものが多い．二つの算法をもつ場合には，結合法則と分配法則とをみたすものが多い．交換法則はみたさないが，重要であるというものも多くある．行列の乗法はそのよい例であるろう．

例題1の F について，f, g の積 fg を，x に対して $f(x)g(x)$ を対応させる函数にすれば，当然交換法則が成り立つ(結合法則も，もちろん成り立つ)ことになるが，この例題でいうように，函数の合成という演算では，結合法則は成り立つが，交換法則は成り立たないのである．

［解］ (1) 交換法則の成りたたない例を示せばよい．$f(x)=1+x,\ g(x)=2x$ としてみよう．

$(f\circ g)(x)=f(2x)=1+2x \quad (g\circ f)(x)=g(1+x)=2(1+x) \quad \therefore\ f\circ g\neq g\circ f.$

(2) $f, g, h\in F$ のとき，$(f\circ g)\circ h=f\circ(g\circ h)$ を示せばよい．それには，各実数 x に対する函数値の一致を見ればよい．$((f\circ g)\circ h)(x)=(f\circ g)(h(x))=f((g\circ h)(x))$．同様に，これは $(f\circ(g\circ h))(x)$ と一致する．$\therefore\ (f\circ g)\circ h=f\circ(g\circ h)$

［補足1］ 交換法則が成り立たないということは，どんな f, g についても $f\circ g\neq g\circ f$ ということではない．$f\circ g\neq g\circ f$ となるような f, g が少くとも一組あるということなのである．$f\circ g=g\circ f$ となるような組の例を示してみよう．

例1 $f=x$ すなわち，$f: x\to x$ ならば，どんな $g\in F$ に対しても，$f\circ g=g\circ f$.

証明 $(f\circ g)(x)=f(g(x))=g(x),\ (g\circ f)(x)=g(x) \quad \therefore\ f\circ g=g=g\circ f.$

例2 $f^{\circ n}$ は $f\circ f\circ\cdots\circ f$ と n 回合成したものを表すことにすると，$f\circ f^{\circ n}=f^{\circ n}\circ f$.

証明 両辺とも $f^{\circ(n+1)}$ に等しい．

［補足2］ 上で述べたように，「任意の f, g の組に対して $f\circ g=g\circ f$」の否定は「適当な組 f, g が存在して，$f\circ g\neq g\circ f$」である．もっと一般に，「任意の X が性質 P をもつ」「ある Y が存在して，その Y が性質 Q をもつ」の否定は，それぞれ「ある X が存在して，その X が性質 P をもたない」「任意の Y が性質 Q をもたない」である．このように，否定命題を作ると，「任意」と「存在」とがいれかわるといえる現象がおこる．否定命題はまちがえ易いものであるので，このことは心にとめておいた方がよい．

類題 解答は137ページ

1.1. 集合 L, M, N があるとき，L から M への写像 f と，M から N への写像 g との合成 $g\circ f$ を，$L\ni x\to g(f(x))\in N$ によって定める．写像の合成は，つぎの意味で結合法則をみたすことを示せ．
さらに，h が N からある集合への写像であれば，

$$h\circ(g\circ f)=(h\circ g)\circ f$$

1.2. 有理数全体 $\boldsymbol{Q}$ の上で定義されたつぎの算法 $*$，$\circ$ は，それぞれ結合法則をみたすかどうか調べよ．

$$a*b=a+b-ab$$
$$a\circ b=(a+b)/2$$

7.2 群の定義

演算を一つもつ集合を考えよう．演算の記号はいろいろありうる．例題1のように∘をかくこともあり，＋，－，×のような記号もありうる．また，ax というように，何も書かない記法もある．習慣として，加法と呼ぶときは＋を使い，乗法とよぶときはその他を使う．また，特定の演算には特定の記号が使われるのが普通であるが，一般的に演算を扱うときは ax のように何もかかないことが多いが，2×3 を 23 とかいてはまずいように，演算をしていることをはっきりさせたいときは・を用いるのが普通である．また，その演算を，乗法とよぶことが多い．

集合 G が乗法をもっているのは，「$a, b\in G$ ならば，a と b との積 ab が一つ定まり，$ab\in G$」であることである．その乗法について，次の3条件がみたされるとき，G は**群**であるという．(1) 結合法則 $a(bc)=(ab)c$ (2) 単位元の存在 次の条件をみたす元 e が存在する：すべての $a\in G$ に対し，$ae=ea=a$．このような e を**単位元**とよぶ．以後1で表すことにしよう．(自然数の1ではないが，同じ記号を使っても，混乱はあまり起らないだろう．) G の単位元ということをはっきりさせたいときは 1_G のように，群の記号 G を添字にすることにする．(3) 逆元の存在 G の各元 a に対し，$ab=ba=1$ となる G の元 b が存在する．このような b を，a の**逆元**といい，a^{-1} で表す．

注意1. 単位元は一つの群に対して，一つしかない．理由 $1, 1'$ が単位元とすると，$1=1\cdot1'=1'$

注意2. a に対し，a^{-1} も一つしかない．理由 b, c が逆元ならば，$b=b(ac)=(ba)c=c$

注意3. 結合法則により，$a_1a_2a_3a_4\cdots a_n$ は，$a_1, a_2, \cdots, a_n$ の順序は変えずに，どこか隣り合っている二つの積をとり，次に，その結果において隣り合っている二つの積をとり，…としていくと，どこから積をとり始めるかについては無関係に結果が定まることがわかるので，原則として( )は省く．

群の例で，既に知っているものはいくつかあるであろう．**アーベル群(可換群)**すなわち，交換法則 $ab=ba$ をみたす群の例としては，(i) 整数が加法についてなす群，(ii) 0でない有理数全体が乗法についてなす群，(iii) 0でない実数全体が乗法でなす群，などがあろう．アーベル群でないものの例としては，行列や，置換を利用して簡単な例が得られるが，それについては例題4に関連して述べる．

例題2の解答は上述に含まれている．なお，群 G の部分集合 H が，G におけるのと同じ演算で群になっているとき，H は G の**部分群**であるという．上の(ii)は(iii)の部分群である．例えば，一つの有理数 $a\neq0$ を固定したとき，$\{a^n|n=0, \pm1, \pm2, \cdots\}$ は(ii)の部分群になる．そのうち，元数が特に少ないものには $\{1\}$, $\{1, -1\}$ がある．このように元数が有限のものを**有限群**といい，その元数を群の**位数**という．一つの元 a については，$a, a^2, \cdots$ としていって，1になることがあれば，初めて1になるときの指数 n ($a^n=1$; $m=1, 2, \cdots, n-1$ については $a^m\neq1$) を，a の**位数**といい，1になることがないときは，a の**位数**は無限であるという．1の位数は1で，-1 の位数は2である．(49ページの系参照)

類題 解答は137ページ

2.1. 集合 $G=\{(a, b)|\ a, b$ は実数, $a\neq0\}$ に演算∘を，$(a, b)\circ(a', b')=(aa', b+b')$ によって定める．G はこの演算∘に関して可換群になることを証明し，単位元および (a, b) の逆元を求めよ． (群馬)

2.2. 絶対値1の複素数 $z=\cos\theta+i\sin\theta$ 全体 C は乗法に関して群をなすことを証明せよ． (千葉)

2.3. 上の C の元で位数が有限のものは何か．

7.3 環および体の定義

環や体は二つの演算をもつ集合である．通常その一つを加法とよび＋で表し，他の一つを乗法という．もちろん，二つの演算があればよいわけではない．定義を述べよう．

集合 R が加法，乗法をもち，その演算が次の条件をみたすとき，R は**環**であるという．

(1) 加法＋に関し，可換群をなす．このときの単位元は**零**(または**ゼロ**)と呼び，0 で表す．また a の逆元は $-a$ で表し，マイナス a とよぶ．(2) 乗法は結合法則 $a(bc)=(ab)c$ をみたす．(3) 乗法と加法の間に，分配法則 $a(b+c)=ab+ac$, $(b+c)a=ba+ca$ が成り立つ．(4) 乗法に関して単位元がある．通常 1 で表す．すなわち，$1\in R$, $a1=1a=a$ がすべての a について成り立つ．(この(4)を入れない定義もあるが本書では入れておく．)

乗法に関する逆元の存在は要請されていない．a に対して乗法に関する逆元 ($ab=ba=1$ となる元 b) があれば，それを a^{-1} で表す．また，そのとき a は**単元**，または**正則元**であるという．乗法に関する単位元 1 が 1 つしかないこと，a に対して，a^{-1} があれば，それも一つしかないことは，群のときと同様である．

元 a に対し，$b\neq 0$ かつ，$ab=0$ または $ba=0$ となる b があるとき，a は**零因子**であるという．a^n (a を n 回かけたもの) が 0 になるとき，a は**べき零元**であるという．べき零元は零因子である．環が交換法則 $ab=ba$ をみたすとき，**可換環**であるという．(アーベル環とはいわない．)

可換環 R において，0 でない元がすべて単元であるとき，R は**体**または**可換体**であるという．可換でない環 R において，0 でない元がすべて単元であるとき，**非可換体**という．

以上の定義に照らせば，例題 3 の (1) は易しい．環になるもの：b, c, d, 体になるもの：c, d である．a は負の整数が入っていないので環にならない．したがって，体にもならない．

(2)の解：0 は零因子であるが，「零因子がない」という言い方は，「0 以外に零因子がない」というのを，(0 は当然あるのだから) 略した言い方である．だから，「0 が零因子だから，この問題は誤り」と言ってはいけない．証明に入ろう．$a\neq 0$ が零因子であったとしよう．0 でない b があって，$ab=0$ (可換だから，「または $ba=0$」は不要)．a^{-1} を左からかけると $a^{-1}ab=0$. $\therefore$ $b=0$. 矛盾．

上で，$a^{-1}0=0$ を使ったが，それは易しい定理である (自明ではない)．証明しておこう：

定理 環 R において，$a\in R$ ならば $a0=0a=0$．また，$b\in R$ に対して，

$$a(-b)=-(ab)=(-a)b,\quad (-a)(-b)=ab.$$

証明 $a0=a(0+0)=a0+a0$．両辺に $-a0$ を加えて，$0=a0$．$0a$ も同様．$0=a0=a(b+(-b))=ab+a(-b)$．ゆえに $a(-b)=-(ab)$．$(-a)b$ も同様．

ab は $-(ab)$ と加えて 0 になるのだから，$-(-ab))=ab$．$\therefore$ $(-a)(-b)=-(a(-b))=-(-(ab))=ab$．(終)

そこで，$-(ab)$ のときの(　)は省いても誤解はないので，$-ab$ とかく．

類題 解答は138ページ

3.1. 群，または環において，a の逆元 a^{-1} が存在するとき，$(a^{-1})^{-1}=a$ であることを示せ．

3.2. a が有理数であるとき，$K=\{x+y\sqrt{a}\mid x, y$ は有理数$\}$ は体になることを示せ．

7.4 行列環と行列群

例題4は，それぞれ条件をたしかめてみればわかる．(1) は環である．しかし $n>1$ であれば，体にはならない(非可換体にもならない)．それは，$n=2$ のときの $\begin{pmatrix} 0 & 1 \\ 0 & 0 \end{pmatrix}$ がべき零元であるように，$n>1$ ならべき零元 ($\neq 0$) の存在がすぐわかるからである．$n=1$ ならもちろん体である．

(2) は群である．この群を $\boldsymbol{R}$ の上の n 次**一般線型群**といい，$GL_n(\boldsymbol{R})$ または $GL(n, \boldsymbol{R})$ で表すのが普通である．(GL は general linear の頭文字)．加法では閉じていないので環ではない．(3) も環である．$a_{ii}=0$ となる i のある元は零因子なので，$n>1$ ならば体ではない．なお，この環は可換環である．(答案を書くときは，ていねいに書く必要があるが，ここでは略す)

もっと一般に，一つの体 K をとったとき，(Ⅰ) K に成分をもつ n 次行列全体 $M(n, K)$ は環である．(Ⅱ) $\{A\in M(n, K) \mid \det A\neq 0\}$ は群をなし，これを K の上の n 次**一般線型群**といい，$GL_n(K)$ または $GL(n, K)$ で表す．(3) についても $\boldsymbol{R}$ の代りに K をとったものも環である．

部分群の定義と同様に，部分環の定義はつぎのようにする．「環 R の部分集合 S が，R における演算によって環であるとき，S は R の**部分環**であるという．S がさらに体である場合には，S は R の**部分体**であるという．」

例えば，(3)の環は(1)の環 $M(n, \boldsymbol{R})$ の部分環であり，(3)の中で，$a_{ii}\neq 0$ $(i=1, 2, \cdots, n)$ であるもの全体をとれば，(2)の群 $GL_n(\boldsymbol{R})$ の部分群である．部分群の場合，単位元は大きい群と共通であるのに，部分環の場合は，そうとは限らない．

例　R, S が環であるとき，$\{(r, s) \mid r\in R,\ s\in S\}$ に，$(r, s)+(r', s')=(r+r', s+s')$, $(r, s)(r', s')=(rr', ss')$ によって演算を定義すれば，新しい環ができる．これを R と S との**直積**といい $R\times S$ で表す(**直和**とも言う)．この環の中で $R'=\{(r, 0) \mid r\in R\}$ は部分環になるがその単位元 $(1, 0)$ は $R\times S$ の単位元 $(1, 1)$ とは異なる．

一般に，$e^2=e\neq 0$ であるような元 e を**べき等元**というが，$(1, 0)$ は $R\times S$ の一つのべき等元になっていて，$R\times S$ の各元と可換，すなわち，$(r, s)(1, 0)=(r, 0)=(1, 0)(r, s)$．逆に

定理　e が環 A のべき等元で，$e\neq 1$ かつ，$xe=ex$ が A のすべての元 x について成り立つときは，eA および $(1-e)A$ は，それぞれ e, $1-e$ を単位元にもつ部分環であり，A の各元 x は eA の元と $(1-e)A$ の元との和に書くことができ，$x=x_1+x_2$　$x_1\in eA$, $x_2\in(1-e)A$ であれば，$x_1=ex$, $x_2=(1-e)x$ である．

証明　$(1-e)^2=1-2e+e^2=1-2e+e=1-e$ ゆえ，$1-e$ はべき等元である．$x\in A$ に対し $(1-e)x=x-ex=x-xe=x(1-e)$．eA の元 ey $(y\in A)$ をとれば，$e(ey)=e^2y=ey$, $(ey)e=eye=eey=ey$, $(ex)(ey)=exey=eexy=exy$, $ex+ey=e(x+y)$．ゆえに eA は $e=e1$ を単位元にもつ部分環である．$(1-e)A$ についても同様．$x\in A$ は $x=(e+(1-e))x=ex+(1-e)x$．$x=x_1+x_2$, $x_1\in eA$, $x_2\in(1-e)A$ であれば $x_1=ey_1$, $x_2=(1-e)y_2$ $(y_i\in A)$ ゆえ $ex+(1-e)x=ey_1+(1-e)y_2$．左から e をかけて $ex=ey_1=x_1$, $1-e$ をかけて $(1-e)x=(1-e)y_2=x_2$.

類題 ——— 解答は138ページ

4.1. $M=\left\{\begin{pmatrix} a & b \\ c & d \end{pmatrix} \mid ad-bc=1;\ a, b, c, d \text{ は整数}\right\}$ は乗法に関し群をなすことを示せ．（福島）

4.2. $A\in M(2, K)$ で，どんな $B\in GL_2(K)$ に対しても $AB=BA$ となる A はどんな行列か (K は体とする)．

7.5 n を法とする剰余類とオイラーの函数

自然数nを法として考えると，整数は $0, 1, 2, \cdots, n-1$ のいずれか丁度一つに合同であるので，整数を $A_0=\{m|m\equiv 0 \pmod{n}\}$, $A_1=\{m|m\equiv 1 \pmod{n}\}$, $\cdots$, $A_{n-1}=\{m|m\equiv n-1 \pmod{n}\}$ という n 個の部分集合に「組分け」(どの整数も，どこかの組に入り，二つの組に同じ整数が入ることはない)している．この $A_0, A_1, \cdots, A_{n-1}$ のそれぞれを n を法とする**剰余類**という．(余り，すなわち剰余，で組分けした組という意味)．$x\in A_i$, $y\in A_j$ をとれば，$x+y$, xy の属する剰余類は，それぞれ，$i+j$, ij の属する剰余類であるので，それによって剰余類の和，積を定める：A, A' が n を法とする剰余類のとき，$A+A'$ は $\{x+y|x\in A, y\in A'\}$ を含む剰余類，AA' は $\{xy|x\in A, y\in A'\}$ を含む剰余類．

このようにすると，$n>1$ のとき，$A_0, A_1, \cdots, A_{n-1}$ は n 個の元から成る可換環になる．この可換環を $\boldsymbol{Z}/n\boldsymbol{Z}$ と表そう．($\boldsymbol{Z}$ は通常整数全体を表すのに用いる．$\boldsymbol{Z}$ を，n の倍数全体 $n\boldsymbol{Z}$ の元の差なら同じ組に入れるものとして分けたことを示唆するように考えられた記号)．

上のように，演算をもつ集合を，適当に組分けして，各組をあらためて元と考え，そこに自然な演算を導入するという考えは，代数学において非常に基本的なことであるので，充分理解してから先へ進むべきであろう．

さて，上述の環 $\boldsymbol{Z}/n\boldsymbol{Z}$ において，A_i が単元であるための必要充分条件は，i が n と素であることである．[証明　n と i との最大公約数を d とする．($n\geqq d\geqq 1$)．(1)　$d>1$ のとき，$j=n/d$ とおけば，ij は n の倍数．$\therefore$ $A_iA_j=A_0$ (これは $\boldsymbol{Z}/n\boldsymbol{Z}$ の0)．ゆえに，A_i は零因子であり，単元ではない (例題3，(2) の証明と同様)．(2)　$d=1$ のとき：5ページで述べたように，適当な整数 α, β をとれば，$\alpha i+\beta n=1$．すると，$A_\alpha A_i=A_1$ (これは $\boldsymbol{Z}/n\boldsymbol{Z}$ の単位元)．ゆえに，A_i は単元である]．したがって，オイラーの函数の値 $\varphi(n)$ は $\boldsymbol{Z}/n\boldsymbol{Z}$ の単元の数であるともいえる．

一般に，

定理1　環Rの単元全体 U は群になる．U を R の**単元群**とよぶ．

証明　$a, b\in U \Rightarrow abb^{-1}a^{-1}=1$, $b^{-1}a^{-1}ab=1$．ゆえに $ab\in U$, $1\in U$．$a^{-1}\in U$．結合法則などは明らかゆえ，U は群である．

系　$n>1$ のときは，オイラーの函数の値 $\varphi(n)$ は，環 $\boldsymbol{Z}/n\boldsymbol{Z}$ の単元群の位数である．

整数を扱う場合，この単元群は時々有効なことがあるので，次の章(54ページ)であらためて考察することにする (Appendix 7 参照)．この例題5に関連して，次の有限群についての定理が有効である．

G が群，H が部分群のとき，各 $a\in G$ について $Ha=\{ha|h\in H\}$ の形の部分集合を，H を法とする**右剰余類**という．(この場合，a が上の $\boldsymbol{Z}/n\boldsymbol{Z}$ の場合の剰余と同様の役割とみなせる；剰余が右にあるので右剰余類なのである．) 同様 $aH=\{ah|h\in H\}$ の形の部分集合を，H を法とする**左剰余類**とよぶ．

定理2　(1)　$Ha\cap Hb$ が空でないならば，$Ha=Hb$; $aH\cap bH$ が空でないならば $aH=bH$.

(2)　G が有限群のときは，(互いに異なる Ha の数)$=$(互いに異なる aH の数)$=|G|/|H|$．ここに，$|\ |$ は群の位数(すなわち元の数)を表す．

(2) で示した等しい値を，H の G における**指数**という．$[G:H]$, (G/H) などで表す．

証明 (1): $c\in Ha\cap Hb$ ならば，$c=ha=h'b$ $(h, h'\in H)$. $\therefore$ $b=h'^{-1}ha$. ゆえに，任意の $h''\in H$ に対し，$h''b=h''h'^{-1}ha\in Ha$. $\therefore$ $Hb\subseteq Ha$. 同様に $Ha\subseteq Hb$. $\therefore$ $Ha=Hb$. aH, bH についても同様である．

(2): 各 Ha の元数は $|H|$. (1) により，互いに異なる Ha には共通な元がないから，$|G|=|H|\times$(互いに異なる Ha の数). aH についても同様ゆえ，所期の等式を得る．

系 G が有限群で，$a\in G$ のとき a の位数は G の位数の約数である．

証明 a^n を，$n=1,2,\cdots$ ととっていくと，G が有限個しか元を含まないのだから，ある m まで行くと $a^m=a^r$ $(r<m)$ ということがおこる．これが始めておこる m をとる．$r>1$ とすると，a^{-1} を両辺にかけて $a^{m-1}=a^{r-1}$ を得るから，m の最小性に反する．さて，この m により，$H=\{a, a^2, \cdots, a^{m-1}\}$ を考えると，H は部分群になる．理由：(i) $a^{m-1}=1$ である．それは $a=a^m=a^{m-1}\cdot a$. a^{-1} を右からかけて，$a^{m-1}=1$ を得る．(ii) $a^ra^s=a^{r+s}$ ゆえ $r+s\equiv t \pmod{m-1}$, $0<t\leqq m$ となる t をとれば，$a^ra^s=a^t\in H$. a^r の逆元は a^{m-1-r} で $(a^r)^{-1}\in H$. 結合法則は当然ゆえ，H は部分群. $|H|=m-1$ でこれが a の位数である．定理により $|H|$ は $|G|$ の約数.(証終り)

さて，例題5の解に入ろう．

(1): 12ページで述べた，連立一次合同式についての定理が役にたつ．すなわち，$x\equiv a \pmod m$ $x\equiv b \pmod n$ の両方をみたす解 x は存在して，mod mn でただ一つである．そして，mn を法とする各剰余類 $(mn\boldsymbol{Z})+x$ に対し，m を法とする剰余類と，n を法とする剰余類の組 $(m\boldsymbol{Z}+x, n\boldsymbol{Z}+x)$ を対応させると，この対応が一対一であるということを，この定理はのべていることになる．[$(mn\boldsymbol{Z})+x\to(m\boldsymbol{Z}+x, n\boldsymbol{Z}+x)$ が定まることはすぐわかる．$(m\boldsymbol{Z}+y, n\boldsymbol{Z}+w)$ を勝手に与えれば，それに対応する $mn\boldsymbol{Z}+x$ があり，それは一つだけであるということを定理が述べているのである.] この結果を使おう．

x が mn と素 $\Leftrightarrow$ x は m とも n とも素．したがって $\boldsymbol{Z}/mn\boldsymbol{Z}$ の単元と，($\boldsymbol{Z}/m\boldsymbol{Z}$ の単元と $\boldsymbol{Z}/n\boldsymbol{Z}$ の単元の組) とが一対一に対応する．ゆえに $\boldsymbol{Z}/mn\boldsymbol{Z}$ の単元の数 $\varphi(mn)=(\boldsymbol{Z}/m\boldsymbol{Z}$ の単元の数 $\varphi(m))\times(\boldsymbol{Z}/n\boldsymbol{Z}$ の単元の数 $\varphi(n))$.

(2) 上の系によれば，G が有限群であれば，G の各元の $|G|$ 乗は1になる．これを $\boldsymbol{Z}/n\boldsymbol{Z}$ の単元群に適用すればよい．

[補足] 上の(1)の対応により $\boldsymbol{Z}/mn\boldsymbol{Z}$ の元と直積集合 $(\boldsymbol{Z}/m\boldsymbol{Z})\times(\boldsymbol{Z}/n\boldsymbol{Z})$ との一対一対応が得られるのであるが，直積集合に環の直積としての演算を入れる(47ページの例参照)と，この対応と演算まで含めてうまく対応していることがわかる．これは53ページで述べる環の同型の一例である．

類 題 解答は138ページ

次の2問において，φ はオイラーの函数を表すものとする．

5.1. $q_1, q_2, \cdots, q_s$ が互いに素な自然数であれば，$\varphi(q_1q_2\cdots q_s)=\prod_{i=1}^{s}\varphi(q_i)$ であることを示せ．

5.2. (1) p が素数で，e が自然数であるとき，$\varphi(p^e)$ を求めよ．

(2) $p_1, p_2, \cdots, p_s$ が互いに異なる素数で，$e_1, e_2, \cdots, e_s$ が自然数であるとき，$\varphi(\prod_{i=1}^{s}p_i^{e_i})$ を求めよ．

EXERCISES

（解答は138ページ）

1 絶対値が1より小さい実数全体 S に，新しい演算 $*$ を $a*b=(a+b)/(1+ab)$ によって定義する．S がこの演算 $*$ でアーベル群になることを示せ．

2 log は常用対数を表すものとして，正の数全体の集合 P に，$a*b=a^{\log b}$ によって演算 $*$ を定義する．この演算のもとに，P は群になることを示せ．（大分）

3 行列 $R(\theta)=\begin{pmatrix}\cos\theta & -\sin\theta \\ \sin\theta & \cos\theta\end{pmatrix}$ 全体の集合を M とし，$R(0)=E$，$R\left(\dfrac{\pi}{2}\right)=J$ とおくとき次の問いに答えよ．

(1) $J^2=-E$ を示せ．　(2) $R(\theta)$ を，J, E を用いて表せ．

(3) (1), (2) を利用して，M が群であることを示せ．（山梨）

4 $A\in M(n, K)$ (K は体，n は自然数) が，$GL_n(K)$ のすべての元 B と可換，すなわち，$AB=BA$，であるならば，A はスカラー行列であることを証明せよ．

5 5を法とすれば，すべての整数は五つの類 ($5n$, $5n+1$, $5n+2$, $5n+3$, $5n+4$) に類別される．この五つの類を順に A_0, A_1, A_2, A_3, A_4 で表す．

(1) これらのいくつかを元として，乗法に関して群を作るものを選び，群になることを証明するとともに，その群表を作れ．

(2) 加法に関して群をなすものを選び，その群表を作れ．（大阪）

6 次のことを，それぞれ正しいかどうかをいえ．

(1) 「P ならば Q である」の否定命題は「P でないならば Q でない」である．

(2) 2次の正方行列 A, B, C について $C\neq\begin{pmatrix}0 & 0 \\ 0 & 0\end{pmatrix}$ かつ $AC=BC$ であれば，$A=B$ である．（神奈川）

Advice

1, 2 ともに，群の定義の条件をていねいにたしかめる．

3 (2) の質問の趣旨は，$R(\theta)=\alpha(\theta)E+\beta(\theta)J$ の形にせよということである．

(3) M が群であることは，(1)，(2)を使わずに，行列の積の計算を実行すればできるのであるが，このように出題されている以上，(2)で得た表示と，$J^2=-E$ とを基準にして計算する．

4 $n=1$, $n>1$ に分けて考えよ．$n=2$ のときが47ページの類題4.2.

5 単位元だけの群のあることを忘れないように．群表というのは，群の元の間の演算結果を表にしたものである．解答参照．

6 いずれも正しくない．(2)は例示するのがよい．

8 準同型と同型

同じという概念は，ある意味でむつかしい．二つのリンゴがあるとき，何をもって同じと考えるかは，時と場合によってちがうといえよう．二つとも「リンゴ」という意味では同じといえる．リンゴもいろいろあるから，同じ種類のリンゴのとき同じと考えようというときもあろう．同じ種類，同じ質量のとき同じと考えなくては分配には困るかも知れぬ，etc. 同型というのは，演算をもつ集合を同じと考える一つの基準である．準同型はそれより弱い条件である．

1 **(巡回群)** 二つの巡回群 A, B について，つぎのことを示せ．ただし，$|\ |$ は位数を示す．

(1) $A \simeq B$ ($\simeq$ は同型を示す) $\Leftrightarrow$ $|A|=|B|$

(2) A から B の上への準同型がある $\Leftrightarrow$ $|B|$ が $|A|$ の約数であるか，または $|A|=\infty$

2 **(自己同型群)** 整数全体 $\mathbf{Z}$ を，環と考えての自己同型群 $\mathrm{Aut}_{環}\, \mathbf{Z}$ および，加法群と考えての自己同型群 $\mathrm{Aut}_{群}\, \mathbf{Z}$ を求めよ．

3 **(環の同型)** 前章例題 5，(1) の解(49ページ)のように，m と n とが互いに素な自然数であるとき，$\mathbf{Z}/mn\mathbf{Z}$ の元 $mn\mathbf{Z}+x$ に，$\mathbf{Z}/m\mathbf{Z}$ の元と $\mathbf{Z}/n\mathbf{Z}$ の元の組 $(m\mathbf{Z}+x,\ n\mathbf{Z}+x)$ を対応させる写像 f は $\mathbf{Z}/mn\mathbf{Z}$ と，環の直積 $(\mathbf{Z}/m\mathbf{Z})\times(\mathbf{Z}/n\mathbf{Z})$ との同型を与えることを示せ．

4 **(剰余類群と準同型の核)** ψ が群 G から群 G' の中への準同型であれば，ψ の**核** $\psi^{-1}(1_{G'})=\{x\in G\,|\,\psi(x)=1_{G'}\}$ は G の正規部分群である．(2) N が G の正規部分群であれば，G から剰余類群 G/N への自然な準同型がある．(3) ψ の核が N と一致すれば，$\psi(G)\simeq G/N$.

5 **(群の直積)** 群 G が正規部分群 $N_1, N_2, \cdots, N_r$ $(r\geqq 2)$ をもち，次の条件がみたされれば，G は $N_1, N_2, \cdots, N_r$ の直積 $N_1\times N_2\times\cdots\times N_r$ と同型であることを示せ．

(i) 各 $i=1, 2, \cdots, r-1$ に対し，$N_1N_2\cdots N_i\cap N_{i+1}=\{1\}$

(ii) $G=N_1N_2\cdots N_r=\{n_1n_2\cdots n_r\,|\,n_i\in N_i\ (i=1, 2, \cdots, r)\}$

6 **(剰余類環と準同型の核)** (1) φ が環 R から環 R' の中への準同型であれば，φ の**核** $\varphi^{-1}(0)=\{x\in R\,|\,\varphi(x)=0\}$ は R の両側イデアルである．(2) I が R の両側イデアルで $I\neq R$ ならば，R から剰余類環 R/I への自然な準同型がある．(3) φ の核が I と一致すれば，$\varphi(R)\simeq R/I$.

8.1 巡回群

群 G から群 G' への写像について，(1) $\varphi(G)=G'$，(2) $a, b\in G$ について，$\varphi(a)=\varphi(b) \Leftrightarrow a=b$，(3) $\varphi(ab)=\varphi(a)\varphi(b)$ がすべての $a, b\in G$ について成り立つとき，φ は**同型写像**であるといい，このような φ が存在するとき，G と G' とは**同型**であるという．すなわち，同型というのは，群の元が何に由来したかは忘れ去って，抽象的な群として考えれば，全く同じ構造をもっていることを意味するのである．同型写像 φ の逆写像は，当然 G' から G への同型写像である．また，$G\simeq G'$, $G'\simeq G''$ ならば，同型写像の合成により，$G\simeq G''$ を知る．

群 G から G' への写像 φ が**準同型**であるとは，「$a, b\in G \Rightarrow \varphi(ab)=\varphi(a)\varphi(b)$」というだけの条件である．$\varphi(G)=G'$ のとき**上への**準同型という．

群 G の部分集合 S で**生成**された部分群とは，この部分集合を含む最小の部分群のことである．そういうものがあることの証明を二通り与えておこう．

（証明1） S を含む部分群全体 H_λ $(\lambda\in\Lambda)$ を考える．$\cap H_\lambda=K$ とおく．K は部分群である（1 はすべての H_λ に入っているから，$1\in K$; $a, b\in K$ なら，a, b はすべての H_λ に属するから，a^{-1}, ab はすべての H_λ に属する． $\therefore$ a^{-1}, $ab\in K$)．ゆえに，K はこの部分集合 S を含む部分群のうち最小である．

（証明2） S の元の逆元全体を S' とし，$S\cup S'$ の中の有限個の元（重複を許す）の積の形に表わし得る元全体の集合を K とする．S を含む群は，S' も含むので，K を含むことになる．他方，K が部分群になることは，条件をたしかめて容易にわかる．ゆえに，K は S を含む最小の部分群．

ところで，$S=\{a_1, a_2, \cdots, a_n\}$ のとき，これで生成された群を表すのに $\langle a_1, a_2, \cdots, a_n\rangle$ と書くことにする．$a_1, a_2, \cdots, a_n$ を，この群の**生成元**という．

巡回群とは $\langle a\rangle$ と書ける群，すなわち，一つの生成元で生成される群のことである．（巡回群という言葉は，$|\langle a\rangle|=n<\infty$ のとき，$a, a^2, \cdots, a^n=1$ に，a をかけると，順次下の図のようにまわることによる.）

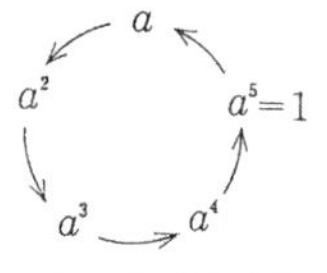

($n=5$ のとき)

例題1の解 (1) $A=\langle a\rangle$, $B=\langle b\rangle$ としよう．$A\simeq B$ なら，同型写像は一対一対応ゆえ，$|A|=|B|$．逆に $|A|=|B|$ のときは $a^n\mapsto b^n$ (n は整数，$a^0=1_A$, $b^0=1_B$) は同型写像を与えるから，$A\simeq B$.

(2) $|B|$ が $|A|$ の約数であるとき: $a^n\mapsto b^n$ は準同型写像である．（理由 $a^n=a^m \Leftrightarrow n-m$ が $|A|$ の倍数．このとき $b^n=b^m$ ゆえ，$a^n\mapsto b^n$ は写像を定める．これがわかれば，あとは容易)．$B=\langle b\rangle$ ゆえ，像は B 全体になる．$|A|=\infty$ のとき，$|B|=\infty$ なら $A\simeq B$ ゆえよい（同型は準同型の特別な場合だから)．$|B|<\infty$ としよう．整数 n に対し，n を $|B|$ で割った余りを $\bar{n}$ とすると $a^n\mapsto b^n=b^{\bar{n}}$ は A から B の上への準同型.

逆に，A から B の上への準同型 φ があるとき，$H=\{x\in\langle a\rangle | \varphi(x)=1\}$ をとると，$\varphi(x)=\varphi(y) \Leftrightarrow \varphi(xy^{-1})=1 \Leftrightarrow xy^{-1}\in H \Leftrightarrow x\in Hy$．ゆえに，$B$ の一つの元に対応する A の元の数は一定で $|H|$ に等しい．ゆえに，$|A|<\infty$ であれば，$|B|=|A|/|H|$ で逆が成り立つ．

注意 $|A|<\infty$ のとき，$|B|$ は A における H の指数 $[A:H]$ に等しいので，48ページの定理2を利用してもよい．

類題 ―――― 解答は139ページ

1. 巡回群は整数全体 $\mathbf{Z}$ の加法群または自然数 n による $\mathbf{Z}/n\mathbf{Z}$ の加法群と同型であることを示せ．

8.2 自己同型群

群 G と G 自身とは当然同型であるが，同型を与える写像は唯一とは限らない．例えば，位数 p が素数の巡回群 $\langle a\rangle$ を考えると，$e=1, 2, \cdots, p-1$ のいずれについても，a^e の位数は p であるから $a^i \to a^{ei}$ $(i=1, 2, \cdots, p)$ は $\langle a\rangle$ と $\langle a\rangle$ 自身との同型を与える．

群 G と G 自身との同型を与える同型写像を，G の**自己同型**という．φ が G の自己同型である条件を振り返ると，(1) $\varphi(G)=G$, (2) $a \neq b \Rightarrow \varphi(a)\varphi(b)$, (3) $\varphi(ab)=\varphi(a)\varphi(b)$.

定理 1　一つの群 G の自己同型全体 $\mathrm{Aut}\, G$ は群をなす．ただし，演算は写像としての合成．この $\mathrm{Aut}\, G$ を，G の**自己同型群**という．

証明　写像の合成だから，結合法則はみたされる(44ページ類題1.1)．恒等写像(各元 x に x 自身を対応させる写像)は単位元に適合し，逆写像が逆元になるから，$\mathrm{Aut}\, G$ は群である．

環 R についても，上と同様に考えて環としての自己同型群が定義される．すなわち，まず環の同型：環 R から環 S への写像 f が（環としての）**同型**であるとは，(1) $f(R)=S$, (2) $a, b\in R$ について，$f(a)=f(b) \Leftrightarrow a=b$, (3) $a, b\in R$ ならば，$f(a+b)=f(a)+f(b)$, $f(ab)=f(a)f(b)$ のみたされるときにいう．特に，$R=S$ のときが R の**自己同型**であり，R の自己同型全体 $\mathrm{Aut}\, R$ が R の**自己同型群**である．($\mathrm{Aut}\, R$ が群であることの証明は上と同様)

環 R の自己同型は，R を加法による群と考えたときの自己同型であることは当然であるが，R を加法群と考えたときの自己同型は，必ずしも環としての自己同型とは限らない．

例題 2 の解の前に，次のことに注意しておこう．

定理 2　(1)　φ が群 G から群 H への準同型であれば，$\varphi(1_G)=1_H$ である．

(2)　ψ が環 R から環 S への同型であれば，$\psi(1_R)=1_S$, $\psi(0_R)=0_S$ である．

証明　(1)　$1\cdot 1=1$ ゆえ，$\varphi(1)\varphi(1)=\varphi(1)$. $\varphi(1)$の逆元を片側からかけて，$\varphi(1)=1$ を得る．

(2)　同様 $\psi(a)\psi(1)=\psi(a)=\psi(1)\psi(a)$. 同型であるから，$\psi(R)=S$. ゆえに $\psi(1)$は S の単位元．$\psi(0)$は (1) により 0 である．

例題 2 の解　$\varphi\in \mathrm{Aut}_{環}\, \boldsymbol{Z}$ とすると，上の(2)により，$\varphi(1)=1$. $\varphi(n)=\varphi(1+(n-1))=1+\varphi(n-1)$. ゆえに，まず，すべての自然数 n について，$\varphi(n)=n$ を得る（数学的帰納法）．$\psi(0)=\varphi(n-n)=\varphi(n)+\varphi(-1n)=n+\varphi(-n)$ ゆえ，$\varphi(-n)=-n$. ゆえに，φ は恒等写像である．$\psi\in \mathrm{Aut}_{群}\, \boldsymbol{Z}$ とすると，$\boldsymbol{Z}=\langle\psi(1)\rangle$ でなくてはならない．$\therefore \psi(1)=\pm 1$. $\psi(x)=-x$ とすれば，加法群としての自己同型群になるから，$\psi(1)=-1$ となる $\psi\in \mathrm{Aut}_{群}\, \boldsymbol{Z}$. 答 $\mathrm{Aut}_{環}\, \boldsymbol{Z}$ は恒等写像だけから成る．$\mathrm{Aut}_{群}\, \boldsymbol{Z}$ は {恒等写像，$\psi: x\mapsto -x$}.

類　題　―――― 解答は139ページ

2.1.　φ が群 G から群 H への準同型であれば，$\varphi(x)^{-1}=\varphi(x^{-1})$ であることを示せ．

2.2.　$\boldsymbol{Z}/5\boldsymbol{Z}$ の，環としての自己同型群 $\mathrm{Aut}_{環}\, \boldsymbol{Z}/5\boldsymbol{Z}$ および加法群としての自己同型群 $\mathrm{Aut}_{群}\, \boldsymbol{Z}/5\boldsymbol{Z}$ を求めよ．

2.3.　位数 9 の巡回群 G の自己同型群を求めよ．

8.3 環の同型

前ページで述べたように，環 R から環 S への写像 φ が(環としての)**同型**であるとは，(1) $\varphi(R)=S$,　(2) $a, b\in R, \varphi(a)=\varphi(b)\Leftrightarrow a=b$　(3) $a, b\in R\Rightarrow \varphi(a+b)=\varphi(a)+\varphi(b),\ \varphi(ab)=\varphi(a)\varphi(b)$ の3条件のみたされるときにいうのである．またこのような φ があるとき，R と S とは**同型**であるといい，$R\simeq S$ と書くことにしたのである．群の場合に述べたのと同様に，環の同型という概念は，その環の元が何に由来するかを忘れて，環としての構造だけに着目した場合，「同じ」と考える基準である．群のときは演算が一つであるので，(3) のところは$\varphi(ab)=\varphi(a)\varphi(b)$ だけであったが，環は二つの演算をもつから，その二つの演算それぞれについて，同様の条件を課すのである．前ページで扱った環の自己同型の具体例は恒等写像だけであったが，一般にはもっといろいろな場合がある．

例1　複素数 α に対し，その複素共役 $\bar{\alpha}$ を対応させれば，これは複素数体の自己同型になる．

例2　1の虚立方根の一つを ω とし，$K=\{a+b\omega\sqrt[3]{2}+c\omega^2\sqrt[3]{4}\mid a, b, c$ は有理数$\}$，$L=\{a+b\sqrt[3]{2}+c\sqrt[3]{4}\mid a, b, c$ は有理数$\}$ とすると，K, L は体であり，$a+b\omega\sqrt[3]{2}+c\omega^2\sqrt[3]{4}\mapsto a+b\sqrt[3]{2}+c\sqrt[3]{4}$ は K から L への同型写像である．(証明は各自試みよ．)

この二つの例のような，体への(環としての)同型写像は，体としての**同型**ともいう．

例題3は易しい．47ページで知ったように，$mn\boldsymbol{Z}+x\mapsto(m\boldsymbol{Z}+x, n\boldsymbol{Z}+x)$ は，環 $\boldsymbol{Z}/mn\boldsymbol{Z}$ から集合 $(\boldsymbol{Z}/m\boldsymbol{Z})\times(\boldsymbol{Z}/n\boldsymbol{Z})$ の上への一対一対応を与えている．したがって，(3) の条件を確かめればよい．$(\boldsymbol{Z}/m\boldsymbol{Z})\times(\boldsymbol{Z}/n\boldsymbol{Z})$ を環の直積と考えるということは，47ページで述べたように，演算を成分毎に行うのである．$(mn\boldsymbol{Z}+x)+(mn\boldsymbol{Z}+y)=mn\boldsymbol{Z}+(x+y)$ で，これには $(m\boldsymbol{Z}+(x+y), m\boldsymbol{Z}+(x+y))$ が対応し，直積の演算によれば $(m\boldsymbol{Z}+x, n\boldsymbol{Z}+x)+(m\boldsymbol{Z}+y, n\boldsymbol{Z}+y)$ と一致する．積についても同様であり，この対応は同型写像である．

類題　　解答は139ページ

3.1.　$m_1, m_2, \cdots, m_r$ $(r\geqq 2)$ が，どの二つも互いに素な自然数であり，$c_1, c_2, \cdots, c_r$ が整数であるとき，連立合同式

$$\begin{cases} x\equiv c_1 \pmod{m_1} \\ x\equiv c_2 \pmod{m_2} \\ \quad\vdots \\ x\equiv c_r \pmod{m_r} \end{cases}$$

は解をもち，この解は $m_1m_2\cdots m_r$ を法として唯一つである．

また，このことは，環 $\boldsymbol{Z}/(m_1m_2\cdots m_r)\boldsymbol{Z}$ が，r 個の環 $\boldsymbol{Z}/m_1\boldsymbol{Z}, \boldsymbol{Z}/m_2\boldsymbol{Z}, \cdots, \boldsymbol{Z}/m_r\boldsymbol{Z}$ の直積と同型であることに対応している．

これらのことを証明せよ．(47ページでは，二つの環の直積だけについて述べたが，多くの環の**直積**も，同様に，直積集合に，成分毎の演算で定義するのである．)

3.2.　次の，環(または体)から環(または体)への写像について，(i)環としての自己同型であるかどうか，また(ii)加法群としての自己同型であるかどうかを調べよ．

(1)　有理数体 $\boldsymbol{Q}$ において，有理数 c を定めて得られる写像 φ_c: $x\mapsto cx$ $(\varphi_c(x)=cx)$

(2)　実数体 $\boldsymbol{R}$ 上の2次行列環 $M(2, \boldsymbol{R})$ において，正則行列 A を定めて得られる写像 ψ_A: $X\mapsto A^{-1}XA$. $(\psi_A(X)=A^{-1}XA)$

8.4 剰余類群と準同型の核

群 G の部分群 H について，$gH=Hg$ がすべての $g\in G$ について成り立つとき，すなわち，H を法とする剰余類の右，左の区別が要らないとき，H は**正規部分群**であるという．このとき，$g^{-1}Hg=H$ がすべての $g\in G$ について成り立つのであるが，この点について，次の注意は大切である．

注意 H が群 G の部分群であるとき，(1) G のすべての元 g について $g^{-1}Hg\subseteq H$ であれば，$g^{-1}Hg=H$ であり，H が G の正規部分群．しかし，(2) 一つの元 g について，$g^{-1}Hg\subseteq H$ であっても，H が有限群でない場合は，$g^{-1}Hg=H$ とは限らぬ．

証明 (1) $g^{-1}Hg\subseteq H$ がすべての元 g についていえるから，とくに g^{-1} についてもいえる．$\therefore\ gHg^{-1}\subseteq H$. $\therefore\ H\subseteq g^{-1}Hg$. 初めのと併せて，$H=g^{-1}Hg$. (2) ($H$ が有限群ならば，元数の一致から $g^{-1}Hg=H$ が出る．) $g^{-1}Hg\subsetneq H$ となるような，G, g, H の例を作る．

$G=\left\{\begin{pmatrix} a & b \\ 0 & c\end{pmatrix}\middle|\ a, b, c \text{ は実数}, ac\neq 0\right\}$ は乗法に関して群をなし，$H=\left\{\begin{pmatrix} 1 & m \\ 0 & 1\end{pmatrix}\middle|\ m \text{ は整数}\right\}$ は部分群である．$g=\begin{pmatrix} 1 & 0 \\ 0 & 2\end{pmatrix}\in G$ の逆元 g^{-1} は $\begin{pmatrix} 1 & 0 \\ 0 & 1/2\end{pmatrix}$. $g^{-1}\begin{pmatrix} 1 & m \\ 0 & 1\end{pmatrix}g=\begin{pmatrix} 1 & 2m \\ 0 & 1\end{pmatrix}\in H$ ゆえ，$g^{-1}Hg\subseteq H$. しかし，$g^{-1}Hg$ の元には，(1, 2)成分が奇数のものはない．

定理 H が群 G の正規部分群であれば，H を法とする剰余類全体，それを G/H で表す，に対し，$(Ha)(Hb)=Hab$ により乗法を定義すれば，剰余類を元とする群になる．$a\mapsto Ha$ による写像 φ: $G\to G/H$ は G から G/H の上への準同型(これを**自然準同型**とよぶ)である．K が G の部分群であれば，$\varphi(K)$ は $\varphi(G)=G/H$ の部分群であり，L が $\varphi(G)$の部分群であれば，$\varphi^{-1}(L)=\{x\in G|\varphi(x)\in L\}$ は G の H を含む部分群である．φ により，H を含む G の部分群と $\varphi(G)$の部分群とは一対一対応をし，正規部分群には正規部分群が対応する．

G/H を H を法とする**剰余類群**，**剰余群**，**商群**などとよぶ．

証明．集合として $(Ha)(Hb)=H(aH)b=HHab=Hab$ ゆえ，積 $(Ha)(Hb)=Hab$ は，$Ha=Ha'$, $Hb=Hb'$ となる a', b' を使って $Ha'b'$ としても同じ結果になる．したがって乗法は確かに定義される．結合法則は G での結合法則によって当然である．単位元は $H=H1$, Ha の逆元は Ha^{-1} で群になる．$(Ha)(Hb)=Hab$ ゆえ φ は準同型．Ha は a の像だから，上への準同型．$\varphi(K)$, $\varphi^{-1}(L)$ については容易 (53ページ類題2.1を利用)．K が正規部分群ならば，$\varphi(a)^{-1}\varphi(K)\varphi(a)=\varphi(a^{-1}Ka)=\varphi(K)$ ゆえ，$\varphi(K)$も正規部分群．L が正規部分群ならば，$\varphi(a^{-1}(\varphi^{-1}(L))a)=\varphi(a)^{-1}L\cdot\varphi(a)=L$ ゆえ，$\varphi^{-1}(L)$ も正規．一対一は，$L\leftrightarrow\varphi^{-1}(L)$ の対応になっていることによる．

例題4の解．(1) 上の $\varphi^{-1}(L)$ で L が正規部分群の場合と同様である．(2) は上の定理．(3) $\varphi(a)=\varphi(b)\Leftrightarrow\varphi(ab^{-1})=1\Leftrightarrow ab^{-1}\in\varphi^{-1}(1_{G'})=N\Leftrightarrow a\in Nb$. このとき $Nb=Na$ (48ページ定理2) ゆえ，$\varphi(a)\leftrightarrow Na$ により同型であることがわかる．

類題 解答は140ページ

4.1. $G=\left\{\begin{pmatrix} a & b \\ 0 & c\end{pmatrix}\middle|\ a, b, c \text{ は実数}, ac\neq 0\right\}$ において，$N=\left\{\begin{pmatrix} 1 & d \\ 0 & 1\end{pmatrix}\middle|\ d \text{ は実数}\right\}$ を考える．

(1) N は正規部分群であり，N 自身は実数全体 $\boldsymbol{R}$ のなす加法群と同型であることを証明せよ．

(2) φ: $\begin{pmatrix} a & b \\ 0 & c\end{pmatrix}\mapsto\begin{pmatrix} a & 0 \\ 0 & c\end{pmatrix}$ は G から $H=\left\{\begin{pmatrix} a & 0 \\ 0 & c\end{pmatrix}\middle|\ a, c\in\boldsymbol{R};\ ac\neq 0\right\}$ の上への準同型を与えること，φ の核が N であること，したがって，$\varphi(G)\simeq H$ であることを証明せよ．

4.2. H, K が群 G の部分群または正規部分群であれば $H\cap K$ もそれぞれ部分群，正規部分群であることを示せ．

8.5 群の直積

47ページにおいて，二つの環の直積についてふれたが，もっと多くの環の直積，あるいは群の直積も，成分毎の演算を導入して定義される(54ページ参照)．たとえば，群 G, H, K の**直積**は，$G\times H\times K=\{(g, h, k)|g\in G,\ h\in H,\ k\in K\}$ に，$(g, h, k)(g', h', h')=(gg', hh', kh')$ という演算を与えたものである．そのとき，$\bar{G}=\{(g, 1, 1)|g\in G\}$, $\bar{H}=\{(1, h, 1)|h\in H\}$, $\bar{K}=\{(1, 1, k)|k\in K\}$ は $G\times H\times K$ の正規部分群であり，$\bar{G}$ の元と $\bar{H}$ の元とは可換である $((g, 1, 1)(1, h, 1)=(g, h, 1)=(1, h, 1)\ (g, 1, 1)$ であるから)．一般に，いくつかの群 G_i の直積 $\Pi_j G_j$ において，i 成分（i は固定)以外は全部単位元であるような元全体を $\bar{G}_i$ で表すと，$\bar{G}_i$ は G_i と同型な群になり，$i\neq j$ なら $\bar{G}_i$ の元と $\bar{G}_j$ の元とは可換であり，各 $\bar{G}_i$ は ΠG_j の正規部分群になっている．

例題5の解のために，次の定理を証明しておこう．

定理　H, K が群 G の正規部分群で，$H\cap K=\{1\}$ ならば，H の元と K の元とは可換．

証明　$h\in H, k\in K$ のとき，$h^{-1}k^{-1}hk$ を考えると，$h^{-1}k^{-1}hk\in h^{-1}KhK=KK=K$．また，$h^{-1}k^{-1}hk\in Hk^{-1}Hk=HH=H$ ゆえ，$h^{-1}k^{-1}hk\in H\cap K=\{1\}$．　$\therefore\ h^{-1}k^{-1}hk=1$．左から h, k を順次かけて，$k^{-1}hk=h$, $hk=kh$．

解　(i) により，$N_1\cap N_{i+1}\subseteq N_1N_2\cdots N_i\cap N_{i+1}=\{1\}\ (i=1, 2, \cdots, r-1)$ ゆえ，N_1 の元と N_j $(j>1)$ の元とは可換である．$N_2\cap N_{i+1}\subseteq N_1N_2\cdots N_i\cap N_{i+1}\ (i=2, 3, \cdots, r-1)$ ゆえ，N_2 の元と $N_j\ (j>2)$ の元とは可換であり，前述のことから，N_1 の元とも可換．以下同様にして，$i\neq j$ ならば，N_i の元と N_j の元は可換である．次に，(ii) により g の各元は $n_1n_2\cdots n_r\ (n_i\in N_i)$ の形にかくことができる．もし二通りに表せたとしよう．$n_1n_2\cdots n_r=m_1m_2\cdots m_r\ (n_i,\ m_i\in N_i)$．$n_i\neq m_i$ であるような i の最大を α とすると，$n_1n_2\cdots n_\alpha=m_1m_2\cdots m_\alpha$

$\therefore\ m_{\alpha-1}{}^{-1}\ m_{\alpha-2}{}^{-1}\cdots m_2{}^{-1}m_1{}^{-1}n_1n_2\cdots n_{\alpha-1}=m_\alpha n_\alpha{}^{-1}$　上でわかった可換性により，

$$(m_1{}^{-1}n_1)(m_2{}^{-1}n_2)\cdots(n_{\alpha-1}{}^{-1}n_{\alpha-1})=m_\alpha n_\alpha{}^{-1}$$

左辺$\in N_1\cdots N_{\alpha-1}$，右辺$\in N_\alpha$ ゆえ，(i) により両辺は単位元1でなくてはならない．

$\therefore\ m_\alpha n_\alpha{}^{-1}=1$．$\therefore\ m_\alpha=n_\alpha$，これは $m_\alpha\neq n_\alpha$ だったことに反する．

というわけで，$g=n_1n_2\cdots n_r$ という表し方は一通りである．そこで，g に $(n_1, n_2, \cdots, n_r)\in N_1\times N_2\times\cdots\times N_r$ を対応させる写像 φ が作れる．$n_i\in N_i$ なら，$n_i\in G$ ゆえ，$n_1\cdots n_r\in G$．したがって $\varphi(G)=N_1\times N_2\times\cdots\times N_r$．$n_i,\ m_i\in N_i$ のとき，$(m_1m_2\cdots m_r)(n_1\cdots n_r)$ は，上で知った可換性により $(m_1n_1)(m_2n_2)\cdots(m_rn_r)$ ゆえ，φ は同型写像である．

類題 解答は140ページ

5.1.　環 R が部分環 $S_1, S_2, \cdots, S_n\ (n\geqq 2)$ をもち，次の二条件がみたされれば，R は $S_1, S_2, \cdots, S_n$ の直積と同型であることを示せ．

(i)　S_i の単位元 $e_i\ (i=1, 2, \cdots, n)$ について，$\alpha\neq\beta$ ならば，$e_\alpha e_\beta=0$

(ii)　$S_1+S_2+\cdots+S_n=\{x_1+x_2+\cdots+x_n\,|\,x_i\in S_i\ (i=1, 2, \cdots, n)\}$ は R と一致する．

5.2.　0でない有理数全体のなす群 $\boldsymbol{Q}^*$ について，例題5の条件をみたす部分群（$\{1\}$以外のもの）の例を，$r=2$ のとき，および $r=3$ のときに，それぞれ一つずつ作れ．

8.6 剰余類環と準同型の核

群の準同型は，正規部分群が核になり，核によって，同型の意味で決まってしまうことを知った．同様のことを，環の場合に考えてみよう．$\varphi: R \to S$ が環の準同型であるとしよう．これは加法群としての準同型でもあるから，当然，核 $I=\varphi^{-1}(0)$ がある．(加法群としての単位元は0であることを思い出せ.) したがって，$\varphi(a)=\varphi(b) \Leftrightarrow \varphi(a-b)=0 \Leftrightarrow a-b \in I=\varphi^{-1}(0)$．また，$I$ は加法群としての R の部分加法群である．(加法は可換ゆえ，部分加法群は全部正規.) 準同型には $\varphi(ab)=\varphi(a)\varphi(b)$ という条件がある．したがって，$a\in I$ ならば，$\varphi(ab)=0\varphi(b)=0$ ゆえ，$ab\in I$，また $\varphi(ba)=\varphi(b)0=0$ ゆえ，$ba\in I$．まとめると，

環の準同型の核 I には，次の性質がある．(1) $a, b\in I$ ならば $a-b\in I$．(2) $a\in I, b\in R$ ならば，(i) $ab\in I$, (ii) $ba\in I$.

一般に，環 R の空でない部分集合 I が，上の性質をもつとき，I は R の**両側イデアル**であるという．(1)と(2)の(i)を仮定したとき**右イデアル**，(1)と(2)の(ii)を仮定したとき**左イデアル**という．可換環の場合，この三者は同じであるので，単に**イデアル**という．

注意 (1)は部分加法群であるための条件である．その理由は，次の定理による．

定理1 群 G の空でない部分集合 H について，次の三条件(i), (ii), (iii)は互いに同値である．

(i) H は部分群 (ii) $a, b\in H \Rightarrow ab^{-1}\in H$ (iii) $a, b\in H \Rightarrow a^{-1}b\in H$

証明 (i) ⇒ (ii), (iii) は明らか．(ii) を仮定しよう．$a\in H$ をとれば，$1=aa^{-1}\in H$．ゆえに $a^{-1}=1a^{-1}\in H$．$a, b\in H$ ならば，$a, b^{-1}\in H$ ゆえ，$a(b^{-1})^{-1}=ab\in H$．ゆえに H は部分群 (結合法則は G でみたされているから H では当然)．(iii) ⇒ (i)も同様.

例題6の(1) は上述に含まれている．(2) を考えよう．加法群としての剰余類群 R/I に乗法を $(I+a)(I+b)=I+ab$ で定義する．[定義できる理由: 集合として，$(I+a)(I+b)$ の元は，$(i_1+a)\cdot(i_2+b)$ $(i_j\in I)$ の形であるから，$i_1i_2+i_1b+ai_2+ab\in I+ab$．したがって，類 $I+ab$ は類 $I+a$, $I+b$ で決まる.] すると，R/I は環になることが容易にわかる．(単位元は1の入っている類 $I+1$)．この環が I を法とする**剰余類環**(**剰余環, 商環**ともいう)である．そして，$a\mapsto I+a$ は R から R/I への準同型であり，それを**自然準同型**とよぶのである．

以上，群のときと似ているが，(3) もそうである．自然準同型を ψ で表せば，$\psi(a)=\psi(b) \Leftrightarrow a-b\in I \Leftrightarrow \varphi(a)=\varphi(b)$ゆえ，$\varphi(a)$と$\psi(a)$とを対応させるのが同型を与える．

注意 (2)で $I\neq R$ としたのは，R/R は零だけだから，我々の定義した環から外れることによる．

類題 解答は140ページ

6.1. 整数全体 $\boldsymbol{Z}$ と整数 n とを考える．(1) $n\boldsymbol{Z}=\{nm|m\in \boldsymbol{Z}\}$ は $\boldsymbol{Z}$ のイデアルであることを示せ．(2) n が素数であれば，環 $\boldsymbol{Z}/n\boldsymbol{Z}$ は体であることを示せ．

6.2. 変数 x, y, z の，有理数係数の多項式全体 $\boldsymbol{Q}[x, y, z]$ は可換環であることを示せ．また，a, b, c が数であるとき，$I_{abc}=\{f(x, y, z)\in \boldsymbol{Q}[x, y, z]\,|\,f(a, b, c)=0\}$ は $\boldsymbol{Q}[x, y, z]$ のイデアルであり，$\boldsymbol{Q}[x, y, z]/I_{abc}$ は a, b, c について，有理数係数の整式の形で表しうる数全体の作る環 $\boldsymbol{Q}[a, b, c]$ と同型であることを示せ．

EXERCISES

（解答は141ページ）

1　a, b が群の元であるとき，$a^{-1}b^{-1}ab$ を a と b との**交換子**という．次のことを証明せよ．

(1)　群 G の部分群Hが，G のすべての二元の組 a, b についてその交換子 $a^{-1}b^{-1}ab$ を含めば，H は G の正規部分群であり，G/H はアーベル群．

(2)　群 G の正規部分群 N について，G/N がアーベル群であれば，G の任意の元 a, b について，その交換子 $a^{-1}b^{-1}ab$ は N の元である．

注意　(1)の H のうちの最小のもの，すなわち，交換子全体で生成された部分群を，G の**交換子群**または**導来群**とよぶ．$[G, G]$ で表すことが多い．

2　可換環 R において，イデアル I について，(i) $I \subsetneq R$，かつ (ii) $I \subsetneq J \subsetneq R$ となるイデアル J は存在しないとき，I は**極大イデアル**であるという．次のことを証明せよ．

(1)　整数全体のなす環 $\mathbf{Z}$ において，素数 p で生成されたイデアル $p\mathbf{Z}$ は極大イデアルである．逆に，$n \in \mathbf{Z}$，かつ $n\mathbf{Z}$ が極大イデアルであれば，$|n|$ は素数である．

(2)　変数 x についての有理数係数の多項式全体のなす環 $\boldsymbol{Q}[x]$ において，$f(x)$ が既約な多項式（≠定数）ならば，$f(x)\boldsymbol{Q}[x]$ は極大イデアルであり，逆に $f(x)\boldsymbol{Q}[x]$ が極大イデアルであれば，$f(x)$ は既約である．

3　群 G において，$\{x \in G \mid g \in G \Rightarrow gx = xg\}$ を G の**中心**という．これは G の正規部分群であることを証明せよ．次に，各 $g \in G$ に対し，G から G への写像 $\varphi_g(x) = gxg^{-1}$ を対応させると，G から G の自己同型群 Aut G の中への準同型が得られ，その準同型の核は G の中心と一致することを証明せよ．

4　環 R_1 と R_2 との直積の単元群は，R_1, R_2 の単元群の直積であることを示せ．

Advice

1　(1)　まず $h \in H, g \in G$ に対し，$g^{-1}hg \in H$ をいう．それには $h^{-1}g^{-1}hg \in H$ を利用．G/H の可換性は自然準同型 $\psi: G \to G/H$ を考えると，$\psi(a^{-1}b^{-1}ab) = 1$ であることを利用．

(2)　自然準同型 $\varphi: G \to G/N$ において，$\varphi(a)^{-1}\varphi(b)^{-1}\varphi(a)\varphi(b) = 1$ から，$a^{-1}b^{-1}ab \in N$ を導け．

2　(1)　5ページの枠囲みで述べたことにより，a, b が $\mathbf{Z}$ のイデアル J に含まれれば，a, b の最大公約数も J に含まれることを導き，それを利用せよ．(2)は，5ページの定理と同様なことを，$\boldsymbol{Q}[x]$ の場合に導き，あとは(1)と同様にする．

3　前半は易しい．後半は，まず φ_g が G の自己同型であることを証明し，次に，$\varphi_h\varphi_g = \varphi_{hg}$ を示せ．「g がこの準同型の核に属する $\Leftrightarrow$ g が中心の元」は易しい．

4　$(a_1, a_2) \in R_1 \times R_2$ が単元 $\Leftrightarrow$ a_1, a_2 が R_1, R_2 の単元．

9 置換群と対称式

置換群は有限群の重要な例であり，いわゆるガロアの理論は多項式の根の間の置換による群の考察がその基礎にあったものである．行列式の理論において置換群が重要であることは周知であろう．

1 **(置換群の演算と巡回置換)** 次の置換を，それぞれ，互いに共通な文字をもたない巡回置換の積に表せ．

(1) $\begin{pmatrix} 1 & 2 & 3 & 4 & 5 & 6 \\ 2 & 3 & 1 & 5 & 4 & 6 \end{pmatrix}$　　(2) $\begin{pmatrix} 1 & 2 & 3 & 4 & 5 & 6 \\ 3 & 1 & 4 & 2 & 6 & 5 \end{pmatrix}$

2 **(奇置換と偶置換)** n 次対称群 $S_n\,(n \geqq 2)$ の中で，偶置換全体 A_n は正規部分群を作ることを証明せよ．A_n は n **次の交代群**とよばれる．

3 **(置換群における共役)** n 次対称群 S_n の元 $\tau = \begin{pmatrix} 1 & 2 & 3 & \cdots & n \\ a_1 & a_2 & a_3 & \cdots & a_n \end{pmatrix}$ と，$\sigma \in S_n$ とについて，$\sigma\tau\sigma^{-1} = \begin{pmatrix} \sigma 1 & \sigma 2 & \sigma 3 & \cdots & \sigma n \\ \sigma a_1 & \sigma a_2 & \sigma a_3 & \cdots & \sigma a_n \end{pmatrix}$ であることを示せ．

4 **(対称式と交代式)** 次のことを証明せよ．

(1) $s_1 = X_1 + X_2 + \cdots + X_n$,

$s_2 = \sum_{i<j} X_i X_j = X_1X_2 + X_1X_3 + \cdots + X_1X_n + X_2X_3 + \cdots + X_{n-1}X_n$

$s_3 = \sum_{i<j<k} X_iX_jX_k,\ \cdots,\ s_r = \sum_{i_1<i_2<\cdots<i_r} X_{i_1}X_{i_2}\cdots X_{i_r},\ \cdots,\ s_n = X_1X_2\cdots X_n$

はいずれも $X_1, X_2, \cdots, X_n$ の対称式である．

(2) $f(X)$ が交代式であれば，$f(x)^2$ は対称式である．

上の $s_1, s_2, \cdots, s_n$ は $X_1, X_2, \cdots, X_n$ の**基本対称式**とよばれる．

5 **(右剰余類と左剰余類の関係)** H が群 G の部分群であれば，H を法とする右剰余類 Ha 全体と左剰余類 bH 全体との間に一対一対応があることを証明せよ．

すなわち，右剰余類の数と左剰余類の数とは一致する（無限の場合を含む）わけで，その数を H の**指数**という．$[G:H]$ で表すことにする．（有限群の場合は，48ページで定義した．）

6 **(群の部分群による置換表現)** 群 G が指数有限の部分群 H を含めば，$N = \cap_{g\in G}\, gHg^{-1}$ は H に含まれる正規部分群であり，その指数 $[G:N]$ も有限であることを示せ．

9.1 置換群の演算と巡回置換

一般に，集合 M に対して，M から M の上への一対一写像全体 S_M に，写像の合成による演算を考えると群になる．[$\varphi, \psi \in S_M$ なら，$\varphi\psi$ も一対一対応を与え，逆対応が逆元を与え，恒等写像が単位元になる．結合法則は44ページの類題1.1.] この群を M の上の**対称群**という．

ここでは M が有限集合の場合を考える．M が n 個の元 $a_1, a_2, \cdots, a_n$ からなっているとき，各 $\varphi \in S_M$ は $a_1, a_2, \cdots, a_n$ が何にうつるかによって定まる．$b_1, \cdots, b_n$ にうつったとき，この φ を $\begin{pmatrix} a_1 & a_2 & \cdots & a_n \\ b_1 & b_2 & \cdots & b_n \end{pmatrix}$ で表すことにする．$b_1, b_2, \cdots, b_n$ 全体で M の元全体にならなくてはならない．逆に，$b_1, b_2, \cdots, b_n$ でMの元全体になりさえすれば，各 i について，a_i を b_i に写す S_M の元がある．したがって，S_M の元と，$a_1, a_2, \cdots, a_n$ の順列とが一対一対応する．ゆえに，

定理1　集合 M の元数が n のとき，M の上の対称群 S_M の位数は $n!$ である．

Mの元数が n のとき，S_M を n **次の対称群**ともいう．それは群の構造としては，M の元が何であるかには無関係に，M の元の数できまるからである．[$N=\{1, 2, \cdots, n\}$ として，上の φ において，$b_i = a_{\sigma i}$ であれば，φ に $\begin{pmatrix} 1 & 2 & \cdots & n \\ \sigma 1 & \sigma 2 & \cdots & \sigma n \end{pmatrix}$ を対応させれば，S_M と S_N との同型が得られるのである.] したがって，特に断らないときは $M=\{1, 2, \cdots, n\}$ であるものとする．

演算は，写像の合成であったから，二つの積は，右側の置換を先に行うものと考える．

例　$\begin{pmatrix} 1 & 2 & 3 & 4 & 5 \\ 2 & 1 & 4 & 5 & 3 \end{pmatrix}\begin{pmatrix} 1 & 2 & 3 & 4 & 5 \\ 4 & 3 & 1 & 5 & 2 \end{pmatrix}$ は $1\to4\to5$，$2\to3\to4$，$3\to1\to2$，$4\to5\to3$，$5\to2\to1$，ゆえ，$\begin{pmatrix} 1 & 2 & 3 & 4 & 5 \\ 5 & 4 & 2 & 3 & 1 \end{pmatrix}$ になる．[逆順にかけると $\begin{pmatrix} 1 & 2 & 3 & 4 & 5 \\ 3 & 4 & 5 & 2 & 1 \end{pmatrix}$]

M の上の(または，n 次の)対称群の部分群を，M **の上の**（または，n **次の**）**置換群**という．また，対称群の各元を**置換**という．M の元のうちの r 個 $c_1, c_2, \cdots, c_r$ に対して，c_1 を c_2 に，c_2 をc_3 に，…，c_{r-1} を c_r に，c_r を c_1 に写し，その他の M の元は，その元自身に写す置換がある．この置換は $(c_1\ c_2 \cdots c_r)$ で表され，この型の置換を長さ r の**巡回置換**という．座標や，ベクトルの成分のときとちがって，$(c_2\ c_3 \cdots c_{r-1}\ c_r\ c_1)$ も同じ巡回置換を表す．特に長さ2の巡回置換を**互換**という．

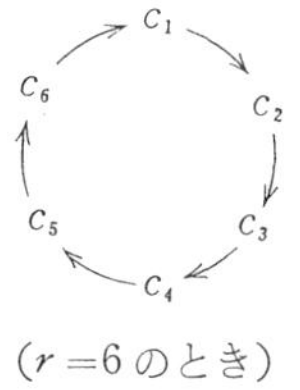

(r=6のとき)

定理2　任意の置換 φ に対し，次のような巡回置換 $\sigma_1, \sigma_2, \cdots, \sigma_s$ $(s \geqq 1)$ がある．

(1)　$\varphi = \sigma_1\sigma_2 \cdots \sigma_s$，かつ，(2)　$i \neq j$ ならば，(上のような表記法で) σ_i と σ_j には共通な文字は現れない．(このことは，M のどの元 a をとっても，$\sigma_i a \neq a$ となる σ_i は，全然ないか，または一つだけということを意味する)

さらに，このような $\sigma_1, \sigma_2, \cdots, \sigma_s$ は互いに可換である．

例題1は，このような $\sigma_1, \cdots, \sigma_s$ を具体例について求める問題である．定理の証明はあとにして，例題の解から始めよう．

(1)　この置換では，$1\to2\to3$，$4\to5$　6 は固定　であるから

(1, 2, 3)(4, 5) と一致する. (2) も同様に考えて, (1, 3, 4, 2)(5, 6) が得られる.

定理2の証明 M の元 $a\ (\varphi a \neq a)$ に対して, $a \to \varphi a \to \varphi^2 a \to \cdots \to \varphi^m a$ と作っていくと, いつかは a にもどる. ($\varphi^m a$ が前にあった $a, \varphi a, \cdots, \varphi^{m-1}a$ の一つと一致する初めてのものとし, $\varphi^m a = \varphi^t a$. $t \geqq 1$ とすると, $\varphi^{m-1}a = \varphi^{t-1}a$ で, 最初ということに反する. したがって, $\varphi^m a = a$.) ここに現れた $a, \varphi a, \cdots, \varphi^{m-1}a$ のどれについても, φ で順次うつして行けば, その m 個による巡回置換 $(a\ \varphi a \cdots \varphi^{m-1}a)$ によるのと同じ写されかたをする. ここに現れない M の元について, 同様のものを考え, このようにして得られるいくつかの巡回置換全部 (重複分は除いて, 互いに異なるものを全部とる)を $\sigma_1, \sigma_2, \cdots, \sigma_s$ とする.

(i) M の元 b が φ で固定 $(\varphi b = b)$ されるとき, b は $\sigma_1, \cdots, \sigma_s$ のどれにも現れない. したがって, $\sigma_1 \cdots \sigma_s$ でも固定される. (ii) $\varphi b \neq b$ のとき, $b, \varphi b$ は, $\sigma_1, \cdots, \sigma_s$ のうちの唯一つに現れる. それが σ_i であったとすると, $\sigma_{i+1} \cdots \sigma_s b = b$ ゆえ, $\sigma_i \sigma_{i+1} \cdots \sigma_s b = \sigma_i b = \varphi b$. $\sigma_1, \cdots, \sigma_{i-1}$ には φb は現れないから, $\sigma_1 \cdots \sigma_s b = \sigma_1 \cdots \sigma_{i-1}(\varphi b) = \varphi b$. ゆえに, φ と $\sigma_1 \cdots \sigma_s$ とは同じ写像である. また, この証明からわかるように, $\sigma_i \sigma_j b$ は, b が σ_i にも σ_j にも現れないなら, $\sigma_i \sigma_j b = b = \sigma_j \sigma_i b$; b が σ_i に現れ, $i \neq j$ のとき, $\sigma_i b = \varphi b$ は σ_i に現れ, σ_j には現れないから, $\sigma_i \sigma_j b = \sigma_i b = \sigma_j \sigma_i b$. ゆえに, いつでも $\sigma_i \sigma_j = \sigma_j \sigma_i$.

[補足] 上では φ が単位元のときは除外している. 形式的には, 例えば (2) というように長さ1の巡回置換(2を2に写し,他は動かさないのだから,これは単位元)を考えることにしている.

定理3 (1) 長さ r の巡回置換の位数は r である.

(2) 定理2におけるように, 置換 φ を, 共通文字をもたない巡回置換の積 $\sigma_1 \sigma_2 \cdots \sigma_s$ に表したとき, σ_i の長さが m_i であれば, φ の位数は $m_1, m_2, \cdots, m_s$ の最小公倍数である.

証明 (1) $\sigma = (a_1\ a_2 \cdots a_r)$ ならば, $\sigma^i a_1 = a_{i+1}\ (i = 1, \cdots, r-1)$ ゆえ, $1 \leqq i < r$ のとき $\sigma^i \neq 1$, $\sigma^r a_j = a_j\ (j = 1, 2, \cdots, r)$. また $a_1, a_2, \cdots, a_r$ 以外の元は σ は動かさないのだから, $\sigma^r = 1$.

(2) $m_1, m_2, \cdots, m_s$ の最小公倍数を m とする. σ_i, σ_j は可換だから, $\varphi^i = \sigma_1{}^i \sigma_2{}^i \cdots \sigma_s{}^i$. $\sigma_i{}^m = 1$ ゆえ, $\varphi^m = 1$. 次に $\varphi^i = \sigma_1{}^i \sigma_2{}^i \cdots \sigma_s{}^i$ において, $\sigma_j{}^i \neq 1$ となる j があったとする. $\sigma_j{}^i a \neq a$ となる a がある. $a, \sigma_j{}^i a$ は σ_j に現れる文字であるから, 他の σ_k には現れない. したがって $\varphi^i a = \sigma_j{}^i a \neq a$ で, $\varphi^i \neq 1$. i が m の倍数でなければ, i はある m_j の倍数でないことになり, そのとき $\sigma_j{}^i \neq 1$. ゆえに, φ の位数は m である.

類題

解答は141ページ

1.1. 次の置換を, 共通文字をもたない巡回置換の積に分解せよ. また, この置換の位数を求めよ.

(1) $\begin{pmatrix} 1 & 2 & 3 & 4 & 5 & 6 & 7 \\ 2 & 4 & 6 & 1 & 3 & 7 & 5 \end{pmatrix}$　(2) $\begin{pmatrix} 1 & 2 & 3 & 4 & 5 & 6 & 7 & 8 \\ 3 & 4 & 5 & 8 & 1 & 7 & 6 & 2 \end{pmatrix}$

(3) (1 2 3 4)(2 3 4)(1 3 5)(1 2 3 4)

(4) (1 4)(1 2 3)(4 5)(1 4)

(5) (1 2 3 4 5)(6 7)(1 3 5 7)(1 6 3)

9.2 奇置換と偶置換

(1　2)(1　3)(1　4) のように，奇数個の互換の積で表しうる置換が**奇置換**である．同様に，(1　2)(1　3)のように偶数個の互換の積で表しうる置換が**偶置換**である．この両者について次の定理は基本的である．

定理　(1)　$M=\{1, 2, \cdots, n\}$ の上の置換 σ は互換の積に表すことができる．

(2)　n 変数 $X_1, X_2, \cdots, X_n$ の多項式 $f(X_1, X_2, \cdots, X_n)=\prod_{i<j}(X_i-X_j)$ に対して，$f(X_{\sigma 1}, X_{\sigma 2}, \cdots, X_{\sigma n})$ は $\pm f(X_1, X_2, \cdots, X_n)$ であり，$\pm$のうち$-$をとるのが奇置換，$+$をとるのが偶置換である．したがって，σ を互換の積に表したとき，因子の数が奇数か偶数かは，σ によって定まる．

この $f(X_1, \cdots, X_n)$ は $n(n-1)/2$ 次の多項式である．これを $X_1, X_2, \cdots, X_n$ の**差積**，または**最簡交代式**という．($n=2$ なら X_1-X_2, $n=3$ なら $X_1{}^2X_2+X_2{}^2X_3+X_3{}^2X_1-X_1{}^2X_3-X_2{}^2X_1-X_3{}^2X_2$, n が大きくなると，展開式は複雑である．)

証明　巡回置換 $(a_1\,a_2 \cdots a_r)$ は $(a_1\,a_r)(a_1\,a_{r-1})\cdots(a_1\,a_3)(a_1\,a_2)$ とかける．60ページの定理2により σ は巡回置換の積にかけるのだから，σ は互換の積にかくことができる．つぎに，「σ が互換ならば，$f(X_{\sigma 1}, X_{\sigma 2}, \cdots, X_{\sigma n})=-f(X_1, X_2, \cdots, X_n)$」を示そう．$\sigma=(\alpha\,\beta)\,(\alpha<\beta)$ としよう．f の因子 X_i-X_j について，σ で変わるもののうち

(i)　$X_i-X_\alpha \leftrightarrow X_i-X_\beta$ $(i<\alpha)$　　　(ii)　$X_\beta-X_j \leftrightarrow X_\alpha-X_j$ $(j>\beta)$

の二種は，これらの積は不変であるから，f を変える原因にはならない．残りは，

(iii)　$X_\alpha-X_i$ $(\alpha<i<\beta)$　　　(iv)　X_i-X_β $(\alpha<i<\beta)$　　　(v)　$X_\alpha-X_\beta$

の三種であるが，これらの各一つは，f を $-f$ に変える要因になる ($X_\alpha-X_i \to -(X_i-X_\beta)$ のようにして)．しかし，(iii)と(iv)とは同数であるから，$-$に変えるものが奇数個あることになり，f は $-f$ にうつされる．さて，σ, τ が置換であるとき，σ, τ による f の変換は，変数の置換をさせたことである．したがって，$f(X_1, \cdots, X_n) \xrightarrow{\sigma} f(X_{\sigma 1}, \cdots, X_{\sigma n}) \xrightarrow{\tau} f(X_{\tau\sigma 1}, \cdots, X_{\tau\sigma n})$ となり，σ, τ と続けて変換すれば，$\tau\sigma$ で変換するのと同じになる．多くの置換の積についても同様であるから，与えられた σ が互換奇数個の積であれば，$\sigma f=-f$，偶数個の積であれば $\sigma f=f$ になる．$+$か$-$かは σ できまっているので，因子の互換の数の奇，偶は σ によって定まる．

例題2の解：単位元$=(1\ \ 2)(1\ \ 2)\in A_n$. $\sigma=\pi_1\pi_2\cdots\pi_{2m}$ (π_i は互換) $\Rightarrow$ $\sigma^{-1}=\pi_{2m}\pi_{2m-1}\cdots\pi_2\pi_1$ ゆえ，$\sigma^{-1}\in A_n$．$\tau\in A_n$ ならば $\sigma\tau\in A_n$ は明らか．$\varphi\in S_n$ (対称群) のとき，$\varphi=\nu_1\cdots\nu_r$ (ν_i は互換)であれば，$\varphi^{-1}\sigma\varphi=\nu_r\,\nu_{r+1}\cdots\nu_1\,\pi_1\,\pi_2\cdots\pi_{2m}\,\nu_1\,\nu_2\cdots\nu_r$ でこれは偶置換．$\therefore\ \varphi^{-1}A_n\varphi\subseteq A_n$．ゆえに A_n は正規部分群．

類　題　解答は141ページ

2.1.　長さ奇数の巡回置換は偶置換であり，長さ偶数の巡回置換は奇置換であることを示せ．

2.2.　n 次交代群 A_n の位数は $(n!)/2$ であることを示せ．

[ヒント]　互換 σ をとれば，σA_n が奇置換全体と一致することを示せ．

2.3.　次の各置換について，その奇偶を判定せよ．

(i)　(1　2)(1　2　3)(3　4　5)　　　(ii)　(1　2　3)(3　4　5　6)(2　3)

9.3　置換群における共役

58ページ Exercise 3 で見たように，群 G とその元 g による $\varphi_g(x)=gxg^{-1}$ は G の自己同型 φ_g を定める．このような自己同型を G の**内部自己同型**といい，この形ではえられない自己同型を**外部自己同型**という．また，G の内部自己同型でうつり得るものは，互いに**共役**であるという．例えば x と $g^{-1}xg$ とは (G で) 共役な元であり，$S\subseteq G$ のとき，S と gSg^{-1} とは共役な部分集合である．例題3は，対称群における共役元を考えるのに便利な事実である．なお，φ_g を作用させることを，g で**変換**するともいう．

例題3の解: σi を $\sigma\tau\sigma^{-1}$ で写してみれば，$\sigma i \xrightarrow{\sigma^{-1}} i \xrightarrow{\tau} \tau i=a_i \xrightarrow{\sigma} \sigma a_i$

したがって，$\sigma\tau\sigma^{-1}=\begin{pmatrix}\sigma 1 & \sigma 2 & \cdots & \sigma n\\ \sigma a_1 & \sigma a_2 & \cdots & \sigma a_n\end{pmatrix}$ である．

この結果を言葉でかけば「置換 τ を，σ で変換したものは，τ を文字の置換で表示したものの文字全体を σ で写したものである」

<u>例題の結果の応用例</u>　n 次対称群 ($n\geqq 3$) において，長さ3の巡回置換は，すべて巡回置換 $(1\ \ 2\ \ 3)$ と共役である．

証明　長さ3の巡回置換 $(a\ \ b\ \ c)$ を考える．a, b, c は n 以内の自然数で，互いに異なる．したがって，$\{1, 2, \cdots, n\}$ の順列で，a, b, c が最初の三つになるものがある．それを $a, b, c, a_4, a_5, \cdots, a_n$ としよう．$\sigma=\begin{pmatrix}a & b & c & a_4 & \cdots & a_n\\ 1 & 2 & 3 & 4 & \cdots & n\end{pmatrix}$ とおけば，$\sigma(a\,b\,c)\sigma^{-1}=(\sigma a\ \sigma b\ \sigma c)=(1\ \ 2\ \ 3)$.

この例は，もっと一般化できる．すなわち，n 次対称群 S_n の各元 σ について，60ページの定理2にいうように，互いに共通文字をもたない巡回置換の積に表して，その因子 $\sigma_1, \sigma_2, \cdots, \sigma_s$ の長さを $r_1, r_2, \cdots, r_s$ とする．この $r_1, r_2, \cdots, r_s$ の組を σ の**型**という．型の数の順序を変えただけのものは同じと考える．すると，

定理　n 次対称群 S_n において，二つの元 σ と τ とが共役であるための必要充分条件は，σ と τ とが同じ型をもつことである．

証明　$\sigma=\sigma_1\sigma_2\cdots\sigma_s$, $\tau=\tau_1\tau_2\cdots\tau_t$ がそれぞれの，60ページの定理2にいう形の分解であるとする．(i) 型が同じとき: $s=t$ であり，σ_i の長さと τ_i の長さが同じであるとしてよい．

$\sigma_i=(a_{i1}\ a_{i2}\ \cdots\ a_{i\alpha i})$, $\tau_i=(b_{i1}\ b_{i2}\ \cdots\ b_{i\alpha i})$ $(i=1, \cdots, s)$

$a_{11}, \cdots, a_{1\alpha_1}, a_{21}, \cdots, a_{s\alpha_s}$ にあとをつけたして $\{1, 2, \cdots, n\}$ の順列ができる．

$b_{11}, \cdots, a_{1\alpha_1}, b_{21}, \cdots, b_{s\alpha_s}$ にあとをつけたして $\{1, 2, \cdots, n\}$ の順列ができる．

したがって，a_{ij} を b_{ij} $(i=1, \cdots, s; j=1, \cdots, \alpha_i)$ にうつす S_n の元 φ がある．$\varphi\sigma\varphi^{-1}=\tau$.

(ii) 共役のとき: $\tau=\varphi\sigma\varphi^{-1}$ となる $\varphi\in S_n$ がある．$\varphi\sigma\varphi^{-1}=(\varphi\sigma_1\varphi^{-1})(\varphi\sigma_2\varphi^{-1})\cdots(\varphi\sigma_s\varphi^{-1})$ で，各 $\varphi\sigma_i\varphi^{-1}$ は σ_i の a_{ij} を φ で写したものであるから，$\varphi\sigma_1\varphi^{-1}, \varphi\sigma_2\varphi^{-1}, \cdots, \varphi\sigma_s\varphi^{-1}$ のどの二つにも共通な文字はなく，それぞれの長さは $\alpha_1, \alpha_2, \cdots, \alpha_s$ ゆえに共役なら型が同じ.

類題　解答は141ページ

3.1.　6次対称群 S_6 において，次の元の型をしらべよ．

(i)　$(1\ \ 2\ \ 3\ \ 4)(3\ \ 4\ \ 5\ \ 6)$　　　(ii)　$(1\ \ 2\ \ 3)(3\ \ 4\ \ 5\ \ 6)$

9.4 対称式と交代式

n 変数 $X_1, X_2, \cdots, X_n$ の多項式 $f(X_1, X_2, \cdots, X_n)$ が**対称式**(ていねいには，$X_1, X_2, \cdots, X_n$ の対称式)である，というのは，$X_1, X_2, \cdots, X_n$ のどんな順列 $X_{\sigma1}, X_{\sigma2}, \cdots, X_{\sigma n}$ についても，$f(X_{\sigma1}, X_{\sigma2}, \cdots, X_{\sigma n})=f(X_1, X_2, \cdots, X_n)$ のときにいう．言いかえれば，$\{1, 2, \cdots, n\}$ の上の対称群 S_n の元 σ に対して，$\sigma f(X_1, \cdots, X_n)=f(X_{\sigma1}, \cdots, X_{\sigma n})$ と定めたとき，すべての $\sigma\in S_n$ に対して，$f=\sigma f$ の成り立つときに，f は対称式というわけである．それに対して，62ページで置換の奇，偶の判定に使った差積 $\prod_{i<j}(X_i-X_j)$ のように，σ が奇置換ならば，$\sigma f=-f\neq f$ となる多項式 f を**交代式**という．($f=0$ は対称式の仲間には入れるが，交代式の仲間には入れないので，上の定義で $\neq f$ が必要になる．) f, g が多項式のとき，$\sigma(fg)=(\sigma f)(\sigma g)$ は容易にわかる．

この定義と，上述の $\sigma(fg)=(\sigma f)(\sigma g)$ さえわかれば，例題4は易しい．すなわち，

解 (1): $\sigma\in S_n$ のとき，$\sigma s_1=\sum X_{\sigma i}=\sum X_i$．一般に，$s_i$ は $X_1, \cdots, X_n$ のうちから，互いに異なる r 個をとる各組合せに対し，その r 個をかけ合せた単項式全部を加えたものであるから，σs_r についても，その性質は変らず，$\sigma s_r=s_r$ になる ($r=1, 2, \cdots, n$)．

(2): $\sigma\in S_n$ に対して，$\sigma f=\pm f$．$\therefore\ \sigma(f^2)=(\sigma f)(\sigma f)=(\pm f)^2=f^2$．

対称式，交代式という言葉は，$X_1, \cdots, X_n$ が変数でなくて，定数であっても使うことがある．すなわち，$a_1, \cdots, a_n$ が数または式で，$f(X_1, \cdots, X_n)$, $g(X_1, \cdots, X_n)$ が $X_1, \cdots, X_n$ の対称式，交代式であるとき，$f(a_1, \cdots, a_n)$, $g(a_1, \cdots, a_n)$ を $a_1, \cdots, a_n$ の**対称式**，**交代式**というのである．しかし，以下では，特に断りのない限り，変数についての対称式，交代式を考えることにする．そのとき，次の2定理がある．

定理1 $g(X_1, X_2, \cdots, X_n)$ が $X_1, X_2, \cdots, X_n$ の交代式であれば，$g(X_1, X_2, \cdots, X_n)$ は差積 $\prod_{i<j}(X_i-X_j)$ と対称式との積である．逆に，差積と0でない対称式との積は交代式である．

定理2 $f(X_1, X_2, \cdots, X_n)$ が $X_1, X_2, \cdots, X_n$ の対称式であれば，$f(X_1, X_2, \cdots, X_n)$ は基本対称式 $s_1, s_2, \cdots, s_n$ の整式の形に表しうる．

定理2の証明は Appindix 3 で述べる．ここでは定理1の証明をしておく．

$g(X_1, X_2, \cdots, X_n)$ が交代式であれば，互換 $\sigma=(1\ 2)$ を考えると，$\sigma g(X_1, X_2, \cdots, X_n)=g(X_2, X_1, X_3, \cdots, X_n)=-g(X_1, X_2, X_3, \cdots, X_n)$ そこで，X_1 に X_2 を代入すると，$g(X_2, X_2, X_3, \cdots, X_n)=-g(X_2, X_2, X_3, \cdots, X_n)$ $\therefore\ g(X_2, X_2, X_3, \cdots, X_n)=0$ ゆえに，因数定理により，$g(X_1, X_2, \cdots, X_n)$ は X_1-X_2 でわりきれる．同様にして，X_i-X_j $(i<j)$ のどれでも割り切れる．異なる X_i-X_j は互いに素だから，$g(X_1, X_2, \cdots, X_n)$ は差積 $D=\prod_{i<j}(X_i-X_j)$ でわりきれる．商を $h(X_1, \cdots, X_n)$ とすれば，互換 τ に対して，$-g=\tau g=\tau(Dh)=(\tau D)(\tau h)=-D(\tau h)$．$\therefore\ D(\tau h)=g=Dh$．$\therefore\ h=\tau h$．$S_n$ の元は互換の積で書けるから，h は対称式である．逆に，h が対称式 $(\neq 0)$，$g=Dh$ であれば，互換 τ に対して，$\tau g=\tau(Dh)=(\tau D)(\tau h)=-Dh=-g$ ゆえに g は交代式．

類題 解答は141ページ

4.1. n 次方程式 $a_0X^n+a_1X^{n-1}+\cdots+a_{n-1}X+a_n$ $(a_0\neq 0)$ の根 $\alpha_1, \alpha_2, \cdots, \alpha_n$ の基本対称式 $s_1(\alpha_1, \cdots, \alpha_n)$, $s_2(\alpha_1, \cdots, \alpha_n)$ $\cdots$, $s_n(\alpha_1, \cdots, \alpha_n)$ の値を，$a_0, a_1, \cdots, a_n$ を用いて表せ．

4.2. 次の多項式を，x, y, z の基本対称式 s_1, s_2, s_3 の整式の形に表せ．

(i) $x^2y+y^2z+z^2x+xy^2+yz^2+zx^2$ (ii) $x^3+y^3+z^3$

9.5　右剰余類と左剰余類の関係

群 G の部分群 H が正規部分群であれば，H を法とする剰余類について，右，左の区別は不要であるが，正規部分群でないときには，$gH \neq Hg$ であるような $g\,(\in G)$ が存在する．すなわち，右剰余類と左剰余類との区別が必要である．しかしながら，例題5にいうように一対一対応はある．この対応は $Hg \to gH$ としたのではよくない．それは，$Hg = Hg'$ となる g' は Hg の元どれでもよいから，hg としてみると，$gH = hgH$ がいつも成り立つのでない限り，$Hg \to gH$ は写像として定まらない．($Hg = Hhg$ ゆえ，gH を対応さすべきでもあり，hgH を対応さすべきでもあることになって写像にならない．) $gH = hgH$ がすべての $h\,(\in H)$ について成り立つならば，$hg \in gH$ $\therefore$ $Hg \subseteq gH$ $\therefore$ $g^{-1}Hg \subseteq H$ となるので，この最後の関係式がみたされない g については，写像が決まらないのである．では，例題5はどうするか？　それには，逆元をとると順序が逆になること $[(xy)^{-1} = y^{-1}x^{-1}]$ を利用するのである．

例題5の解　$H^{-1} = \{h^{-1} | h \in H\} = H$ ゆえ，$(Hg)^{-1} = g^{-1}H$．そこで，Hg に対して $g^{-1}H$ を対応させれば，これは写像になる．左剰余類 kH に対し，$(kH)^{-1} = Hk^{-1}$ を対応させれば，これは最初の写像の逆写像になる．したがって，$Hg \to g^{-1}H$ は，左剰余類全体への写像であり，一対一対応を与える．

[補足]　G が有限群の場合は，すでに48ページですませているが，その場合には Hg の元数，gH の元数がいずれも H の元数に等しいことを使った．有限群でない場合は，そのような計算はできないが，上のように逆元の考えを使って簡単に証明できるのである．

類　題　　　　解答は142ページ

5.1.　次の各組について $[G:H]$ を求めよ．

(i)　G は3次対称群，H は巡回置換 $\sigma = (1\ 2\ 3)$ で生成された $\langle\sigma\rangle$

(ii)　G は4次対称群，H は $\sigma = (1\ 2)(3\ 4)$，$\tau = (1\ 3)(2\ 4)$ で生成された部分群

(iii)　G は整数のなす加法群，H は一つの自然数 n で生成された部分加法群

5.2.　$X_1, X_2, \cdots, X_n$ の多項式 $f(X_1, X_2, \cdots, X_n)$ に対して，n 次対称群 S_n の部分集合

$$H_f = \{\sigma \in S_n \,|\, \sigma f = f\ \ (\text{すなわち，}f(X_{\sigma 1}, X_{\sigma 2}, \cdots, X_{\sigma n}) = f(X_1, X_2, \cdots, X_n))\}$$

を考える．次のことを証明せよ．

(i)　H_f は S_n の部分群である．

(ii)　$\sigma f = \tau f$ $(\sigma, \tau \in S_n)$ の必要充分条件は $\sigma H_f = \tau H_f$

(iii)　$\{\sigma f \,|\, \sigma \in S_n\}$ のうちに，互いに異なる多項式は $[S_n : H_f]$ 個ある．

(iv)　f が対称式であるための必要充分条件は $H_f = S_n$ である．

(v)　f が(対称式)＋(交代式)の形であるための必要充分条件は H_f が n 次交代群 A_n と一致することである．

5.3.　H が群 G の部分群で，$[G:H] = 2$ ならば，H は G の正規部分群であることを証明せよ．

9.6　群の部分群による置換表現

H が群 G の部分群であるとき，H を法とする左剰余類全体 $M=\{xH \mid x\in G\}$ を考えると，G の各元 g に対して，M の上の置換 $\varphi_g: xH \mapsto gxH$ を対応させることができる．[写像 φ_g が定まることは明らか．$yH=\varphi_g(g^{-1}yH)$ ゆえ，$\varphi_g(M)=M$．M が有限なら，これで一対一もわかるが，一対一は M が無限でもいえる：$\varphi_g(xH)=\varphi_g(yH) \Rightarrow gxH=gyH \Rightarrow xH=yH$] この定義からすぐわかるように，$\varphi_h\varphi_g=\varphi_{hg}$ である．したがって，

定理 1　上のようにして得られる置換 φ_g の全体 K は群を作り，$G\ni g \mapsto \varphi_g\in K$ は準同型である．$[G:H]=n<\infty$ であれば，K は n 次対称群の部分群と考えられる．

このような，$g \mapsto \varphi_g$ による準同型 $G \to K$ を，H によるGの**置換表現**という．

さて，この準同型 $\varphi: g \mapsto \varphi_g$ の核 N を調べてみよう．$g\in G$ について，$g\in N \Leftrightarrow$ すべての xH について，$gxH=xH \Leftrightarrow x^{-1}gx\in H$（すべての x）$\Leftrightarrow g\in xHx^{-1}$（すべての x）．ゆえに，$N=\bigcap_{x\in G} xHx^{-1}$．ゆえに$N$は正規部分群であり，$[G:N]=|G/N|=|\varphi G|\leqq n!$

これが例題 6 の解である．

上のような準同型は，右剰余類を使ってもできる．$\varphi_g: Hx \mapsto Hxg^{-1}$ とすれば，φ_g が $M^*=\{Hx|x\in G\}$ の上の置換となり，$g \mapsto \psi_g$ が準同型になるのである．確かめることも容易であるが，前ページで述べたように，$xH \leftrightarrow Hx^{-1}$ が左右の剰余類間の一対一対応を与えることと，右の場合は g^{-1} をかけていることから，本質的に同じ置換が対応することがわかる．

上の定理 1 は，次の定理 2 と密接に関連する．

定理 2　G が $N=\{1, 2, \cdots, n\}$ の上の置換群であるとき，各 $i\in N$ に対して，$H_i=\{\sigma\in G \mid \sigma i=i\}$ とおく．このとき

(i)　$\tau\in G$ により，$\tau i=j$ であれば，$H_j=\tau H_i\tau^{-1}$, $\tau H_i=\{\sigma\in G|\sigma i=j\}$．

(ii)　$\{\sigma 1|\sigma\in G\}=N$ であれば，各 $i\in N$ に対して，$\sigma_i 1=i$ であるような σ_i を一つずつとり，H_1 による G の置換表現 $\varphi: g \mapsto \varphi_g$ をとると，$gi=j \Leftrightarrow \varphi_g(\sigma_i H_1)=\sigma_j H_1$．すなわち，この置換表現で得られる φ_g は g の置換で i を $\sigma_i H_1$ に書きかえたものである．このとき $[G:H_1]=n$．

証明　(i)　$\tau H_i\tau^{-1}$ の元は $\tau\sigma\tau^{-1}\,(\sigma\in H)$ の形．これによる j の像は $(\tau\sigma\tau^{-1})j=(\tau\sigma)i=\tau i=j$．$\therefore\ H_j\supseteq\tau H_i\tau^{-1}$．$\tau^{-1}(j)=i$ ゆえ，同様に，$H_i\supseteq\tau^{-1}H_j\tau$　$\therefore\ \tau H_i\tau^{-1}\supseteq H_j$　$\therefore\ H_j=\tau H\tau^{-1}$．$\tau H_i$ の元が i を j にうつすことは明らか．$\sigma i=j$ ならば，$\tau^{-1}\sigma$ は i を i にうつすから，$\tau^{-1}\sigma\in H_i$　$\therefore\ \sigma\in\tau H_i$．

(ii)　$gi=j \Leftrightarrow (g\sigma_i)1=j \Leftrightarrow g\sigma_i\in\sigma_j H_1$．$H_1$ を法とする左剰余類は $\sigma_1 H_1, \cdots, \sigma_n H_1$．

類　題　解答は142ページ

6.1.　G が $N=\{1, 2, \cdots, n\}$ の上の置換群であるとき，$M=\{\sigma 1 \mid \sigma\in G\}$ とおき，G の各元 g に対して，g がひきおこす M の上の置換を φ_g とする．(すなわち，g の置換で，M に入っていない文字の置換を無視したものが φ_g)．φ: $g \mapsto \varphi_g$ は準同型であり，$\varphi(G)$は定理 2 の記号での H_1 による G の置換表現で得られる群と同型であることを示せ．また，$[G:H_1]$ は M の元数に等しいことを示せ．

6.2.　正四面体 $ABCD$ を考える．これを回転して，立体自身がもとの位置にきたとき，頂点の置換がおこる．このような頂点の置換全体のなす群の位数を求めよ．

EXERCISES

（解答は142ページ）

1 次の置換を，それぞれ，互いに共通文字をもたない巡回置換の積に表し，置換の奇偶を判定せよ．また，位数を求めよ．

(i) $\begin{pmatrix} 1 & 2 & 3 & 4 & 5 & 6 & 7 \\ 3 & 4 & 2 & 7 & 1 & 5 & 6 \end{pmatrix}$ (ii) $\begin{pmatrix} 1 & 2 & 3 & 4 & 5 & 6 & 7 \\ 4 & 3 & 7 & 6 & 2 & 1 & 5 \end{pmatrix}$

(iii) $(1\ 2\ 3)(4\ 2)(1\ 5)$ (iv) $(1\ 3\ 2)(1\ 4\ 5)(5\ 6\ 7)$

(v) $(1\ 2)(3\ 4\ 5)(1\ 3\ 5\ 6)(2\ 4\ 7)(5\ 4\ 3)(1\ 2)$

2 x, y, z についての次の対称式を，基本対称式 $s_1=x+y+z$, $s_2=xy+yz+zx$, $s_3=xyz$ の整式の形に表せ．

(i) $x^2+y^2+z^2$ (ii) $x^3y+y^3z+z^3x+xy^3+yz^3+zx^3$ (iii) $x^4+y^4+z^4$

3 4次対称群 S_4 の部分群 $H=<\sigma, \tau, \sigma\tau, 1>$，ただし，$\sigma=(1\ 2)(3\ 4)$, $\tau=(1\ 3)(2\ 4)$，について，(i) H は S_4 の正規部分群であることを証明し，(ii) H の自己同型群 Aut H を求めよ．

また，(iii) Aut H の元が S_4 の内部自己同型で得られるかどうか調べよ．

4 G と H とが互いに同型な群であるものとする．G から H への同型写像 σ と，H の自己同型群 Aut H とを考える．G から H への同型写像全体は $\{\tau\sigma | \tau \in \mathrm{Aut}\, H\}$ であることを示せ．

5 群 G の自己同型群 Aut G の中で，G の内部自己同型全体は正規部分群をなすことを証明せよ．

Advice

1 (v) $(1\ 2)(3\ 4\ 5)$ の逆元は $(5\ 4\ 3)(1\ 2)$ であることを利用するのがよい．

2 (ii) (i)の結果に s_2 をかけたものを考えるのが一法．64ページの類題4.2の(i)の結果に s_1 をかけるのも一つの方法であるが，前者の方が簡単．

(iii) 64ページの類題4.2の(ii)の結果に s_1 をかけたものを考え，それに(ii)の結果を使うのがよい．

3 (i) S_4 の中で，型が(2, 2)のものは，$\sigma, \tau, \sigma\tau$ であることを利用．

(ii) $\{\sigma, \tau, \sigma\tau\}$ の上の置換と，H の自己同型とが一対一対応する．

(iii) (ii)の結果を利用すれば，全部 S_4 の内部自己同型で得られることがわかる．

4 σ, η が G から H への同型であれば，$\eta\sigma^{-1}$ は H の自己同型であることを示して，それを利用せよ．

5 $\sigma \in \mathrm{Aut}\, G$, $\varphi_g: x \to gxg^{-1}$ $(g, x \in G)$ とすると，$\sigma\varphi_g\sigma^{-1}=\varphi_{\sigma g}$ であることを示せ．

10 可　換　環

整数，有理数，多項式など，それぞれ可換環を作る．このように，可換環は，手近かな対象であり，その故に大切でもある．

1 **(ユークリッド環)**　環 $\mathbf{Z}[\sqrt{-1}]=\{a+b\sqrt{-1}\,|\,a, b$ は整数$\}$ ($\sqrt{-1}$ は虚数単位 i) において，ユークリッドの互除法が適用されうることを示せ．

2 **(代数的整数)**　K が複素数体の部分体であるとき，K に含まれる代数的整数全体 R は整域であることを示せ．また，K が $\boldsymbol{Q}(\sqrt{-3})=\{a+b\sqrt{-3}\,|\,a, b\in\boldsymbol{Q}\}$ のときの R を求めよ．

3 **(素イデアル)**　体 K の上の3変数の多項式環 $R=K[x, y, z]$ において，次のイデアルはそれぞれ素イデアルであるかどうか判定せよ．

(i)　$(x+1)R$　　(ii)　$xR+yR$　　(iii)　$(xy+z^2)R+(xz+y^2)R$

4 **(商　体)**　体 K の上の3変数の多項式環 $R=K[x, y, z]$ の商体を求めよ．
また，この環 R に $(x^2y^3z^4)^{-1}$ をつけ加えて得られる環を求めよ．

注意　一般に整域 R が体 K の上に $a_1, \cdots, a_n$ で**生成**される (すなわち，K の元を係数とする $a_1, \cdots, a_n$ の整式の形で得られる元全体が R である) とき，R は $K[a_1, \cdots, a_n]$，R の商体は $K(a_1, \cdots, a_n)$ で表される．したがってこの前半は，$K(x, y, z)$ がどんな元の集合かをきいているのである．

5 **(環の上の加群)**　$S=\{a+b\sqrt{8}\,|\,a, b$ は整数$\}$ は環であることを示せ．また，環 $R=\{a+b\sqrt{2}\,|\,a, b$ は整数$\}$ は S 上の加群として二つの元で生成されることを示せ．次に体 K の上の加群が有限生成であれば，必ず一次独立基をもつことを証明せよ．

6 **(体の拡大の次数)**　K, L, M の体で，L が K の，M が L の有限次代数拡大であれば，M は K の有限次代数拡大であって，$[M:K]=[M:L][L:K]$ であることを示せ．

10.1 ユークリッド環

ユークリッドの互除法の原理を考えてみよう．整数のときは絶対値，一変数の多項式のときは次数を考え，互いに割って余りにおきかえると，その絶対値，または次数が下がるので，いつかは操作が終り，0でない余りの最後が最大公約数(最大公約数元)である．したがって，「下る」保証があり，必ず有限回で終るのであれば適用できるのである．そこで，この性質は，次のような函数がある場合に適用できるので，そのような環をユークリッドの互除法にちなんでユークリッド環というのである．

可換環 R において，0以外の元に整数値を対応させる函数 φ で，次の性質をもつものがあるとき，R は**ユークリッド環**であるという．(1) 適当な整数 a をとれば，どんな $x\in R-\{0\}$ に対しても，$\varphi(x)\geqq a$．(これは，$\varphi(R-\{0\})$ に最小値があることと同値である．) (2) $a, b\in R$, $a\neq 0$ であれば，$b=aq+r$ であって，$r=0$ であるかまたは $\varphi(r)<\varphi(a)$ であるような，R の元 r, q が存在する．このとき，R の二つの元に対して，最大公約元が必ずあり，それがユークリッドの互除法の適用により求められるのである．

整数全体のなす環 $\mathbf{Z}$，ある体 K を係数の範囲にしたときの一変数の多項式環はユークリッド環であるが，その他にもユークリッド環の例はいろいろある．例題1は $\mathbf{Z}[\sqrt{-1}]$ がその例であることを示せというもので，それは次のようにして函数の存在がいえるのである．

解　ガウス平面において，原点0を中心とするどんな円をかいても，その中にある $\mathbf{Z}[\sqrt{-1}]$ の元は有限個しかない．したがって，$\mathbf{Z}[-1]-\{0\}$ の元に対して，0からの距離の小さいものから，順次，$1, 2, \cdots$, と値を定めることができる(同じ距離なら同じ値) このようにしてできた函数を φ としよう．$a, b\in\mathbf{Z}[\sqrt{-1}]$, $a\neq 0$ とする．$\alpha=b/a$ はガウス平面の一点を表す．この点 α は，$\mathbf{Z}[\sqrt{-1}]$ の4元を頂点とし，一辺の長さ1の正方形(辺を含む)を適当にとれば，その中に入る．α から，その頂点のうち一番近いものを q とすると，$|\alpha-q|<1$ (正方形の一辺の長さが1だから)．$r=b-aq$ とおくと，$|r|=|a||\alpha-q|<|a|$．ゆえに，$r=0$ であるか，$\varphi(r)<\varphi(a)$

可換環 R において，すべてのイデアルが一つの元で生成される，すなわち，aR $(a\in R)$ の形であるとき，R は**単項イデアル環**であるという．すると次の定理がなりたつ．

定理　ユークリッド環 R は単項イデアル環である．

証明　R のイデアル I を考える．$I=\{0\}$ なら $I=0R$ だからよい．$I\neq\{0\}$ としよう．上で述べた函数 φ をとる．$\{\varphi(x)|x\in I,\ x\neq 0\}$ には最小値がある．この最小値をとるような x $(\in I)$ を一つとり，それを a とする．$b\in I$ ならば，$b=aq+r$, $r=0$ または $\varphi(r)<\varphi(a)$, となる $q, r\in R$ がある．$r=b-aq$, $a, b\in I$ ゆえ，$r\in I$．ゆえに，$\varphi(a)$の最小性により，$r=0$．$\therefore\ I\subseteq aR$．$a\in I$ ゆえ，$aR\subseteq I$．$\therefore\ I=aR$．

類　題 解答は143ページ

1.1.　1の虚立方根を ω とするとき，$R=\{a+b\omega\,|\,a, b\in\mathbf{Z}\}$ はユークリッド環であることを証明せよ．

1.2.　$\mathbf{Z}[\sqrt{-1}]$ における次の各組の2元の最大公約数，最小公倍数を求めよ．

(i) $4-2\sqrt{-1}$，$2-4\sqrt{-1}$　　(ii) $3+\sqrt{-1}$，$7+4\sqrt{-1}$

1.3.　R がユークリッド環で，$a_1, a_2, \cdots, a_n\in R$ のとき，$a_1, a_2, \cdots, a_n$ の最大公約元 d をとれば $a_1, a_2, \cdots, a_n$ で生成されたイデアル $a_1R+a_2R+\cdots+a_nR$ は dR と一致することを示せ．

10.2 代数的整数

フェルマーの問題というのがある．それはフェルマー(16世紀の人で，本職の数学者ではなく，アマチュア数学者というべきかも知れないが，数学上の業績は多い．)が読んだ本の欄外に「私は $x^n+y^n=z^n$ の，$xyz\neq 0$ であるような整数解は，$n\geqq 3$ ならば存在しないことを証明したが，ここにはその証明を書くスペースがない」という趣旨のことを書き残したのであるが，その証明は，いまだに誰にもできないので，[注1] これを**フェルマーの問題**というのである．（フェルマーは本職の数学者でなかったので，著書は全然なく，知られている業績は，友人への手紙にかかれたものと，蔵書の欄外に書き込まれたものだけである．）$n=4$ のときはオイラーによって証明されたが，その結果，n が奇素数のときを証明すればよいことになった(理由は各自考えよ)．n が奇素数のときについて，現在までに，非常に大きい素数の範囲まで「この奇素数についてはよい」ということが証明されているが，それらの証明には，普通の整数でなく，以下に述べる「代数的整数」の理論を利用している．したがって，代数的整数は，普通の整数を理解するためにも大切なものであるといえる．以下，普通の整数と代数的整数との区別をはっきりさせるため，普通の整数を**有理整数**とよぶことにする．

複素数 α が**代数的整数**であるとは，適当な自然数 n と，有理整数 $c_1, c_2, \cdots, c_n$ とをとれば，$\alpha^n+c_1\alpha^{n-1}+c_2\alpha^{n-2}+\cdots+c_{n-1}\alpha+c_n=0$ という関係が成り立つときにいう．例えば，$\sqrt{2}$，$\sqrt[3]{5}$ は，それぞれ ($n=2,\ c_1=0,\ c_2=-2;\ n=3,\ c_1=c_2=0,\ c_3=-5$) のときである．

複素数 α が**代数的数**であるとは，上で，$c_1, \cdots, c_n$ を有理整数の代りに，有理数に弱めた条件にしたときにいう．$c_1, \cdots, c_n$ の共通分母を両辺にかければ，有理整数 $d_0, d_1, \cdots, d_n$ によって，$d_0\alpha^n+d_1\alpha^{n-1}+\cdots+d_n=0$ の形の関係が得られる．すると 40 ページの類題4.4によって，$d_0\alpha$ は代数的整数になる．代数的数でない複素数が超越数である (16ページ参照)．

$\alpha_1, \alpha_2, \cdots, \alpha_n$ が代数的数であるとき，これらから出発して，四則演算でえられる数全体は，これらを含む体のうち最小のものである．これを $\alpha_1, \alpha_2, \cdots, \alpha_n$ で生成された**代数数体**，または**代数体**といい，$\boldsymbol{Q}(\alpha_1, \alpha_2, \cdots, \alpha_n)$ で表す(この体は有理数体 $\boldsymbol{Q}$ を含むことに注意)．また，75ページで示すように，この体は $\boldsymbol{Q}$ 上の有限次元のベクトル空間と考えられるので，**有限次代数体**ともいう．それに対し，代数体は，もっと一般に，複素数体の部分体で，代数的数ばかりからなるものを含めて意味することがある．

整域というのは，可換環であって(書物によっては非可換の場合を含めているが，本書では可換の場合に限定する)，零因子が(0以外に)ないときにいう．体は整域であり，整域の部分環は整域であることは，定義から明白であろう．したがって，例題2の前半は，R が環になることの証明が主要部分である．R が環になることに関しては，次のように「整」という概念を，一般に定義した方が，カラクリがよくわかる．

環 S が環 R の部分環で，単位元は共通であるものとする．R の元 a が S の上に**整**であるとは，適当な自然数 n と，S の元 $c_1, c_2, \cdots, c_n$ をとれば，$a^n+c_1a^{n-1}+c_2a^{n-2}+\cdots+c_n=0$ となるときにいう．R の元がすべて S 上整であれば，R は S の上に**整**であるという．

定理 1　R の元 a が S の上に整であるための必要充分条件は，R と S との中間の環 $T(=R$ でもよい)であって，$a\in T$ かつ，有限個の元 $b_1, \cdots, b_m$ により $T=Sb_1+Sb_2+\cdots+Sb_m$ と表せるものが存在することである．

証明　a が S 上整ならば，$a^n+c_1a^{n-1}+\cdots+c_n=0$ $(c_i\in S)$ という関係がある．すると，S と a とで生成された環 $S[a]$ は $S+Sa+Sa^2+\cdots+Sa^{n-1}$ と一致する．(a^n が $1, a, \cdots, a^{n-1}$ の一次結合

注1
これは1995年 数学者アンドリュー・ワイルズにより証明された．

でかけるから，a^{n+1} は $a, \cdots, a^n$ の，したがって，$1, a, \cdots, a^{n-1}$ の一次結合でかける．以下同様に，すべての a^m が $1, a, \cdots, a^{n-1}$ の一次結合でかけ，S の元を係数にして，a の多項式で表せる元は，$S+Sa+\cdots+Sa^{n-1}$ に含まれるからである）．ゆえに必要条件であることがいえた．逆に，Tがあったとしよう．$ab_i \in T$ ゆえ，$ab_i=\sum_{j=1}^{m} s_{ij}b_j\ (s_{ij}\in S)$ という関係がある．これを移項して，$b_1, \cdots, b_m$ についての連立一次方程式と考える．

$$\begin{cases} (a-s_{11})b_1+(-s_{12})b_2+\cdots+(-s_{1m})b_m=0 \\ \cdots\cdots\cdots\cdots \\ (-s_{i1})b_1+\cdots+(-s_{i,i-1})b_{i-1}+(a-s_{ii})b_i+(-s_{i,i+1})b_{i+1}+\cdots+(-s_{im})b_m=0 \\ \cdots\cdots\cdots\cdots \\ (-s_{m1})b_1+(-s_{m2})b_2+\cdots+(-s_{m,m-1})b_{m-1}+(a-s_{mm})b_m=0 \end{cases}$$

連立一次方程式のクラーメルの解法で，割り算をやめれば，環の場合も同じにできる．この場合，定数項は全部0だから，（係数の行列の行列式）$\times b_i=0\ (i=1, \cdots, m)$ という関係になる．（上の式を行列で表して，左から係数の行列の余因子行列をかけてもよい．）すなわち，この係数の行列の行列式 D と，b_i の一次結合との積は全部0．$1\in T$ ゆえ，$D=0$．D を展開すると，$a^m+c_1a^{m-1}+\cdots+c_m\ (c_i\in S)$ の形になり，これが$=0$ なのだから，a は S 上整である．

定理 2 R, S が上と同様のとき，R の元で S 上整なもの全体 $\bar{S}$ は S を含む環になる．これを，R の中での S の**整閉包**という．

証明 $s\in S$ なら，$X-s=0$ の解ゆえ，$S\subseteq\bar{S}$．$\alpha, \beta\in\bar{S}$ とする．$S[\alpha]=S+S\alpha+\cdots+S\alpha^{n-1}$，$S[\beta]=S+S\beta+\cdots+S^{m-1}$ となる n, m がある．$S[\alpha, \beta]$ を考えると，この中の元はすべて，$\alpha^i\beta^j\ (0\leqq i<n,\ 0\leqq j<m)$ の一次結合（係数は S の元）で表せるから，$S[\alpha, \beta]$ は定理1の T の条件をみたす．$\alpha\pm\beta\in T$, $\alpha\beta\in T$ ゆえ，$\alpha\pm\beta$, $\alpha\beta$ は S 上整である．ゆえに，$\alpha\pm\beta$, $\alpha\beta\in\bar{S}$．ゆえに，$\bar{S}$ は環である．

例題2の後半：a, b が整数ならば，$a+b\sqrt{-3}$ は R の元であることは上の定理でわかるが，R の元はこの形のものだけではない．1の虚立方根 $\omega=(-1+\sqrt{-3})/2$ は $\omega^3=1$ ゆえ，R の元である．実は，$R=\{a+b\omega\,|\,a, b\in \boldsymbol{Z}\}$ なのである．

証明 a, b が有理整数ならば，$a+b\omega\in R$ は上の定理2による．逆に，$\alpha\in R$ としよう．$\alpha=s+t\sqrt{-3}\ \ (s, t\in\boldsymbol{Q})$ とかける．$\alpha^2+c\alpha+d=0$ となる有理整数 c, d がある．

(i) $t=0$ のとき：s は X^2+cX+d の根．ゆえに分母は1の有理数(39ページ)．$\therefore s\in\boldsymbol{Z}$．

(ii) $s=0, t\neq0$ のとき：$\pm t\sqrt{-3}$ が X^2+cX+d の根．$c=0$，$d=3t^2$．t を既約分数 m/n と表してみれば，$dn^2=3m^2$．n が3でわれれば，m も3でわれることになり，既約性に反する．ゆえに，$n=\pm1$, $t\in\boldsymbol{Z}$．$\alpha=t+2t\omega$．

(iii) $s\neq0$, $t\neq0$ のとき：$s\pm t\sqrt{-3}$ が X^2+cX+d の根．$\therefore 2s=-c$．$\beta=\alpha-c\omega$ とおくと，$\beta\in R$, $\beta=(t+s)\sqrt{-3}$．(ii)により，$t+s\in\boldsymbol{Z}$．$\beta=(t+s)+2(t+s)\omega$．$\alpha=\beta+c\omega=(t+s)+(2(t+s))+c)\omega$. $t+s$, $c\in\boldsymbol{Z}$ ゆえ，逆がいえた．

類 題 解答は143ページ

2.1. $\boldsymbol{Q}(\sqrt{3})=\{a+b\sqrt{3}\,|\,a, b\in\boldsymbol{Q}\}$ に含まれる代数的整数全体のなす環 R を求めよ．$\boldsymbol{Q}(\sqrt{5})$ ならばどうか．

2.2. $\boldsymbol{Q}(\sqrt{d})$ ($d\in\boldsymbol{Z}$, d には平方因数なし）のとき，$\boldsymbol{Q}(\sqrt{d})$ に含まれる代数的整数全体のなす環 R は，(i) $d\not\equiv1 \pmod 4$ ならば，$S=\{a+b\sqrt{d}\,|\,a, b\in\boldsymbol{Z}\}$ と一致し，(ii) $d\equiv1 \pmod 4$ ならば，$\theta=(1+\sqrt{d})/2$ による $T=\{a+b\theta\,|\,a, b\in\boldsymbol{Z}\}$ と一致することを証明せよ．

10.3 素イデアル

可換環 R のイデアル P が**素イデアル**であるとは，R/P が整域であるときにいう．いいかえれば，① $P\neq R$, ② $a, b\in R$, $ab\in P$ ならば $a\in P$ または $b\in P$ の成り立つときである．

58ページで極大イデアルの定義を述べたが，極大イデアルは素イデアルである．[証明: M が可換環 R の極大イデアルであれば，定義により $M\neq R$. $a, b\in R$, $a\notin M$, $b\notin M$ とすると，$M+aR$, $M+bR$ は M より本当に大きいイデアルであるから，定義により，R と一致する．ゆえに $1\in(M+aR)(M+bR)\subseteq M(M+bR)+(M+aR)M+abR\subseteq M+abR$. ゆえに $ab\notin M$].

有限次代数体 K の代数的整数全体のなす環 (K の**整数環**とよぶ) R においては，必ずしも素因数分解の一意性は成り立たないのであるが，素イデアルの積への分解の一意性が成り立つ．(ただし，二つのイデアル I, J の積は $\{ij \mid i\in I, j\in J\}$ ではなく，この積の集合の元を有限個加えて得られるもの全部の集合である)．これは代数体の整数環の大切な性質であるが本書では深入りしない．もっと一般な環でも素イデアルは大切な概念である．

例題3の解: (i) $x+1$ は明らかに既約多項式．R では素元分解の一意性が成り立つから，これは素イデアル．次のようにしてもよい．$R/(x+1)R$ ということは，変数 x, y, z に，$x+1=0$ という関係を入れるだけを意味する．(R から $k[y, z]$ への準同型 $\varphi: f(x, y, z)\to f(-1, y, z)$ を考えると，φ の核は $(x+1)R$ であり $R/(x+1)R\simeq K[y, z]$. これは整域ゆえ，$(x+1)R$ は素イデアル．(ii) $R/(xR+yR)$ を(i)の後半と同様に考えると，$R/(xR+yR)\simeq K[z]$. これは整域であるから，$xR+yR$ は素イデアル．

(iii) $I=(xy+z^2)R+(xz+y^2)R$ とおく．$I\ni xy+z^2-(xz+y^2)=x(y-z)+z^2-y^2=(z-y)(-x+y+z)$. I に属する多項式は，2次以上の項ばかりからなるから，$z-y\notin I$, $-x+y+z\notin I$. ゆえに I は素イデアルではない．

[蛇足] (iii)における生成元 $xy+z^2$, $xy+y^2$ はいずれも既約元であり，したがって，$(xy+z^2)R$, $(xz+y^2)R$ は，いずれも素イデアルである．体の上の多項式環においても，一つの既約多項式で生成したイデアルは素イデアルであるが，二つの既約多項式で生成した場合は素イデアルであるとは限らないのである．

類題 解答は144ページ

3.1. 有理整数環 $\mathbf{Z}$ の上の多項式環 $R=\mathbf{Z}[X_1, X_2, \cdots, X_n]$ において，素数 p で生成されたイデアル pR は素イデアルであることを示せ．また，$pR+X_1R$ は素イデアルであって，一つの元では生成されない (fR の形にはならない) ことを示せ．

3.2. (i) 環 R から環 S の上への準同型 φ ($\varphi(R)=S$) があるとき，φ の核 I を含む R の ① 部分環，② 右イデアル，③ 左イデアル，④ 両側イデアルと，$\varphi(R)$のそれぞれとの一対一対応で，$T\leftrightarrow T'$ は $T'=\varphi(T)$, $T=\varphi^{-1}(T)$, となるものが得られることを，55ページの群の場合の真似をして示せ．

(ii) (i)を利用して，可換環 R のイデアル I について，「R/I が体」$\Leftrightarrow$「I が極大イデアル」を証明せよ．

10.4 商　　体

後に示すように，どんな整域も体の部分環にすることができ，そのような体のうち，最小のものが(同型の意味で)決まる．それがその整域の**商体**である．その一般的構成法の前に，例題4を解こう．

(前半)　K に係数をもつ，x, y, z についての有理函数 $f(x, y, z)/g(x, y, z)$ $(f, g \in R, g \neq 0)$ 全体を L としよう．L は通常の演算で体になる．(各自たしかめよ．) 分母が1のときは R の元ゆえ，$R \subseteq L$ であり，R を含む体は，$f, g \in R$, $g \neq 0$ なら f/g を含まなくてはならないから，L は R を含む最小の体である．すなわち，L は R の商体である．

(後半)　求める環を T で表そう．$(xy^3z^4)(x^2y^3z^4)^{-1}=x^{-1}$, $(x^2y^2z^4)(x^2y^3z^4)^{-1}=y^{-1}$, $(x^2y^3z^3)\times(x^2y^3z^4)^{-1}=z^{-1}$ ゆえ，T は x^{-1}, y^{-1}, z^{-1} を含む．ゆえに，T は $f(x, y, z)/x^ay^bz^c$ ($f \in R$; a, b, c は負でない整数)の形の元をすべて含む．次に，この形の元全体を T' とすると，T' は環になり(各自たしかめよ)，$f=1$, $a=2$, $b=3$, $c=4$ の場合として，$(x^2y^3z^4)^{-1}$ を含む．ゆえに，$T=T'$ すなわち，求める環は $\{f/x^ay^bz^c | f \in R;\ a, b, c$ は負でない整数$\}$ である．

[商体の存在]　整域 R に対して，その商体の存在を示そう．まず，形式的に分数形 f/g $(f, g \in R, g \neq 0)$ を考える．そして，$f/g=h/k$ とは，分母を払ったとき等しい，すなわち，$fk=gh$, のときと定める．これで，うまく等しいことが定義されることを確かめる必要がある($a=b$, $b=c$ なのに $a \neq c$ がおこっては困るのである；一般に「$=$」は，① $a=a$, ② $a=b \Rightarrow b=a$, ③ $a=b$, $b=c \Rightarrow a=c$ の三つがいつもいえればよいのである)．それは容易にたしかめられるので，計算は略す．次に，加法，乗法を分数式にならって定める．

$\dfrac{f}{g}+\dfrac{h}{k}=\dfrac{fk+gh}{gk}$, $\dfrac{f}{g}\cdot\dfrac{h}{k}=\dfrac{fh}{gk}$ (これも，$\dfrac{f}{g}=\dfrac{f'}{g'}$ のとき，$\dfrac{f}{g}$ の代りに $\dfrac{f'}{g'}$ を使っても結果は等しいということなどをたしかめる必要があるが容易であるので略す)．すると，この分数形全体 K が体になるのである(各自確かめよ．f/g の逆元は g/f)．K は R を含む体で，K の部分体 L が R を含めば，$f, g \in R$, $g \neq 0$ に対して，$fg^{-1}=f/g$ を含まなくてはならないから，$K=L$. K はしたがって R の商体になる．

[一意性]　R を含む体 M があったとする．上で作った K の元 f/g $(f, g \in R)$ に対して，M における fg^{-1} を対応させる写像 φ を考える．$fg^{-1}+hk^{-1}=(fk+gh)g^{-1}k^{-1}$, $(fg^{-1})(hk^{-1})=fh(gk)^{-1}$ ゆえ，φ は準同型である．φ の核は0ゆえ，K と $\varphi(K)$ とは同型．また，φ を R に制限したものは恒等写像ゆえ，M が含む $\varphi(K)$ との同型 φ は，R との関係を考慮した上での自然な同型であるので，K と $\varphi(K)$ とは同じと考えられる．この意味で商体は一つに決まるのである．

類　題 解答は145ページ

4.1.　有理整数環 $\boldsymbol{Z}$ の商体は有理数体 $\boldsymbol{Q}$ であることを確かめよ．

4.2.　体 K 上の上の一変数の多項式環 $K[x]$ の部分環 $K[x^n, x^{n+1}]$ (n は自然数) の商体は $K(x)$ であることを確かめよ．

4.3.　次は，いずれも一変数の多項式環 $K[x]$ の部分環である．商体が $K(x)$ と一致するかどうかを判定せよ．

(i)　$K[x^2]$　　　(ii)　$K[x^2+x,\ x^3-x]$

10.5 環の上の加群

イメージとしては，ベクトル空間を考えるのがよかろう．すなわち，R が環であるとき，M が R **右加群**であるというのは，(1) M は加法に関し可換群をなし，(2) R の元と M の元との乗法が，$r\in R,\ m\in M$ ならば $mr\in M$ という形で定義されていて，次の条件をみたすときにいう：

$$m,\ m'\in M;\ r,\ r'\in R \text{ ならば，} (m+m')r=mr+m'r,\ m(r+r')=mr+mr'$$

$$m(rr')=(mr)r',\ \text{また } m1=m\ (1 \text{ は } R \text{ の単位元})$$

同様に，R の元と M の元をかける順序を逆にして，R **左加群**が定義される．R が可換のとき，R 右加群 M に対して，左からの乗法を $rm=mr$ と定義して，左加群にすることができるので，通常左右の区別はしないで，R **加群**または，R の上の**加群**という．(R が可換でないときには，$mr=rm$ と定めると，右加群のときの $m(rr')=(mr)r'$ と，左加群のときの $(rr')m=r(r'm)$ とにより，うまくいかない．すなわち，$m(rr')=rr'm=r(r'm)=r(mr')=(mr')r$ ($mr'\in M$ ゆえ)$=m(r'r)$ となり，すべての $r,\ r'\in R$ と，すべての $m\in H$ に対して，$m(rr'-r'r)=0$ とならない限り，$rm=mr$ (すべての $r\in R$ とすべての $m\in M$) と定めることはできないのである．) 以下，R が可換のときだけを考えるので，左，右の区別はしない．

R 加群 M に対して，$b_1, b_2, \cdots, b_m$ が M の**生成系**であるとは，当然ながら，$M=\sum_{i=1}^{m} b_iR$ のときにいうが，このように有限個の元からなる生成系のあるとき，**有限生成**であるという．$b_1, b_2, \cdots, b_m$ が M の**一次独立基**であるとは，(i) $b_1, \cdots, b_m$ が M の生成系であり，(ii) $b_1, b_2, \cdots, b_m$ が R 上**一次独立**(すなわち，$\sum_{i=1}^{m} r_ib_i=0$ ($r_i\in R$) は $r_1=r_2=\cdots=r_m=0$ のとき以外にはおこらない) であるときにいう．

例題5の解　$(a+b\sqrt{8})\pm(c+d\sqrt{8})=(a+c)\pm(b+d)\sqrt{8}$，$(a+b\sqrt{8})(c+d\sqrt{8})=(ac+8bd)+(ad+bc)\sqrt{8}$ ゆえ，S は環になる．同様に $R=\{a+b\sqrt{2}\mid a, b \text{ は整数}\}$ も環になり，$S\subset R$．R は S 上有限生成の加群であり，$R=\mathbf{Z}+\sqrt{2}\,\mathbf{Z}$ ($\mathbf{Z}$ は有理整数環)ゆえ，$R=S+\sqrt{2}\,S$ でもあるから，R は S 加群として 1 と $\sqrt{2}$ とで生成される．($\sqrt{8}=2\sqrt{2}$ ゆえ，一次独立ではない．) 次に $M=Ka_1+Ka_2+\cdots+Ka_n$ が K 加群であるとしよう．$a_1, a_2, \cdots, a_n$ の一部(または全部)からなる一次独立基のあることを，n についての数学的帰納法で証明しよう．$N=Ka_1+\cdots+Ka_{n-1}$ に帰納法の仮定を適用して，N の一次独立基 $b_1, \cdots, b_s$ ($\in\{a_1, a_2, \cdots, a_{n-1}\}$) がとれる．したがって，$s\leqq n-1$, $M=Kb_1+\cdots+Kb_s+Ka_n$ において，$b_1, b_2, \cdots, b_s, a_n$ が一次独立なら，それが一次独立基になるからよい．そうでないとすると，$k_i\in K$ により $k_1b_1+k_2b_2+\cdots+k_sb_s+k_0a_n=0$ ($(k_0, k_1, \cdots, k_s)\neq(0, 0, \cdots, 0)$)．$k_0=0$ とすると，$b_1, \cdots, b_s$ が一次独立ということに反する．ゆえに $k_0\neq0$．$\therefore\ a_n=-\sum k_0^{-1}k_ib_i\in N$ ゆえ，$b_1, \cdots, b_s$ が M の一次独立基である．

類　題　解答は145ページ

5.1.　可換環 R, S について，$S\subseteq R$，かつ S と R とが単位元を共有すれば，R は S の上の加群になっていることを確かめよ．

5.2.　整域 S と，その商体 K とを考える．S 加群 M ($\neq\{0\}$) が K に含まれる場合，S 加群として一次独立基をもてば，一次独立基は1個の元から成ることを示せ．

次に，そのようになっている具体例で，$S\subsetneqq M$ となっているものを1組あげよ．

10.6 体の拡大の次数

前ページで見たように，K が体 L の部分体であるとき，L は K の上の加群にもなっている(類題5.1)．もし L が加群として有限生成であれば，有限個の元 $b_1, \cdots, b_n$ から成る一次独立基をもつ(例題5)．この一次独立基の元数 n は，線型代数でよく知られているように，L によって定まる．この n を L の(K 上の)**拡大次数**または単に**次数**という．有限生成でないときは，拡大次数は無限であると定める．拡大次数は $[L:K]$ で表すことにする．$[L:K]$ は L を K 上のベクトル空間とみなすときの次元であることに注意せよ．

例題6の解　$L=Ka_1+Ka_2+\cdots+Ka_n\ (n=[L:K])$, $M=Lb_1+Lb_2+\cdots+Lb_m\ (m=[M:L])$ とする．$\{a_ib_j \mid i=1, 2, \cdots, n;\ j=1, 2, \cdots, m\}$ 全体が M の K 上の一次独立基であることを示せばよい．(i) M の元 m は $\sum_j l_jb_j\ (l_j \in L)$ と表せる．各 l_j は $\sum k_{ij}a_i\ (k_{ij} \in K)$ と表せるから，$m=\sum k_{ij}a_ib_j$ と表せる．$\therefore\ M=\sum Ka_ib_j$. (ii) $k_{ij} \in K$, $\sum k_{ij}a_ib_j=0$ とする．$\sum_i k_{ij}a_i=l_j$ とおくと $\sum l_jb_j=0$. $b_1, \cdots, b_m$ は L 上一次独立ゆえ，$l_j=0$，すなわち，$\sum_i k_{ij}a_i=0\ (j=1, 2, \cdots, m)$. $a_1, \cdots, a_n$ は K 上一次独立ゆえ，$k_{ij}=0\ (i=1, \cdots, n;\ j=1, \cdots, m)$. ゆえに a_ib_j 全体が M の K 上の一次独立基であり，$[M:K]=[M:L][L:K]$.

ここで，体 K に一つの元をつけて得られる体 $K(a)$ の，K 上の次数についてふれておこう．

体 L が体 K を含むものとする．L の元 a が K 上整(70ページ参照)であるとき，習慣上，a は K 上**代数的**であるという．このとき，$X^n+c_1X^{n-1}+\cdots+c_n$ の形の多項式(すなわち，係数 $\in K$，かつ最高次の係数は1)で，a を根にもつもののうち，次数が最小のものを，a の K 上の**最小多項式**という．その多項式の次数を a の**次数**という．a が K 上代数的でないとき，a は K 上**超越的**であるという．

定理　上の状況の下で，(1) a が K 上代数的であれば，$[K(a):K]$ は a の次数に等しい．(2) a が K 上超越的であれば，$K(a)$ は1変数の有理函数体 $K(x)$ と同型である．

証明　(1) 準同型 $\varphi: K[x] \to K[a]$ を，$f(x) \to f(a)$ によって定める．その核 P は a の最小多項式 $f(x)$ を含む．$f(x)=g(x)h(x)$ と分解すれば，$0=g(a)h(a)$ となるから，$g(a)$, $h(a)$ の一方が0になり，最小性により $f(x)$ は既約．ゆえに $f(x)K[x]$ は極大イデアル(58ページ，Exercise 2)であり，$\varphi(K[x]) \simeq K[x]/f(x)K[x]$ は体である(72ページ類題3.2)．ゆえに $K[x]/f(x)K[x] \simeq K[a]=K(a)$. $f(x)$ の次数が n であれば，$1, a, a^2, \cdots, a^{n-1}$ は一次独立ゆえ，$[K(a):K]=n=(a$ の次数$)$.
(2) 上のような φ の核は $\{0\}$. ゆえに $K[x] \simeq K[a]$. ゆえに，商体も同型．

類題 解答は145ページ

6.1. 体 K の拡大体 L が二つの元 a, b で生成され $(L=K(a, b))$, a, b ともに K 上代数的であれば，L の元はすべて K 上代数的であり，$[L:K] \leqq [K(a):K][K(b):K]$ であることを示せ．

6.2. 体 L が体 K の n 次の拡大体(すなわち，$[L:K]=n<\infty$)で，L が K 上 n 次の元 α を含めば，$L=K(\alpha)$ であることを示せ．

6.3. $f(x)$ が体 K 上の n 次の既約多項式(1変数)，L が体 K の m 次の拡大体で，n と m とが互いに素ならば $f(x)$ は L 上の多項式としても既約であることを示せ．

EXERCISES

（解答は145ページ）

1 $\boldsymbol{Z}[\sqrt{-2}]=\{a+b\sqrt{-2}\mid a, b$ は有理整数$\}$ はユークリッド環であることを示せ．

2 $\boldsymbol{Z}[\sqrt{-5}]$ は $\boldsymbol{Q}(\sqrt{-5})$ の整数環であることをたしかめよ．次にこの環においては，

$$(1-\sqrt{-5})(1+\sqrt{-5})=2\times 3$$

でありながら，$1-\sqrt{-5}, 1+\sqrt{-5}$ は2，3のいずれによってもわりきれず，また2，3はこの環の，単元でない二つの元の積には分解しないことをたしかめよ．（素因数分解の一意性がこの環では成り立たないことを示すことになる．）

またこの環 $R=\boldsymbol{Z}[\sqrt{-5}]$ において，2を含む素イデアルは，$P=(1-\sqrt{-5})R+2R$ だけであることを示せ．さらに，$P^2=2R$ をたしかめよ．

3 複素数体の部分体で，$\boldsymbol{Q}(\sqrt[3]{5})$ と同型な体をすべて求めよ．また $\boldsymbol{Q}(\sqrt[4]{2})$ と同型な体もすべて求めよ．

4 L は体 K の4次拡大体であるものとする．$f(x)$ が K 上の $2m$ 次（m は奇数）の既約多項式（1変数）であるとき，$f(x)$ を L 上の多項式と考えたときは，既約であるか，または二つの既約な m 次式の積に分解することを示せ．

5 素数 p による体 $K=\boldsymbol{Z}/p\boldsymbol{Z}$ と，その e 次の代数拡大体 L とを考える．

(i) K の元数は p であり，L の元数は p^e であることを示せ．

(ii) Lの0でない元αをとれば，$q=p^e-1$ に対して，$\alpha^q=1$ であることを示せ．

Advice

1 $\boldsymbol{Z}[\sqrt{-1}]$ の場合（69ページ）のまねをせよ．

2 最初のことは71ページ類題2.2．$1\pm\sqrt{-5}$ は $X^2-2X+6=0$ の2根であることを使って，$(1\pm\sqrt{-5})/2$, $(1\pm\sqrt{-5}/3$ が代数的整数でないことを示す．次に，$2=(a+b\sqrt{-5})(c+d\sqrt{-5})$ と分解したとして，a と b; c と d は互いに素と仮定して，a, b, c, d に整数解がないことを導く．最後のことは $\boldsymbol{Z}[\sqrt{-5}]\simeq\boldsymbol{Z}[X]/(X^2+5)\boldsymbol{Z}[X]$ ゆえ，$\boldsymbol{Z}[\sqrt{-5}]/2\boldsymbol{Z}[\sqrt{-5}]\simeq\boldsymbol{Z}[X]/((X^2+5)\boldsymbol{Z}[X]+2\boldsymbol{Z}[X])$ を利用した方がわかりよいと思う．

3 $\boldsymbol{Q}(\sqrt[3]{5})\simeq\boldsymbol{Q}[X]/(X^3-5)\boldsymbol{Q}[X]$, $\boldsymbol{Q}(\sqrt[4]{2})\simeq\boldsymbol{Q}[X]/(X^4-2)\boldsymbol{Q}[X]$ を利用．

4 75ページの類題6.3の考えを参考にせよ．

5 (i) 一次独立基を考えてみよ．

(ii) $L-\{0\}$ が群をなすことを利用．

11 代数拡大体

代数拡大体については，いままでにも少しふれてきたが，この章では特にガロア理論を目標にする．

ガロア理論は方程式の解法に関連してガロアが考え出したことであるが，定規とコンパスによる作図の可能性にも関係がある．それらは次章にゆずる．

1 **(1のべき根)** K が体であり，n が自然数であるとき，$G=\{x\in K\,|\,x^n=1\}$ は巡回群をなすことを証明せよ．

2 **(体の埋め込み)** K が体で，$f(x)$ が K 上既約な一変数の多項式，α が $f(x)$ の一つの根であるものとする．また，L は K と同型な体 K' を含む体であるものとし，K から K' への同型 φ を一つ固定する．このとき，(i) ψ が $K(\alpha)$ の L への埋め込みで，$\psi|_K=\varphi$ であるものとすれば，$\psi(\alpha)$は $f^\varphi(x)$ (係数を φ で写す)の根である．(ii) 逆に，L の元 β が $f^\varphi(x)$ の根であれば，(i)のような ψ で $\psi(\alpha)=\beta$ となるものがある．これらを証明せよ．

3 **(最小分解体)** $f(x)$ が体 K 上の一変数の多項式(次数 $d>0$) であるとき，K の有限次代数拡大体Lを適当にとれば，L 上では $f(x)=c\prod_{i=1}^{d}(x-\alpha_i)$ $(c\in K,\ \alpha_i\in L)$ の形に分解することを示せ．

4 **(分離拡大体)** 体 K のすべての代数拡大体が分離拡大であるとき，K は**完全体**であるという．(i) 標数 0 の体は完全体である．(ii) 有限体は完全である．(ii) 標数が $p\neq 0$ の体 K の上の一変数の有理函数体 $K(x)$ は完全体ではない．これらのことを証明せよ．

5 **(群の不変体)** K が体で，G が K の自己同型群 $\mathrm{Aut}\,K$ の部分群で，位数は $n\ (<\infty)$ であるものとする．K の中の G 不変元全体 $K^G=\{x\in K\,|\,\sigma\in G$ ならば $\sigma(x)=x\}$ は体をなし，$[K:K^G]=n$ であることを証明せよ．

この体 K^G を G の**不変体**という．

6 **(ガロアの基本定理)** 有理数体 $\boldsymbol{Q}$ 上 $\sqrt[5]{2}$ を含む最小のガロア拡大 K と，そのガロア群とを求めよ．さらに，$\boldsymbol{Q}$ と K との中間体の数を求めよ．

11.1 1のべき根

群について，次の定理がある．

定理1 位数 g の有限群 G において，$S_d=\{x\in G|x^d=1\}$ とおく．「g の任意の約数 d について，S_d の元数$\leqq d$」$\Leftrightarrow$ G は巡回群 $\Leftrightarrow$「任意の自然数 d について S_d の元数$\leqq d$」

証明 最初の $\Rightarrow$：g の各約数 d について，$T_d=\{x\in G|x$ の位数は $d\}$ とおく．$x\in T_d\Rightarrow\langle x\rangle\subseteq S_d$．$\langle x\rangle$ の元数は d, S_d の元数 $\leqq d$ ゆえ，$\langle x\rangle=S_d$．$\therefore$ $T_d\subseteq\langle x\rangle$, $\langle x\rangle$ の元 x^e が T_d に属するのは $e(1\leqq e\leqq d)$ が d と互いに素なときだけ．ゆえに，「T_d が空でないならば，T_d の元数は $\varphi(d)$」ただし，φ はオイラーの函数．

G の元の位数は g の約数ゆえ，どれかの T_d に入る．ゆえに $g=(G$ の元数$)=\sum(T_d$ の元数$)$ $=\sum^*\varphi(d)$, ここに $\sum^*$ は T_d が空でないような d についてだけ加えるものとする．他方 $1,2,\cdots,g$ について，g との最大公約数が e(e は g の約数)であるものは，$d=g/e$ とおくと，$\{me|m=1,2,\cdots,d\}$ のうち，m が $d=g/e$ と互いに素なものであり，それは $\varphi(d)$ 個ある．e が g の約数全部を動けば，$d=g/e$ も g の約数全部を動くから，$g=\sum_d\varphi(d)$ (d は g の約数を動く) ゆえに，上の $\sum^*$ はすべての約数 d について加えねばならない．特に $T_g\neq$ 空であり，$a\in T_g$ により $G=\langle a\rangle$．残りの $\Rightarrow$, $\Leftarrow$ は易しいので略す．したがって全部同値である．

この定理を使うと例題1はすぐできる：

解 任意の自然数 d について，$G_d=\{x\in K|x^d=1\}$ とおくと，G_d の各元は $x^d-1=0$ の解である．d 次方程式は d 個より多くの解をもつことはできないから，G_d の元数は d 以下である．したがって，特に $G\cap G_d$ の元数は d 以下である．ゆえに上の定理によって，G は巡回群である．

[蛇足] K が複素数体ならば，G の元数は n であるが，K が有理数体ならば，n の奇，偶によって G の位数は1，2になるように，一般の体では，G の位数は n とは限らない．しかし，巡回群であって，各元の位数は n の約数ゆえ，G の位数はいつも n の約数である．

上の定理1の応用として，有限体についての次の定理が得られる．$\boldsymbol{Z}/p\boldsymbol{Z}$ (p 素数) のときは下の系の形に述べられる．また，この系の一つの応用は Appendix 7 で述べる．

定理2 K が有限体ならば，その乗法群 $K^*=K-\{0\}$ は巡回群である．

証明 K^* の位数を n とすれば，$K^*=\{x\in K|x^n=1\}$ であるから，定理1により定理2が出る．

系 p が素数であれば，p と素な自然数 m で，$m^e\equiv1\pmod p$ の成り立つ自然数 e の最小が丁度 $p-1$ であるものが存在する．

この m を，p を法とする**原始根**とよぶ．

類題 解答は146ページ

1.1. 上の定理1を利用して，「巡回群の部分群は巡回群である」ことを証明せよ．また，その結果を利用して，「ある体の中の，1のべき根から成る有限群であれば，それは巡回群である」ことを示せ．

1.2. m, n が互いに素であるとき，1の原始 m 乗根，原始 n 乗根を一つずつとる．それらが α,β であれば，$\alpha\beta$ は1の原始 mn 乗根であることを示せ．

11.2 体の埋め込み

一般に，環（または体），または群の準同型で，その核が$\{0\}$，または$\{1\}$のものを，**埋め込み**または，**単射**，または，**中への同型**という．これは，もとの環または群が，その準同型により，準同型の像と同型になるのである．ここでは，体の，別の体への埋め込みについて考える．体の場合，イデアルは0と全体だけだから，体Kから体Lの中への準同型は，Kの単位元をLの単位元にうつしさえすれば埋め込みになっていることに注意しておこう．（76ページの3番は複素数体への埋め込みを考えたのである．）部分体K_0の**上の**埋め込みというのは，それがK_0上で恒等写像のときにいう．

例題2の解．(i) $f(x)=a_0x^n+a_1x^{n-1}+\cdots+a_n$ $(a_i\in K)$ としてみよう．$a_0\alpha^n+a_1\alpha^{n-1}+\cdots+a_n=0$．これを$\psi$で写せば，$\psi|_K=\varphi$ ゆえ，$\varphi(a_0)\psi(\alpha)^n+\varphi(a_1)\psi(\alpha)^{n-1}+\cdots+\varphi(a_n)=0$．すなわち，$\psi(\alpha)$は$f^\varphi(x)$の根である．(ii) $K(\alpha)\simeq K[x]/f(x)K[x]$．この右辺を$\varphi$で写せば，$K'[x]/f^\varphi(x)K'[x]$ これは，$K'(\beta)$と同型（βをxの属する類に対応させて）であるから，この同型をつないで，ψとすれば，$\psi|_K=\varphi$, $\psi(\alpha)=\beta$.

この例題2の意味するところは，「Kの埋め込みφがあるとき，φを$K(\alpha)$の埋め込みに拡張しようとすると，$f^\varphi(x)=0$のLにおける解の数（根の数ではない；重根は，まとめて一つに数える）だけ拡張がある」ということである．従って，特に，$f^\varphi(x)$がLにおいて互いに異なるn個の根をもてば，拡張の数はnになるのである．このことは，82ページで，分離拡大の特徴づけ（定理3）の際利用する．

今まで，自己同型というものについて，何故そんなものを考えるか不審に思った読者が多いかと思うが，ガロアの理論は，体の自己同型の考えが基礎になる．そして，自己同型とは，その体を，その体自身に埋め込むことでもあるので，上に述べた埋め込みの考えは，何でもないつまらないように見えることではあるが，自己同型を考える上での一つの基礎なのである．

なお，ここでは証明しないが(Appendix 9 参照)与えられた体Kに対して，その代数的閉包$\bar{K}$があり，Kのどんな代数的拡大体も$\bar{K}$の中に埋め込むことができることが知られている．したがって，今まで，与えられた多項式に応じて，適宜，その多項式が一つ根をもつような代数拡大体を作ることを時々してきたが，それを代数的閉包$\bar{K}$の中に埋め込んで考えられるという基礎に立てば，話がすっきりすることになるのである．

類題 解答は146ページ

2.1. 次の各体の複素数体への埋め込み方は，それぞれどれだけあるか．

(i) $\boldsymbol{Q}(\sqrt{-1})$　(ii) $\boldsymbol{Q}(\alpha)$，ただし，$\alpha=\cos\frac{2\pi}{5}+\sqrt{-1}\sin\frac{2\pi}{5}$

(iii) $\boldsymbol{Q}(\sqrt{2},\sqrt[3]{3})$　(iv) $\boldsymbol{Q}(\omega,\sqrt[3]{3})$ ただし，ωは1の虚立方根

なお，(ii)の$\boldsymbol{Q}(\alpha)$は$\boldsymbol{Q}$の4次拡大であることを，証明なしで使ってよい．（33ページの類題4.1参照）

2.2. 上の(i)〜(iv)の埋め込みのうち，それぞれの体の自己同型になっているものは，それぞれどれだけあるかを調べよ．

11.3 最小分解体

まず，例題3の解から始めよう．$d=\deg f(x)$ についての数学的帰納法を利用しよう．$d=1$ なら，$L=K$ でよい．$d>1$ とし，dより低い次数の場合はよいと仮定する．$f(x)$ の K 上の既約因子 $g(x)$ をとる．$L_1=K[x]/g(x)K[x]$ は体であり，x を含む剰余類 α は $g(x)$ の根である．そこで，L_1 上では $f(x)=(x-\alpha)f_1(x)$ と分解する．L_1 上で，$f_1(x)$ に対しては，$f_1(x)$ が一次因子の積に分解するような有限次拡大体 L がある(帰納法の仮定)．L では $f(x)$ が一次因子の積に分解することになるから，L の存在がいえた．(解終り)

$f(x)$ の**最小分解体**というのは，このような L のうち"一番小さい"ものである．一つ L があれば，$f(x)=c\,\Pi\,(x-\alpha_i)$ という分解が得られ，$L_0=K(\alpha_1, \alpha_2, \cdots, \alpha_d)$ 上ですでにこの分解が得られるので，L の中では L_0 が最小であり，それが一つの最小分解体である．別の L をとれば，全然ちがう最小のものがとれるかも知れないが，次の定理の系で示すように，L_0 は同型の意味で唯一つにきまり，その意味で，本当に一番小さいといえるのである．

定理　φ が体 K から体 K' への同型で，$f(x)\in K[x]$ (x は変数，$f(x)\notin K$) のとき，L_0, L_0' がそれぞれ $f(x)$, $f^{\varphi}(x)$ の最小分解体であれば，φ は L_0 から L_0' への同型 ψ に拡張することができる．($f^{\varphi}(x)$ は $f(x)$ の係数を φ で写したもの．)

証明　$d=\deg f(x)$ についての数学的帰納法を利用する．$d=1$ なら，$L_0=K$, $L_0'=K'$ ゆえ，$\psi=\varphi$．$d>1$ のときを考えよう．例題3の解と同様に，$f(x)$ の既約因子 $g(x)$ をとり，$L_1=K[x]/g(x)K[x]$, $L_1'=K'[x]/g^{\varphi}(x)K'[x]$ とおく．φ は同型ゆえ，$g^{\varphi}(x)$ も既約であり，L_1, L_1' は体である．L_0, L_0' は，それぞれ，$f(x)$, $f^{\varphi}(x)$ の根を全部含むから，L_0, L_0' には $g(x)$, $g^{\varphi}(x)$ の根がある．それを一つずつとって，α, α' で表そう．

$$K(\alpha)\simeq K[x]/g(x)K[x]\simeq K'[x]/g^{\varphi}(x)K'[x]\simeq K'(\alpha')$$

ただし，最初の$\simeq$は α に x を含む剰余類を，次の$\simeq$は各多項式 $h(x)$ を含む剰余類に $h^{\varphi}(x)$ を含む剰余類を，最後の$\simeq$は x を含む剰余類に α' を対応させて得られるものである．

これらの同型を合成したものをσとすると，σ は φ の拡張であり，$f(x)=(x-\alpha)f_1(x)$, $f^{\varphi}(x)=(x-\alpha')f_1^{\sigma}(x)$ となる．L_0 は L_1 上の $f_1(x)$ の最小分解体であり，L_0' は L_1' 上の $f_1^{\sigma}(x)$ の最小分解体ゆえ，帰納法の仮定により，σ は L_0 から L_0' への同型に拡張することができるのである．

特に，φ が恒等写像 ($K=K'$) のときを考えれば，

系1　体 K の上の，多項式 $f(x)\in K[x]$ の最小分解体 L_0 は，同型の意味で一意的である．

さらに，L_0 を含む体 M の中では L_0 は一意的であり，$\alpha\in L_0$ について，$K(\alpha)$ の M への埋め込みは L_0 の埋め込みに拡張できるので，

系2　$\alpha\in L_0$ なら，$K(\alpha)$ の M への K 上の埋め込みでは，$K(\alpha)$ は L_0 の中にうつる．

類題　解答は147ページ

3.1.　体 K 上の多項式 $f_1(x), f_2(x), \cdots, f_n(x)$ ($\in K[x]$) が与えられたとき，次の性質をもつ体 L が同型の意味で一意的に定まることを示せ．(i) 各 $f_i(x)$ は，それが K の元でない限り，L 上では一次因子の積に分解し，(ii) L の部分体で L とは異なるものは，(i)の性質をもたない．

3.2.　有理数体 $\boldsymbol{Q}$ 上で，次の各多項式の最小分解体を求めよ．

(i) x^2+2　　(ii) x^3-3　　(iii) x^4-5　　(iv) x^4-36

11.4 分離拡大体

体 K の代数拡大体 L の元 a が K 上**分離的**であるとは，a の K 上の最小多項式が重根をもたないときにいう．そのためには，$f(x)\in K[x]$, $f(a)=0$, かつ $f(x)$ が重根をもたないものがあればよい（最小多項式は $f(x)$ の因子だから）．分離的でない元は**非分離的**であるという．L のすべての元が K 上分離的であるときは，L は K 上**分離的**，または**分離代数的**であるといい，そうでないとき**非分離的**であるという．最小多項式は当然既約であるが，既約多項式が重根をもつなんておかしいと思われるであろうが，例題4にいうように，標数というものが影響しているのである．

一般に，環 R において，R の単位元1を何回か加えて0になることがあるとき，初めて0になる回数をその環の**標数**といい，1を何回加えても0にならないとき，その環の**標数**は0であるという．複素数体の部分環はすべて標数0である．しかし，n が自然数で $n>1$ のとき，環 $\mathbf{Z}/n\mathbf{Z}$（$\mathbf{Z}$ は有理整数環）の標数は n であるように，0でない標数をもつ環は存在する．R が整域ならば，その標数は0であるか，素数である．（理由：1を mn 回加えて0になるなら，(1を m回加えた元)×(1を n 回加えた元)=0ということになるから，どちらかの因子が0になる．）

重根について大切な結果は28ページの例題3の内容である．これを使うと例題4は容易である．すなわち，(i) K が標数0の体，$f(x)\in K[x]$ が既約であるとしよう．$f(x)=a_0x^n+a_1x^{n-1}+\cdots+a_{n-1}x+a_n$ のとき，$f'(x)=na_0x^{n-1}+(n-1)a_1x^{n-2}+\cdots+a_{n-1}$ であるから，$f'(x)$ の次数は $n-1$. $f(x)$ と $f'(x)$ との最大公約元 $d(x)$ をとると，$d(x)\in K[x]$（ユークリッドの互除法で求まるから）ゆえ，$d(x)$ が定数でない限り，$f(x)$ の既約性に反するのである．これで(i)の証明ができた．この論法は，標数 $p>0$ でもよさそうに思えるかも知れないが，おもしろい落し穴があるのである．例えば，$f(x)=x^p+c$ の形だと，$f'(x)=px^{p-1}$ であるが，この体では p 倍すると0になってしまう（$pa=p\cdot 1\cdot a=0\cdot a=0$）から，$f'(x)=0$ なのである．一般に $f(x)$ が x^p の多項式に表されば，その導函数 $f'(x)$ は0になるのである．[導函数は，増分の比によって定義するのでなく，上のように，形式的に定義するのである．その場合でも，微分のときの公式 $(f(x)g(x))'=f(x)g'(x)+f'(x)g(x)$ が成り立つので，28ページ例題3は，標数にかかわらず成り立つのである.] さて，(ii)の解にかえろう．多項式の変数を Y で表すことにして，$K(x)$ 上の多項式 Y^p-x を考える．これは既約である．（理由：x について1次ゆえ，$K[x, Y]$ で既約であることを利用して容易．詳しい証明のほしい場合は，Appendix 8 定理4参照）（Y についての）導函数が0だから，根はすべて重根である．ゆえに，$K(x)$ は完全体ではない．これで解はできたが，導函数で気味悪く思う人のために，少しつけ加えよう．

定理1　可換環 R の標数 p が素数であるとき，$a, b\in R$ ならば，$(a+b)^p=a^p+b^p$.
証明　$(a+b)^p$ を二項展開すると，a^p, b^p 以外の項は係数が p の倍数ゆえ，0になる．

さて，上で，Y^p-x の最小分解体 L での根 θ をとると，$\theta^p=x$ ゆえ，$Y^p-x=(Y-\theta)^p$. ゆえに θ はたしかに p 重根になるのである．

標数 $p>0$ の場合は，$\mathrm{mod}\ p$ で考える場合に有効であり，その場合は**有限体**，すなわち，元の数が有限個の体，であるので，次のことに注意しておこう．

定理2　有限体は完全体である．

証明　K が有限体で，α が K の代数拡大体の元であるとき，$K(\alpha)$ も有限体である(76ページ Exercise 5 と同様，$K(\alpha)$ の元数は K の元数の $[K(\alpha):K]$ 乗である)．したがって78ページの定理2によって，$K(\alpha)$ の元は $f(x)=x^q-x$ (q は $K(\alpha)$ の元数) の根である．異なる根が q 個あるから，重根はあり得ない．(導函数$=1$ ゆえ，重根なし，と考えてもよい)．ゆえに，α は重根をもたないK 上の多項式の根であるから，K 上分離的である．これが，すべての代数的元についていえるのだから，K は完全体である．

分離代数拡大体(拡大体がつく場合，分離代数的の的は省く)についての基本的な定理を述べておこう．

定理3　体 K の n 次代数拡大体 L について，次の条件は互いに同値である．

(1)　K 上分離的な L の元 α を適当にとれば，$L=K(\alpha)$ となる．

(2)　L の元 $\alpha_1, \alpha_2, \cdots, \alpha_s$ を適当にとれば，(i) 各 $i=1, 2, \cdots, s$ について，α_i は $K_i=K(\alpha_1, \alpha_2, \cdots, \alpha_{i-1})$ (ただし，$K_1=K$) の上に分離代数的であり，(ii) $L=K(\alpha_1, \alpha_2, \cdots, \alpha_s)$．

(3)　K の充分大きい代数拡大体 M (下の註参照) をとれば，L の M へのK上の埋め込み (K 上では恒等写像になるもの)が $n=[L:K]$ 個ある．

(4)　L は K 上分離的である．

証明　(1) は (2) の $s=1$ の場合ゆえ，(1) $\Rightarrow$ (2) は明白．

(2) $\Rightarrow$ (3)：s についての数学的帰納法を利用する．K_s の M への埋め込みの数は $[K_s:K]$ 個あると仮定する．K_s 上の α_s の最小多項式 $f(x)$ をとる．M は $f(x)$ の K_s 上の最小分解体を含むので，例題2により，K_s の M への埋め込みの各々は，$f(x)=0$ の解の数だけ，$K_{s+1}=L$ の M への埋め込みに拡張される．α_s は K_s 上分離的ゆえ，解の数$=\deg f(x)=[K_{s+1}:K_s]$．ゆえに $L=K_{s+1}$ のMへの埋め込みの数は$[K_s:K][K_{s+1}:K_s]=[L:K]=n$．

(3) $\Rightarrow$ (4)：L の元 β で，K 上非分離的なものがあったとしよう．β の最小多項式 $g(x)$ は重根をもつので，$K(\beta)$ の M の中への埋め込みの数は $\deg g(x)=[K(\beta):K]$ より小さい．ところで L の M への埋め込みは，それを $K(\beta)$ に制限したものの拡張であるが，$L=K(\beta, \alpha_1, \cdots, \alpha_s)$ として，$L_1=K(\beta)$, $L_2=L_0(\alpha_1)$, $\cdots$, $L_{s+1}=L_s(\alpha_s)=L$ に，(2)$\Rightarrow$(3) の証明の真似をしてみると，各 L_i の埋め込みの L_{i+1} の埋め込みへの拡張は，多くとも $[L_{i+1}:L_i]$ 個ずつ，したがって，L の M への埋め込みの数は $[L_1:K]\,[L_2:L_1]\cdots[L_{s+1}:L_s]=[L:K]$ より小さい．ゆえに，不合理であり，L は K 上分離的．

(4) $\Rightarrow$ (1)：K が有限体の場合は，L も有限体であり，L の乗法群 $L^*=L-\{0\}$ は巡回群である(78ページ定理2)．その生成元 α をとれば，$L=K(\alpha)$．したがって，K が有限体でない場合を考えよう．$L=K(\beta_1, \beta_2, \cdots, \beta_t)$ となる元 β_i をとる．$t=2$ のときがいえれば，あとは数学的帰納法により容易であるから，$t=2$ として，β_1, β_2 を α, β と書こう．(2) がみたされているから，$K(\alpha)$ の M への埋め込みが $n_1=[K(\alpha):K]$ 個あり，それらを σ_i ($i=1, 2, \cdots, n_1$) とすると，各 σ_i が $n_2=[K(\alpha, \beta):K(\alpha)]$ 個ずつに拡張されることになる．それを φ_{ij} ($j=1, \cdots, n_2$) としよう．$\alpha_i=\sigma_i(\alpha)$, $\beta_{ij}=\varphi_{ij}(\beta)$ とおく．($\alpha_1, \cdots, \alpha_{n_1}$) は互いに異なる; $j\neq j'$ ならば，$\beta_{ij}\neq\beta_{ij'}$．$0\neq c\in K$ により，$\theta_{ij}=\varphi_{ij}(\alpha+c\beta)$ とおく．$\theta_{ij}=\alpha_i+c\beta_{ij}$．これによって得られる β_{ij} が全部異なるように c がとれることを示そう．$(i, j)\neq(k, l)$ かつ $\theta_{ij}=\theta_{kl}$ とすると $\alpha_i+c\beta_{ij}=\alpha_k+c\beta_{kl}$．$\beta_{ij}=\beta_{kl}$ ならば $i\neq k$ であるから，$\alpha_i\neq\alpha_k$ で，$\theta_{ij}\neq\theta_{kl}$．ゆえに，$\beta_{ij}\neq\beta_{kl}$．すると $c=(\alpha_k-\alpha_i)/(\beta_{ij}-\beta_{kl})$．し

註　(2) $\Rightarrow$ (3) の証明でわかるように，$\alpha_1, \cdots, \alpha_s$ の最小多項式 $f_1(x), \cdots, f_s(x)$ の積 $\prod_{i=1}^{s} f_i(x)$ の最小分解体 S を M が含めばよい．

たがって，このようなことがおこるのは，(i, j), (k, l) の組について，せいぜい一つずつしかない．K は無限個の元を含むのだから，$(i, j)\neq(k, l)$ かつ $\theta_{ij}=\theta_{kl}$ のおこることのない c が存在する．さて，そのような c をとったとして，$\theta=\alpha+c\beta$ を考えると，$K(\theta)$ の M への埋め込みは，$\theta\to\theta_{ij}$ によって，$n_1n_2=n$ 個得られる．したがって，θ の最小多項式 $F(x)$ をとれば，$F(x)=0$ は n 個の互いに異なる解をもつ．ゆえに$[K(\theta):K]\geqq n$．$K(\theta)\subseteq L$ ゆえ $[K(\theta):K]=n$, $L=K(\theta)$.

以上，長々と証明したが，記憶すべきことは，証明よりも，定理3の意味であろう．特に大切な部分を抜き出すと，標数0の体は完全体であるから:

> 代数拡大体の生成元についての重要定理: 有理数体 $\boldsymbol{Q}$ を含む体 K の有限次代数拡大体 L をとれば，$L=K(\alpha)$ となるような，L の元 α が存在する．

なお，つけ加えるならば，$L=K(\beta_1, \beta_2, \cdots, \beta_m)$ であれば，K の元 $c_1, c_2, \cdots, c_m$ を適当に選べば，$\alpha=c_1\beta_1+c_2\beta_2+\cdots+c_m\beta_m$ の形で，そのような α を選ぶことができるのである．この c_i の選び方としては:

一般に，(K の充分大きい拡大体の中で考えて)二つの元 α, β が K の上で互いに**共役**であることは，α, β の最小多項式が同じであるときにいう．すると，$K(\alpha)$ の（充分大きい体の中への)埋め込みで α のうつり得る先全体は，α の共役元全体というわけである．そこで，上の証明でしたことは，$\beta_1, \cdots, \beta_m$ の共役が何かを見て，$c_1\beta_1+c_2\beta_2+\cdots+c_m\beta_m$ のうつる先が $[L:K]$ 個あるようにすればよい．(実は，しなくてはならないのも本当)というのである．

具体例を考えてみよう．$K=\boldsymbol{Q}$, $L=K(\sqrt{2}, \sqrt{3})$ としてみよう．$\sqrt{2}$ の共役は$\pm\sqrt{2}$, $\sqrt{3}$ の共役は$\pm\sqrt{3}$ であるが，$\boldsymbol{Q}(\sqrt{2})$の上で考えても$\sqrt{3}$ と$-\sqrt{3}$ は共役であるから，$\sqrt{2}+\sqrt{3}$ は$\sqrt{2}+\sqrt{3}$, $\sqrt{2}-\sqrt{3}$, $-\sqrt{2}+\sqrt{3}$, $-\sqrt{2}-\sqrt{3}$ のどれにもうつり得る．したがって，$K(\sqrt{2}, \sqrt{3})=K(\sqrt{2}+\sqrt{3})$というわけである．

類題

解答は147ページ

4.1. 可換環 R の標数 p が素数であれば，p の任意のべき q と，R の元 $a_1, a_2, \cdots, a_n$ とに対して，$(a_1+a_2+\cdots+a_n)^q=a_1{}^q+a_2{}^q+\cdots+a_n{}^q$ であることを示せ．

4.2. 次の各体を $\boldsymbol{Q}(\alpha)$ の形に表す α を，一つずつ求めよ．

(i) $\boldsymbol{Q}(\sqrt{2}, \sqrt{-1})$　(ii) $\boldsymbol{Q}(\sqrt{3}, \sqrt[3]{2})$　(iii) $\boldsymbol{Q}(\sqrt{6}, \sqrt[4]{2})$

(iv) $\boldsymbol{Q}(\omega, \sqrt[4]{-3})$ ただし，ω は1の虚立方根

4.3. 80ページの系2を利用して，次のことを示せ．

体 K の有限次代数拡大体 $L=K(\alpha_1, \alpha_2, \cdots, \alpha_m)$ について，各 α_i の最小多項式 $f_i(x)$ をとり，$f(x)=f_1(x)f_2(x)\cdots f_m(x)$ の最小分解体 S ($\supseteq L$) を考える．このとき，$\beta\in L$, $g(x)$ が β の (K 上の) 最小多項式であれば，$g(x)$ は S 上では一次因子の積に分解する．

[ヒント] 引用した系2は，「β の共役はすべて S に入っている」ことを意味していることを理解せよ．

11.5 群の不変体

この例題5の内容は,ガロアの基本定理を導くための重要な段階であるので,解から始めよう.

K^G が体になるのは易しい. ($a, b\in K^G$ ならば, $\sigma(a+b)=\sigma(a)+\sigma(b)=a+b, \sigma(ab)=\sigma(a)\sigma(b)=ab$, $a\neq 0$ なら, $1=\sigma(aa^{-1})=\sigma(a)\sigma(a^{-1})=a\,\sigma(a^{-1})$ ゆえ, $\sigma(a^{-1})=a^{-1}$). 残り ($[K:K^G]=n$) は二つの段階に分ける. Kが K^G 上分離的であることを示し, 82ページの定理3を利用する.

(i) $a\in K$ に対して, $H_a=\{\sigma\in G|\sigma(a)=a\}$ とおく. H_a は G の部分群であり,「$\sigma(a)=\tau(a)\Leftrightarrow\tau^{-1}\sigma\in H_a\Leftrightarrow\tau H_a=\sigma H_a$」. ゆえに, $m=[G:H_a]$ 個の G の元 $\sigma_1, \sigma_2 \cdots, \sigma_m$ を, $G=\cup\sigma_i H_a$ であるようにとれば, $\{\sigma(a)|\sigma\in G\}=\{\sigma_i(a)|i=1,\cdots, m\}$. $\sigma_1(a), \cdots, \sigma_m(a)$ の基本対称式を $s_1, s_2, \cdots, s_m$ とする. $(\sigma_1(a), \cdots,\sigma_m(a))\to(\sigma\sigma_1(a),\cdots, \sigma\sigma_m(a))$ は置換である(H_a による置換表現の置換と同じになる)から, $s_1, s_2, \cdots, s_n$ は G 不変元である. そして, $f(X)=X^m-s_1X^{m-1}+s_2X^{m-2}+\cdots+(-1)^r s_r{}^{m-r}+\cdots+(-1)^m s_m=\Pi(X-\sigma_i(a))$ ゆえ, $f(X)\in K^G[X]$, $f(a)=0$. $f(X)$ は作り方により重根をもたない. したがって,

(*) 各 $a\in K$ は K^G 上分離代数的であり, その最小多項式の次数は G の位数 n 以内である.

(ii) K^G に K の元 $a_1, a_2, \cdots, a_t$ をつけ加えた体 $K^G(a_1, \cdots, a_t)$ を考えると, ある $\theta\in K$ によって, $K^G(a_1, \cdots, a_t)=K^G(\theta)$. (*) によって $[K^G(\theta):K^G]\leq n$. $a_1, \cdots, a_t$ をどんなにとってもこれがいえるのであるから, $[K:K^G]\leq n$. 他方, G は K^G を固定した上で, K の K 自身の中への埋め込みを与えていて, それが n 個あるのだから, K^G を含む充分大きい体の中への埋め込みは n 以上ゆえに, $[K:K^G]\geq n$. 前の不等式と併せて $[K:K^G]=n$ を得る.

G の部分群 H にこれを適用しよう. H の不変体 $K^H=\{x\in K|\sigma\in H$ ならば $\sigma(x)=x\}$ が得られるが, $K^H\supseteq K^G$(これは K^H の方が条件が弱いから当然), $[K:K^H]=(H$ の位数). ゆえに, $H\neq G$ なら $K^H\neq K^G$ である. この結果を, H の代りに最初の G, G の代りに $\mathrm{Aut}_{K^G}K=\{\sigma\in\mathrm{Aut}\ K|\ \sigma$ は K^G 上では恒等写像$\}$ を考えると, $G=\mathrm{Aut}_{K^G}K$ であることがわかる.

類 題 解答は147ページ

5.1. 体 K の上の n 変数の有理函数体 $K(x_1, x_2, \cdots, x_n)$ に対して, n 次対称群 S_n の元 σ は

$$\sigma\left(\frac{f(x_1, \cdots, x_n)}{g(x_1, \cdots, x_n)}\right)=\frac{f(x_{\sigma 1}, \cdots, x_{\sigma n})}{g(x_{\sigma 1}, \cdots, x_{\sigma n})}\quad (f, g\in K[x_1, \cdots, x_n],\ g\neq 0)$$

という作用をもつと考える. S_n は $\mathrm{Aut}\,K(x_1, \cdots, x_n)$ の部分群であることをたしかめ, 次に, S_n の不変体は, K 上 $x_1, \cdots, x_n$ の基本対称式 $s_1, s_2, \cdots, s_n$ で生成された体 $K(s_1, s_2, \cdots, s_n)$ であることを確かめよ. ただし, Appendix 3 の定理(対称式は基本対称式の整式で表せる)は証明なしで使ってよい.

5.2. 次の各体の自己同型群を求め, またその不変体を求めよ. ($\boldsymbol{Q}$ は有理数体)

(i) $\boldsymbol{Q}(\sqrt{2})$　(ii) $\boldsymbol{Q}(\sqrt{2}, \sqrt[3]{2})$　(iii) $\boldsymbol{Q}(\sqrt{-1}, \sqrt[4]{2})$　(iv) $\boldsymbol{Q}(\sqrt[4]{2})$

(v) $\boldsymbol{Q}(\sqrt[3]{2})$

11.6 ガロアの基本定理

体 K の有限次代数拡大体 L が，K の**ガロア拡大**であるとは，L は K 上分離代数的であり（例題4により，有理数体 $\boldsymbol{Q}$ を含めば，この分は無条件になりたつ），かつ，$\alpha\in L$ ならば，α の K 上の最小多項式は必ず L 上では一次因子の積に分解するときにいう．このとき $\mathrm{Aut}_K L=\{\sigma\in \mathrm{Aut}\, L|\ \sigma|_K$ は恒等写像$\}$ をこの拡大の**ガロア群**という．$\mathrm{Gal}(L/K)$ で表そう．

定理1 体 K の有限次代数拡大体 L が K のガロア拡大であるための必要充分条件は，重根をもたない K 上の多項式 $f(x)$ を適当にとれば，L が $f(x)$ の最小分解体になることである．

証明 L が上のような $f(x)$ の最小分解体であれば，$f(x)$ の根はすべて分離的であるから，82ページの定理3により，L は分離的である．さらに83ページの類題4.3によりガロア拡大であることがわかる．逆に，ガロア拡大であったとしよう．$L=K(\alpha_1, \alpha_2, \cdots, \alpha_n)$ であるとすると，各 α_i は分離的ゆえ，その最小多項式 $f_i(x)$ は重根をもたない．$f_i(x)$ のうち，互いに異なるもの全部の積 $f(x)$ も重根をもたない．各 $f_i(x)$ は L 上では一次因子の積に分解するから，$f(x)$ も一次因子の積に分解する．ゆえに L は $f(x)$ の最小分解体を含む．他方，L は $f(x)$ の根の一部で生成されるから，最小分解体に含まれる．ゆえに，L は $f(x)$ の最小分解体である．

注意 ここで証明したことは，次のことを示している．$L=K(\alpha_1, \cdots, \alpha_n)$ が K の分離代数拡大のとき，「L が K のガロア拡大 $\Leftrightarrow$ 各 α_i の最小多項式の根（α_i の共役）が全部 L に属す」

さて，**ガロアの基本定理**は次のように述べられる．

定理2 体 K の有限次代数拡大体 L が K のガロア拡大であるとき，$G=\mathrm{Gal}(L/K)$ とおくと：

(1) L の G 不変体 $L^G=\{x\in L|\sigma\in G$ ならば $\sigma(x)=x\}$ は K と一致し，$[L:K]=(G$ の位数$)$,

(2) L と K との中間体 $M(=K, L$ でもよい$)$ に対して，$A_M=\{\sigma\in G|\ \sigma|_M$ は恒等写像$\}$ を作ると，これは G の部分群になる．逆に，G の部分群 H に対して，$L^H=\{x\in L|\sigma\in H$ ならば $\sigma(x)=x\}$ を作れば，これは L と K との中間体である．この対応 $M\to A_M$, $H\to L^H$ は，L と K との中間体全体と，G の部分群全体との一対一対応を与える．特に，

$$M \to A_M \to L^{A_M}=M, \quad H \to L^H \to A_{L^H}=H$$

(3) この一対一対応で，$M\leftrightarrow H$ のとき，$\sigma\in G$ に対して，$\sigma(M)\leftrightarrow \sigma H\sigma^{-1}$．$M$ が K のガロア拡大であるための必要充分条件は，H が G の正規部分群ということである．

(4) $M\leftrightarrow H$, $M'\leftrightarrow H'$ のとき，$M\cap M'$ には，H, H' で生成した群，$H\vee H$ で表そう，が対応し，$M\cup M'$ で生成した体，$M\vee M'$ で表そう，には $H\cap H'$ が対応する．

注意 中間体 M の拡大体として，L がガロア拡大であることは，定義により明らかである．

証明 (1)：$G=\mathrm{Gal}(L/K)$ の定義により，$K\subseteq L^G$．逆に82ページの定理3により，L の，充分大きい体の中への，K 上の埋め込みは $[L:K]$ 個あり，80ページの系2によりその埋め込みで L は L 自身へうつるから，それらは G の元を定める．$L\ni\alpha\notin K$ であれば，α は α と異なる K 上の共役 α' をもつから，$\alpha\to\alpha'$ となる $K(\alpha)$ の埋め込みがあり，それが L の埋め込みに拡張されるから，$\alpha\notin L^G$．ゆえに，$K=L^G$．ゆえに，例題5により，G の位数は $[L:K]$ と一致する．

(2)：(1) を，K の代りに M をとって適用すれば，$\mathrm{Gal}(L/M)=A_M$ について，その不変体が M になる．$\therefore\ L^{A_M}=M$, $[L:M]=(A_M$ の位数$)$．また $H\subseteq G$ ゆえ，例題5により $[L:L^H]=(H$ の位数$)$．ゆえに，L^H に対応する群は（H を含み，位数が等しいから）H と一致する．中間体から出発しても，部分群から出発しても，対応を合成するともとに帰るから，$M\to A_M$, $H\to L^H$ は互

いに逆対応になり，この対応は一対一である．

(3) $\sigma(M)$の元は$\sigma(x)(x\in M)$ の形ゆえ，$(\sigma H\sigma^{-1})\sigma(x)=\sigma Hx=\sigma(x)$ ゆえに，$\sigma(M)$に対応する部分群は $\sigma H\sigma^{-1}$ を含む．$[M:K]=[\sigma(M):K]$ ゆえ，$[L:M]=[L:\sigma(M)]$. ゆえに対応する部分群は $\sigma H\sigma^{-1}$ である．M が K のガロア拡大 $\Leftrightarrow$ すべての $\sigma\in G$ に対して，$\sigma(M)=M$ ($x\in L$ の K 上の共役ということと，$\sigma(x)$として得られることが同値なのは，埋め込みの性質からわかるから) $\Leftrightarrow$ すべての $\sigma\in G$ に対して $\sigma H\sigma^{-1}=H \Leftrightarrow H$ が正規部分群．

(4) $H^{\vee}H' \leftrightarrow M''$ とすると，$H\subseteq H^{\vee}H'$ ゆえ，$M\supseteq M''$．同様に $M'\supseteq M''$．$\therefore$ $M\cap M'\supseteq M''$. $M\cap M' \leftrightarrow H^*$ とすると，$M\cap M'\subseteq M$ ゆえ $H^*\supseteq H$. 同様にして，$H^*\supseteq H'$ $\therefore$ $H^*\supseteq H^{\vee}H'$. このことは，$M''\leftrightarrow H^{\vee}H'$, $M\cap M' \leftrightarrow H^*$ ゆえ，$M\cap M'\subseteq M''$ を示す．ゆえに，先に得た逆向きの包含関係と併せて，$M\cap M'=M^*$，すなわち，$H^{\vee}H' \leftrightarrow M\cap M'$ をうる．

$H\cap H' \leftrightarrow M_0$, $H_0 \leftrightarrow M^{\vee}M'$ とすると，上と同様にして $H\cap H'\subseteq H, H'$ から，$M_0\supseteq M^{\vee}M'$. $M^{\vee}M'\supseteq M$, M' から $H_0\subseteq H\cap H'$．$\therefore$ $M^{\vee}M'\supseteq M_0$. $\therefore$ $M^{\vee}M'=M_0$. すなわち，$H\cap H' \leftrightarrow M^{\vee}M'$ をうる．(証明終)

さて，例題6の解を考えよう．x^5-2 は既約 (アイゼンシュタインの既約性定理)であり，複素数体上では，$\zeta=\cos\theta+\sqrt{-1}\sin\theta$ $(\theta=2\pi/5)$ により，$\prod_{i=0}^{4}(x-\zeta^i\cdot\sqrt[5]{2})$ と分解するから，$\sqrt[5]{2}$ を含む最小のガロア拡大体は $K=\boldsymbol{Q}(\sqrt[5]{2}, \zeta\sqrt[5]{2}, \cdots, \zeta^4\cdot\sqrt[5]{2})=\boldsymbol{Q}(\zeta, \sqrt[5]{2})$ である．ガロア群 $G=\mathrm{Gal}(K/\boldsymbol{Q})=\mathrm{Aut}\,K$ を考えよう．$(x^5-1)/(x-1)$ に，$x=y+1$ を代入すると，$y^4+5y^3+10y^2+10y+5$ となり，これはアイゼンシュタインの既約性定理によって既約である．ゆえに $x^4+x^3+x^2+x+1$ は既約であり，ζ の共役は $\zeta, \zeta^2, \zeta^3, \zeta^4$ の四つである．したがって，$\boldsymbol{Q}(\zeta)$ の K への埋め込みにおいて，$\zeta\to\zeta^i$ $(i=1, 2, 3, 4)$ となるものがある．それを σ_i としよう．$\boldsymbol{Q}(\zeta^i)=\boldsymbol{Q}(\zeta)$ $(i=1, 2, 3, 4)$ ゆえ，σ_i は $\mathrm{Gal}(\boldsymbol{Q}(\zeta)/\boldsymbol{Q})$ を与える．$\sigma_2{}^2=\sigma_4$, $\sigma_2{}^3=\sigma_3$, $\sigma_2{}^4=\sigma$ ゆえ，$\mathrm{Gal}(\boldsymbol{Q}(\zeta)/\boldsymbol{Q})=\langle\sigma_2\rangle$. K の K への埋め込みで，σ_2 の拡張で $\sqrt[5]{2}\to\sqrt[5]{2}$ となるもの $\tau\,(\in G)$ がある．他方，$\zeta^i\cdot\sqrt[5]{2}$ はすべて$\sqrt[5]{2}$ の共役ゆえ，σ_1 の拡張で $\sqrt[5]{2}\to\zeta\sqrt[5]{2}$ となる $\eta\in G$ がある．$\eta^i(\sqrt[5]{2})=\zeta^i\cdot\sqrt[5]{2}$. $\tau\eta\tau^{-1}$ では: $\sqrt[5]{2} \overset{\tau^{-1}}{\to} \sqrt[5]{2} \overset{\eta}{\to} \zeta\sqrt[5]{2} \overset{\tau}{\to} \zeta^2\cdot\sqrt[5]{2}$, $\zeta \overset{\tau^{-1}}{\to} \zeta^3 \overset{\eta}{\to} \zeta^3 \overset{\tau}{\to} \zeta$. ゆえに $\tau\eta\tau^{-1}=\eta^2$. $\langle\eta, \tau\rangle$ において$\langle\eta\rangle$は正規部分群であり，その位数は5．$\tau^m\in\langle\eta\rangle$ となる最小の m は4ゆえ，$\langle\eta, \tau\rangle/\langle\eta\rangle$ の位数は4．ゆえに，$\langle\eta, \tau\rangle$ の位数は20. $\therefore$ $G=\langle\eta, \tau\rangle$. (答をまとめるとき，生成元の関係 $\tau\eta\tau^{-1}=\eta^2$，位数等は大切であることに注意せよ.) 中間体を考えるには，部分群を考える．(i) 位数1…$\{1\}$. (ii) 位数2: $(\eta^i\tau^j)^2=\eta^i\tau^j\eta^i\tau^j=\eta^i\tau^j\eta^i\tau^{-j}\tau^{2j}=\eta^i\tau^{j-1}\eta^{2i}\tau^{-(j-1)}\tau^{2j}=\cdots=\eta^s\tau^{2j}$, $s=2^ji+i$. したがって位数2になるのは $j=2$ のとき．ゆえに位数2の部分群は $\langle\tau^2\rangle$, $\langle\eta\tau^2\rangle$, $\langle\eta^2\tau^2\rangle$, $\langle\eta^3\tau^2\rangle$, $\langle\eta^4\tau^2\rangle$ の五つ. (iii) 位数4: (ii)の計算により，$\langle\tau\rangle$, $\langle\eta\tau\rangle$, $\langle\eta^2\tau\rangle$, $\langle\eta^3\tau\rangle$, $\langle\eta^4\tau\rangle$ の五つであることがわかる．(iv) 位数5: $\langle\eta\rangle$. (v) 位数10: $\langle\eta, \tau^2\rangle$. (vi) 位数20: G. したがって，中間体 ($K, \boldsymbol{Q}$ を含む) は14個ある．

類 題

解答は147ページ

6. 1. 有理数係数の多項式 $f(x)=a_0x^n+a_1x^{n-1}+\cdots+a_n$ $(a_i\in\boldsymbol{Q};\ a_0\neq 0,\ n\geqq 1)$ について，$f(x)$ の ($\boldsymbol{Q}$ 上の) 最小分解体のガロア群を，$f(x)$ の**ガロア群**という．次の各多項式のガロア群を求めよ．

(i) x^3-2 (ii) $x^4+2x^3-6x^2+2x+1$

6. 2. 次の体の部分体を，それぞれすべて求めよ．

(i) $\boldsymbol{Q}(\omega, \sqrt[3]{5})$ (ω は1の虚立方根) (ii) $\boldsymbol{Q}(\sqrt{-1}, \sqrt[4]{2})$

[ヒント] (ii) $\boldsymbol{Q}$ 上4次の部分体の中には $\boldsymbol{Q}((1+\sqrt{-1})\sqrt[4]{2})$ もある．

EXERCISES

（解答は148ページ）

1　7を法とする原始根，13を法とする原始根を，それぞれ一つずつ求めよ．

2　p が素数であるとき，$x^{p-1}+x^{p-2}+\cdots+x+1$ の有理数体 $\boldsymbol{Q}$ 上の最小分解体 K と，そのガロア群を求めよ．また，$p=5$ のとき，K の部分体をすべて求めよ．

3　次の体の部分体を，それぞれすべて求めよ．

(i)　$\boldsymbol{Q}(\sqrt[4]{3})$　　(ii)　$\boldsymbol{Q}(\sqrt{2},\ \sqrt{-1})$

4　次の体の自己同型群を，それぞれ求めよ．また，その自己同型群の不変体を求めよ．

(i)　$\boldsymbol{Q}(\sqrt[4]{5})$　　(ii)　$\boldsymbol{Q}(\sqrt{-3},\ \sqrt[3]{2})$　　(iii)　$\boldsymbol{Q}(\sqrt{-1},\ \sqrt{3})$

5　次の各多項式のガロア群を求めよ．

(i)　x^4+5x^2+6　　(ii)　x^3+x^2+x+1　　(iii)　$x^5+x^3+2x^2+2$

6　Lが体Kのn次のガロア拡大で，ガロア群がGであるとき，Gの部分群Hに対応する中間体MがKのガロア拡大体であれば，$\mathrm{Gal}\,(M/K)$ は G/H と同型であることを証明せよ．

Advice

1　±2 から始めて，$\bmod p$ $(p=7, 13)$ で，何乗して始めて $\equiv 1$ になるか ($\bmod p$ での乗法群での位数) をしらべて利用する．元の位数は群の位数の約数ゆえ，$p-1$ の約数乗を考えればよい．

2　33ページの類題4.1参照．ガロア群を求めるのに，p を法とする原始根に着目せよ．

3　与えられた体を含む最小のガロア拡大 K と，そのガロア群 G をとり，また，与えられた部分体に対応する部分群 H を求めれば，部分体は，「H を含む G の部分群」に対応する．

4　自己同型群の元 σ と，与えられた体の元 a とをとると，$\sigma(a)$ は必ず a の共役であることに注目せよ．それを，生成元に適用する．

5　既約でない場合は，因数分解をしてから考える．

6　H が正規部分群であることは85ページの定理 2．$\mathrm{Gal}(M/K)$ の各元は (M の埋め込みゆえ) $G=\mathrm{Gal}(L/K)$ の元に拡張できる．ということは，G の各元 σ に対して，σ を M に制限したもの $\sigma|_M$ に対応させる写像 $\varphi:\sigma\to\sigma|_M$ を考えると $\varphi(G)=\mathrm{Gal}(M/K)$ を意味する．この φ が群の準同型であり，その核が H であることを示せ．

12 ガロア理論の応用

第11章で予告したように，代数方程式の解法との関連および作図の可能性との関連について考える．

1 **(巡回拡大体)** 体 L が体 K の n 次の巡回拡大体であって，K が1の原始 n 乗根 ζ を含むならば，K の適当な元 a によって，(i) x^n-a は K 上既約，(ii) L は x^n-a の根 α を含み，$L=K(\alpha)$ となることを示せ．

2 **(代数方程式の可解性)** 有理数係数の3次方程式 $x^3+b_1x^2+b_2x+b_3=0$ および4次方程式 $x^4+c_1x^3+c_2x^2+c_3x+c_4=0$ の根はいずれも，有理数を用いて四則演算と $\sqrt{\ }$，$\sqrt[3]{\ }$ とを使って表せる理由を，ガロア理論を用いて説明せよ．

3 **(ガロア拡大体の合成体)** 体 K の有限次代数拡大体 L, M がともに K のガロア拡大であって，ガロア群がそれぞれ G, H であるものとする．このとき，L と M とで生成された体(これを L と M との合成体という) L^* は K のガロア拡大体であり，そのガロア群は群の直積 $G\times H$ のある部分群と同型であることを示せ．

4 **(正多角形の作図)** 半径1の円に内接する正 n 角形が定規とコンパスだけで作図できるための必要充分条件は，n の奇数の素因数 p すべてについて，(i) n は p^2 ではわりきれない，(ii) $p-1$ は2のべきである，の2条件がみたされる(奇数の素因数がない，すなわち，n が2のべきであるときを含む)ことである．これを証明せよ．

12.1　巡回拡大体

体 L が体 K のガロア拡大体であって，そのガロア群が巡回群であるとき，L は K の**巡回拡大体**であるという．この例題1の逆，すなわち，次の定理は易しいけれど，ガロア拡大の一つの基本的知識として理解しておく必要がある．

定理　体 K が1の原始 n 乗根 ζ をもち，$a\in K$, X^n-a が K 上既約であるとき X^n-a の一根 θ をとれば，$K(\theta)$ は K の巡回拡大体である．

証明　X^n-a の根は $\theta, \zeta\theta, \zeta^2\theta, \cdots, \zeta^{n-1}\theta$ の n 個であるから，それらは $K(\theta)$ に属する．したがって85ページの定理1により，$K(\theta)$ は K のガロア拡大である．ガロア群 G の元は，θ を何にうつすかで決まる．$\sigma(\theta)=\zeta\theta$ である $\sigma\in G$ をとれば，$\sigma^i(\theta)=\zeta^i\theta$ ゆえ，$G=\langle\sigma\rangle$.

例題1の解　ガロア群 $\mathrm{Gal}(L/K)$ の生成元を σ としよう．$x\in L$ に対して，$y=x+\zeta\cdot\sigma(x)+\zeta^2\cdot\sigma^2(x)+\cdots+\zeta^{n-1}\cdot\sigma^{n-1}(x)$ とおくと $\zeta\cdot\sigma(y)=y$. したがって，$y\neq0$ であるような x がとれたとすると，y の共役は $y, \zeta y, \cdots, \zeta^{n-1}y$ であるから，それらの積$=\pm y^n\in K$. ゆえに，$a=y^n$, $\alpha=y$ とおけばよいことがわかる．$y\neq0$ となる x の存在は次の補題によってわかる．

補題　体 M の中への体 L の互いに異なる埋め込み $\sigma_1, \sigma_2, \cdots, \sigma_n$ と，M の元 $c_1, c_2, \cdots, c_n$ とについて，c_i のうちに0でないものがあれば，適当な L の元 u に対して，$\sum c_i\sigma_i(u)\neq0$.

証明　写像 $u\to\sum c_i\sigma_i(u)$ は L から M の中へ写像である．これを $\sum c_i\sigma_i$ で表そう．このような写像で，写像として0であって，係数に0でないものがあると仮定して矛盾を示そう．そのようなもののうちで，項の数が最小のものが ($\sigma_1, \sigma_2, \cdots, \sigma_n$ の番号もつけかえて) $c_1\sigma_1+\cdots+c_r\sigma_r$ であったとしよう ($c_1, \cdots, c_r$ いずれも0でない)．$u\neq0$ なら $c_1\sigma_1(u)\neq0$ ゆえ，$r\neq1$. $\sigma_1\neq\sigma_2$ ゆえ，$\sigma_1(y)\neq\sigma_2(y)$ となる L の元 y がある．仮定により，任意の $u\in L$ に対し，$0=\sum_{i\leq r}c_i\sigma_i(u)$
$0=\sum_{i\leq r}c_i\sigma_i(yu)=\sum_{i\leq r}c_i\cdot\sigma_1(y)\cdot\sigma_i(u)$. 第1式$\times\sigma_1(y)$ との差で：任意の $u\in L$ に対し，$0=\sum_{i=2}^{r}c_i(\sigma_1(y)-\sigma_i(y))\sigma_i(u)$. すなわち，$\sum c_i(\sigma_1(y)-\sigma_i(y))\sigma_i$ は r より少い項数で，写像としては0. $\sigma_1(y)\neq\sigma_2(y)$ ゆえ，σ_2 の係数 $\neq0$. これは r の最小性に反する．(証明終)

87ページの Exercise 2 で知ったように，p が素数であれば，$x^{p-1}+x^{p-2}+\cdots+x+1$ は有理数体 $\boldsymbol{Q}$ 上既約であり，その一根 ζ (1の原始 p 乗根) をとれば $\boldsymbol{Q}(\zeta)$ は $\boldsymbol{Q}$ の $p-1$ 次の巡回拡大体である．しかし，$p\geqq5$ ならば $\boldsymbol{Q}$ は1の原始 $p-1$ 乗根を含んではいないので，$\boldsymbol{Q}(\zeta)=\boldsymbol{Q}(\sqrt[p-1]{a})$ となる $a\in\boldsymbol{Q}$ があるわけではない．

類 題　解答は149ページ

1.1.　1の原始5乗根(複素数)を $\sqrt{\ }$ と四則算法とを使って表してみよ．

［ヒント］　4次の相反方程式を解くことになる．二重根号を使ってもよい．

1.2.　体 K, L, M について，$K\subset L\subset M$ かつ M が K の巡回拡大体であれば，M は L の巡回拡大体であり，L は K の巡回拡大体であることを証明せよ．

12.2 代数方程式の可解性

例題2を考えるのに，次の事実は一つの基礎的事項である．

定理 有理数係数の多項式 $f(x)=x^n+a_1x^{n-1}+\cdots+a_{n-1}x+a_n$ のガロア群は n 次対称群の適当な部分群と同型である．

証明 $f(x)$ の根を $\alpha_1, \alpha_2, \cdots, \alpha_n$ とすると，$f(x)$ の最小分解体は $L=\boldsymbol{Q}(\alpha_1, \cdots, \alpha_n)$ である．ガロア群 G の元 σ は各 α_i をその共役にうつすのであるから，$\alpha_1, \alpha_2, \cdots, \alpha_n$ の置換をひきおこす．逆に，α_i のうつる先が全部きまれば，Lの自己同型がきまるのだから，σ に対して，それがきめる根の置換に対応させれば，G から，n 次対称群のある部分群への同型が得られる．

例題の解をまず考えよう．

3次方程式の場合：上の定理により，$f(x)=x^3+b_1x^2+b_2x+b_3$ のガロア群 G は3次対称群 S_3 の部分群と考えてよい．S_3 には正規部分群 $H=\langle(1\ 2\ 3)\rangle$ があり，$[S_3:H]=2$．$G\cap H=H'$ とおくと，H' は G の正規部分群であり，G/H' は S_3/H の部分群である．ゆえに，(i) $G=H'$ または，(ii) $[G:H']=2$．

(i)の場合：$G\subseteq H$ かつ H は位数3の巡回群ゆえ，G の位数は1または3．前者なら最小分解体 L は $\boldsymbol{Q}$ で，すべての根が有理数だからよい．後者のときを考えよう．1の虚立方根 ω をとり，$L'=L(\omega)$ を $\boldsymbol{Q}(\omega)$ 上で考えよう．$[\boldsymbol{Q}(\omega):\boldsymbol{Q}]=2$ ゆえ，$[L(\omega):\boldsymbol{Q}(\omega)]=3$．$L$ が $\boldsymbol{Q}$ 上ガロア拡大ゆえ，$L(\omega)$ は $\boldsymbol{Q}(\omega)$ 上ガロア拡大．次数が3であるから，巡回拡大である．ゆえに例題1により，$L(\omega)=\boldsymbol{Q}(\omega, \sqrt[3]{\beta})$ となる元 $\beta\in\boldsymbol{Q}(\omega)$ がある．$f(x)$ の根 $\alpha_i\in L\subseteq L(\omega)$ ゆえ，各 α_i は ω と $\sqrt[3]{\beta}$ の整式で表せる．$\omega=(-1\pm\sqrt{-3})/2$ であり，$\beta\in\boldsymbol{Q}(\omega)$ ゆえ，この場合はよい．

(ii)の場合：H' に対応する L の部分体 M をとる．M は $\boldsymbol{Q}$ の2次拡大ゆえ，$M=\boldsymbol{Q}(\sqrt{d})$ となる $d\in\boldsymbol{Q}$ がある．$H'\subseteq H$ ゆえ，H' の位数は1または3．前者なら $L=M$ だからよい．後者の場合，$L(\omega)$ は $M(\omega)$ 上3次のガロア拡大であるから，(i)の場合と同様にして，$M(\omega)$ の適当な元 γ により $L(\omega)=M(\omega, \sqrt[3]{\gamma})$．$\omega\in\boldsymbol{Q}(\sqrt{-3})$, $\gamma\in\boldsymbol{Q}(\sqrt{d}, \sqrt{-3})$ ゆえ，$f(x)$ の根 α_i は有理数に対して $\sqrt{\ }$，$\sqrt[3]{\ }$，四則演算をほどこした形で表すことができる．

4次方程式の場合：上の定理により $g(x)=x^4+c_1x^3+c_2x^3+c_3x+c_4$ のガロア群 G^* は4次対称群 S_4 の部分群と考えられる．S_4 には正規部分群 $N=\{(1\ 2)(3\ 4), (1\ 3)(2\ 4), (1\ 4)\cdot(2\ 3), 1\}$ があり，S_4/N は3次対称群 S_3 と同型である．$N^*=G^*\cap N$ とおくと N^* は G^* の正規部分群であって，G^*/N^* は S_4/N の部分群である．

$g(x)$ の最小分解体 L^* の部分体で N^* に対応するものを M^* とすると，M^* は $\boldsymbol{Q}$ のガロア拡大であって，$\mathrm{Gal}(M^*/\boldsymbol{Q})=G^*/N^*$, $\mathrm{Gal}(L^*/M^*)=N^*$．$G^*/N^*$ が S_3 の部分群と同型であるから，3次方程式の場合と同じ理由によって，M^* の元は有理数に対して，$\sqrt{\ }$，$\sqrt[3]{\ }$ と四則演算をほどこした形で表すことができる．次に，$N^*\subseteq N$で，N は位数4のアーベル群であり，各元の位数は2であるから，N^* は，(i) 単位元だけ，(ii) 位数2，(iii) N と一致，のいずれかである．(i)の場合は $L^*=M^*$ だからよい．(ii)の場合は L^* は M^* の2次拡大であり，したがって $L^*=M^*(\sqrt{\delta})$ となる $\delta\in M^*$ がある．すなわち，L^* の各元は M^* の元と $\sqrt{\delta}$ の整式でかける．$\delta\in M^*$

であるから，この場合もよい．(iii)の場合，N の部分群 $N'=\langle(1\ 2)(3\ 4)\rangle$ に対応する中間体 M^{**} を考えると，M^{**} は M^{*} の２次拡大，L^{*} は M^{**} の２次拡大になる．したがって，$M^{**}=M^{*}(\sqrt{\delta})$ となる $\delta\in M^{*}$ および $L^{*}=M^{**}(\sqrt{\varepsilon})$ となる $\varepsilon\in M^{**}$ がある．したがって L^{*} の各元は，有理数に対して，$\sqrt{\ }$ ，$\sqrt[3]{\ }$ と四則算法をほどこしたりした形で表すことができる．($\sqrt[4]{\ }$ も使うかも知れないが，これは $\sqrt{\sqrt{\ }}$ と $\sqrt{\ }$ を重ねて使ったと考えられる．)

以上で一応例題の解が得られたが，36ページの例題６に示した３次方程式の根の公式と，上の説明の３次方程式の場合とを比べてみるのも意味のあることであるので，それを述べよう．

まず，$x^3+3px+q=0$ の形にするのは，40ページで述べたように３根に一定数を加えたものを根とする方程式として得られるのである．上の $f(x)$ に対してなら，$b_1/3$ を加えればよいのである．したがって，$f(x)=x^3+3px+q$ の場合に解ければよいので，この場合を考えよう．

36ページに $d=q^2+4p^3$ とあるが，実は $-27d$ が $f(x)$ の判別式とよばれるもの，すなわち，$f(x)$ の３根を α, β, γ で表すとき，$-27d=(\alpha-\beta)^2(\beta-\gamma)^2(\gamma-\alpha)^2$ なのである．(これは，根と係数の関係：$\alpha+\beta+\gamma=0,\ \alpha\beta+\beta\gamma+\gamma\alpha=3p,\ \alpha\beta\gamma=-q$ を用いて確かめられる．) 最小分解体 L は $(\alpha-\beta)(\beta-\gamma)(\gamma-\alpha)=\pm3\sqrt{-3d}$ を含む．上の説明の(ii)の場合の d がここでの $-3d$ でよいのである．$\boldsymbol{Q}(\omega)=\boldsymbol{Q}(\sqrt{-3})$ ゆえ $\sqrt{d}\in\boldsymbol{Q}(\sqrt{-3d},\omega)$ であって，上の説明の γ が $(-q\pm\sqrt{d})/2$ でよかったのである．(i)の場合になるのは $-27d=-27q^2-4(3p)^3$ が平方数(有理数の平方)になるときなのである．

上では結論だけを述べた．ガロアの基本定理を使って詳しく調べれば，なぜそうなっているのかもわかることではあるが，大分複雑であるから省略する．そのような詳しい議論を４次方程式の場合に行えば，いわゆるフェラリの解法とよばれる４次方程式の解法も導くこともできるが，それはさらに複雑であるので，本書では試みない．フェラリの解法は Appendix 4 で述べるので，興味のある読者はそれを読まれたい．

なお，上の説明の４次方程式の場合について，S_4/N が S_3 と同型ということが出てきた．そのことから，G^{*}/N^{*} が S_3 またはその部分群になることになったわけであるが，M^{*} の元を表すのに，３次方程式の場合と同様の手続きになることをも示しているわけで，フェラリの解法の途中で３次方程式を解くことになっている理由が，ここにあるのである．

類　題　――――　解答は149ページ

2. 1.　x^7-1 の根は有理数から出発し，四則演算と $\sqrt{\ }$，$\sqrt[3]{\ }$ を使った形で表せることを示せ．

注意　$\sqrt[7]{1}$ と書いたのでは１なのか原始７乗根なのかわからないので，$\sqrt[7]{1}$ という記号は普通使わない．一般に，$\sqrt[n]{a}$ とかくときは，体 $\boldsymbol{Q}(a)$ 上 x^n-a が既約であるとき，すなわち，$\sqrt[n]{a}$ の候補は n 個あるが，それらが互いに共役のとき，に限定するのが普通である．$\sqrt{-1}$ も，この意味で使われているのである．

2. 2.　１の原始８乗根(複素数)を求めよ．

2. 3.　８次以内の相反方程式の係数が有理数であれば，その根は有理数から出発して，四則演算と $\sqrt{\ }$，$\sqrt[3]{\ }$ とを使った形で表せることを示せ．

12.3 ガロア拡大体の合成体

例題3の前半，L^* が K のガロア拡大であること，は易しい．すなわち，L, M は分離的だからそれらで生成された L^* も分離的であり，L, M の元の共役は L, M に入っているから，85ページで学んだガロア拡大の特徴づけによって，L^* が K のガロア拡大であることがわかるのである．この問題でむつかしいのは，ガロア群がどうなのかという点であるので，それを考えよう．

$G^*=\mathrm{Gal}(L^*/K)$ の部分群で，L, M に対応するものをそれぞれ N_1, N_2 としよう．87ページの Exercise 6 により，G^* の元 σ に $\sigma|_L$ を対応させる写像 φ_1 および σ に $\sigma|_M$ を対応させる写像 φ_2 により，G^* から G, H の上への準同型が得られ，その核が N_1, N_2 と一致する．そこで，G^* の各元 σ に $(\sigma|_L, \sigma|_M)\in G\times H$ を対応させる写像 φ を考えよう．φ_1, φ_2 が準同型ゆえ，φ も準同型である．$\varphi(\sigma)=1$ であれば，σ は L 上でも，M 上でも恒等写像．ということは L と M とで生成された L^* の上でも恒等写像．$\therefore\ \sigma=1$．ゆえに，$G^*\simeq\varphi(G^*)$．すなわち，G^* は $G\times H$ の部分群 $\varphi(G^*)$ と同型である．

この例題の結果は，ガロア群の構造を調べるのに役立つ．たとえば，ガロア群がアーベル群であるようなガロア拡大を**アーベル拡大**とよぶが，この言葉を使えば，次の定理が例題の結果からすぐ得られる（二つのアーベル群の直積はアーベル群であり，アーベル群の部分群はアーベル群だから）．

定理 体 K の有限次拡大体 L, M がともにアーベル拡大であれば，L, M の合成体 L^* も K のアーベル拡大体である．

類 題 解答は149ページ

3.1. 体 K の二つの巡回拡大体 L, M について，その拡大の次数 l, m が互いに素であるものとする．このとき，L と M との合成体 L^* は K の巡回拡大体であることを示せ．

3.2. 例題3の記号のもとで，次のことを証明せよ．

(i) $\mathrm{Gal}(L^*/K)\simeq G\times H$ ならば，$L\cap M=K$ である．

(ii) 逆に，$L\cap M=K$ ならば $\mathrm{Gal}(L^*/K)\simeq G\times H$ である．

(iii) もっと一般に，$\mathrm{Gal}(L^*/K)\simeq\{(\sigma, \tau)\in G\times H \mid \sigma|_{L\cap M}=\tau|_{L\cap M}\}$

3.3. 上の3.1を次のように一般化して証明せよ．

L, M が体 K の巡回拡大体で次数はそれぞれ l, m であるとする．L と M との合成体 L^* が K の巡回拡大体であるための必要充分条件は $[L\cap M : K]$ が l と m との最大公約数に等しいことである．

12.4 正多角形の作図

定規とコンパスによる作図(定規は線分を書き，コンパスは円を画くだけとする)は，古代ギリシア文明で既に考えられたが，いくつかの，作図不可能なものについて，不可能であることがわからなくて，難問とされたものがある．それらのうち特に有名なものは，一般の角の三等分の作図，円周率の作図，$\sqrt[3]{2}$ の作図の三つである．これらについては後でふれよう．可能な作図も古くからいろいろ知られていた．角の二等分の作図，線分の垂直二等分線の作図，与えられた長方形と同じ面積をもつ正方形の作図などの易しい作図以外に，正五角形の作図も知られていた．角の二等分が可能ゆえ，正 $2^n\times 3$ 角形，正 $2^n\times 5$ 角形，正 2^n 角形の作図もわかっていたのである．ギリシア時代には，これら以外の正多角形の作図（すなわち，単位円だけを与えて，それに内接する正多角形を，定規とコンパスだけで作図すること）は不可能と信じられていたと思われる．そこを始めて突き破ったのはガウス(1777～1855)であり，ガウスの日記によれば，1796年3月30日の朝，起床するときに正17角形の作図に気付いたのだという．1819年にガウスが友人に書いた手紙には，何故に正17角形の作図が可能なのかの説明をした後，一般に p が素数であって $p-1$ が2のべきであれば，正 p 角形の作図ができることを述べている．

ガウスが上記の発見をした頃は，まだガロアの理論は出来てはいなかったが，ガウスは1の原始 p 乗根のみたす相反方程式 $x^{p-1}+x^{p-2}+\cdots+x+1=0$ すなわち，$(x^p-1)/(x-1)=0$，の根の様子を調べて上の結論を得ている．現在では，ガロア理論を利用して，作図の可能性の判定がうまくできるようになっている．その判定法をまず紹介しよう．

円を与えることは，その中心と，半径の長さとを与えることとみなしてよい．線分を与えることはその両端の点を与えることとみなされる．半直線を与えることは，端点と，端点から単位長の距離にあるような，その半直線上の点を与えることと考えられる，等々，というわけで，作図問題について，あらかじめ，点，直線，… を与えることは，いくつかの点を与えることですまされる．同様に作図するものについても，いくつかの点を作図することでよいことになる．したがって，「平面上に，いくつかの点を与えて，定規とコンパスだけを使って，いくつかの点を作図する」という形で考えてよいのである．特に何も与えない場合は，座標原点と，単位表(長さ1)だけが与えられているものと考える．以後**作図**というときは，定規とコンパスによる作図を意味するものとする．

次に，座標 (a, b) というように，二つの実数の組を与える代りに，ガウス平面を考えて，平面上の点を複素数で考えることにしよう．すると，何も与えない場合というのは，0と1との2点だけがわかっているものとするのである．このとき，次のきれいな定理がある:

定理 1 $0, 1, \alpha_1, \alpha_2, \cdots, \alpha_n$ ($n=0$ かも知れぬ) が与えられた点 (複素数) であるとき，次の (1) と(2)のおのおのは，これら与えられた点から出発して，一つの複素数 β が作図できるための必要充分条件である．ただし，K_0 は有理数体 $\boldsymbol{Q}$ 上，$\alpha_1, \alpha_2, \cdots, \alpha_n$ とその複素共役 $\bar{\alpha}_1, \bar{\alpha}_2, \cdots, \bar{\alpha}_n$ で生成された体 $\boldsymbol{Q}(\alpha_1, \alpha_2, \cdots, \alpha_n, \bar{\alpha}_1, \bar{\alpha}_2, \cdots, \bar{\alpha}_n)$ である．($n=0$ なら，$K_0=\boldsymbol{Q}$)．

(1)　複素数体 $\boldsymbol{C}$ の部分体の列 $K_0 \subset K_1 \subset K_2 \subset \cdots \subset K_t$ で，(i) 各 $i=1, 2, \cdots, t$ について $[K_i : K_{i-1}]=2$，かつ，(ii) $\beta \in K_t$ となるものが存在する．

(2)　K_0 のガロア拡大体 L で，$\beta \in L$ かつ $[L:K_0]$ が2のべきであるものが存在する．

また，次の(3)は β が作図できるための必要条件である．(充分条件ではない)

(3)　K_0 上 β は代数的であって，β の最小多項式の次数は2のべきである．

証明よりも，事実の内容を理解することの方が大切と思うので，定理1の証明は Appendix 10 で述べることにして，座標を使った場合の一つの判定法を述べておこう．

定理 2　点 $(0, 0), (0, 1), (a_1, b_1), (a_2, b_2), \cdots, (a_n, b_n)$ が与えられたとき，これらの点を利用して，点(c, d) が作図できるための必要充分条件は，実数体 $\boldsymbol{R}$ の部分体の列 $\boldsymbol{Q}(a_1, b_1, a_2, b_2, \cdots, a_n, b_n)=L_0 \subset L_1 \subset \cdots \subset L_t$ であって，(i) 各 $i=1, 2, \cdots, t$ について $[L_i:L_{i-1}]=2$，かつ，(ii) L_t は c, d を含む，の二条件をみたすものが存在することである．

例えば，正五角形のとき，この形だと，頂点の座標をしらべなくてはならないが，ガウス平面で考えれば，$x^4+x^3+x+1=0$ という相反方程式を考えることになって，見易いのである．

さて，例題4の解を考えるのには，1のべき根をつけ加えた体のガロア群についての知識が必要であるが，それも詳しいことは Appendix 6 にゆずることにして，次の定理 (Appendix 6 の結果の一部である)を既知であるものと仮定しよう．

定理 3　p が奇素数，e が自然数のとき，1の原始 p^e 乗根 (複素数) を有理数体 $\boldsymbol{Q}$ につけた体は $\boldsymbol{Q}$ のガロア拡大体で，そのガロア群の次数は $p^{e-1}(p-1)$ である．

上に述べた，定理1と定理3とを既知と仮定して，例題4の解を考えよう．いくつかの段階に分けて証明する．まず，単位円に内接し，1を頂点の一つにもつ正 n 角形の，1の次の頂点は1の原始 n 乗根であり，頂点全体が1の n 乗根全体であることに注目しておく必要がある．

次に，正 mn 角形 (m, n は自然数，$n \geqq 3$) が作図できれば，その頂点の一部を選ぶことにより正 n 角形の作図もできることになることにも注意しておこう．

(i)　p が奇素数のとき，正 p^2 角形作図はできないことの証明．1の原始 p^2 乗根 η をつけた体 $\boldsymbol{Q}(\eta)$ のガロア群の位数は $p(p-1)$ で，これは2のべきではない．ゆえに定理1の(3)により，η は作図できない．

(ii)　p が奇素数で，$p-1$ が2のべきでないときに正 p 角形が作図できないのも，(i) と同様である．

(iii)　p が奇素数で，$p-1$ が2のべきのとき，作図できること：これは定理1の(2) により，1の原始 p 乗根の作図ができるから，正 p 角形の作図ができる．

(iv)　$n=2^e p_1^{e_1} p_2^{e_2} \cdots p_m^{e_m}$ ($p_1<p_2< \cdots <p_m$ は奇素数，e_i は自然数，e は負でない有理整数) であるとき，正 n 角形が作図できたとすれば，正 $p_i^{e_i}$ 角形も作図できるのだから，e_i は1で，p_i-1 は2のべきでなくてはならない．逆に，この条件がみたされたとする．奇数因子がない場合，作図できるのは明らかである(ただし，$n \geqq 3$ ゆえ，このときは $e \geqq 2$)．奇数因子がある場合

を考えよう．L の原始 p_i 乗根を ζ_i とする．78ページの類題1.2により，$\zeta_1\zeta_2\cdots\zeta_m$ は1の原始 $p_1p_2\cdots p_m$ 乗根である．各 ζ_i が作図可能なのだから，その積 $\zeta_1\zeta_2\cdots\zeta_m$ は作図可能であり（この証明には定理1と例題3を使ってできるが，Appendix 10で示す「α, β が作図できれば $\alpha\beta$ も作図できる」ことを使う方がよい），したがって，単位円に内接する正 $p_1p_2\cdots p_m$ 角形の作図ができる．円弧の二等分の作図が可能であるから，正 n 角形の場合もよいことになる．

というわけで，少しむつかしい定理1と定理3とは既知と仮定して，その証明は Appendices (10と6) にゆずってしまったが，例題3の解は一応終了した．

一般の角の三等分の作図ができないことの一つの証明が上の結果から得られる．例えば，上の結果から，正9角形の作図はできない．ということは，正三角形の一辺を見込む中心角120°の3等分の作図はできないことを意味するのである．もちろん，3等分の作図のできる角は存在する．例えば，30°は作図できるから，90°の3等分は作図できるのである．少し面倒な議論をすれば，3等分の作図のできる角は**可算無限個**（すなわち，自然数全体と一対一対応がつくだけの多さ）あり，3等分の作図のできない角は**連続の濃度**(実数実体と一対一対応するだけの多さ)あるということが証明できるが，重要ではないのでここでは証明しない．

ここで，この節の最初でふれた，円周率 π の作図と，$\sqrt[3]{2}$ の作図とにふれよう．まず π は超越数である，すなわち，$\boldsymbol{Q}(\pi)$ は $\boldsymbol{Q}$ 上代数的でないことが知られている（証明はむつかしすぎるので，本書ではふれない）．したがって，定理1によって作図できないのである．$\sqrt[3]{2}$ の $\boldsymbol{Q}$ 上の最小多項式は x^3-2 であり，この次数は3であって，2のべきではない．したがって，やはり定理1により，$\sqrt[3]{2}$ の作図はできないのである．

類　題 解答は150ページ

本文と同様，単に作図というとき，定規とコンパスによる作図を意味するものとする．

4.1. 自然数 n について，$n°$ の角が作図できるための必要充分条件は，n が3の倍数であることである．これを証明せよ．

4.2. 単位円に内接する正7角形が与えられていれば，単位円に内接する正 7×17 角形の作図ができることを証明せよ．

4.3. n が自然数であって，どんな角の n 等分も作図できるならば，n は2のべきである．これを証明せよ．

4.4. 単位長1だけが与えられたとき，有理数 a の3乗根のうちのどれか一つが作図できるための必要充分条件は，a がある有理数の3乗になっていることである．そして，このとき，3乗根全部が作図できる．これらのことを証明せよ．

4.5. 93ページの定理1の(3)が充分条件でないことを，x^4+x+1 の根 α についてたしかめよ．

［ヒント］ x^4+x+1 の $\boldsymbol{Q}$ 上の最小分解体 L を考え，L 上での2次式の積への分解

$$x^4+x+1=(x^2+ax+b)(x^2-ax+b^{-1})$$

を考える．このとき，a^2 の最小多項式の次数が3であることを示せ．

EXERCISES

（解答は150ページ）

1　有理数体 $\boldsymbol{Q}$ 上の多項式 X^4-5 の最小分解体 L について，(i) L は $\boldsymbol{Q}$ のアーベル拡大ではないことを示し，次に，(ii) $[L:\boldsymbol{Q}]$ を求めよ．

2　次の二つの定理に関連する下の問1～問4に答えよ．ただし，ζ_n は1の原始 n 乗根（複素数であるもの）の一つを表し，$F_n=\boldsymbol{Q}(\zeta_n)$ である．

定理1　$[F_n:\boldsymbol{Q}]=\varphi(n)$ である．ただし，φ はオイラーの函数である．

定理2　$\mathrm{Gal}\,(F_n/\boldsymbol{Q})$ は $\boldsymbol{Z}/n\boldsymbol{Z}$（$\boldsymbol{Z}$ は有理整数環）の乗法群 $(\boldsymbol{Z}/n\boldsymbol{Z})^\times$ と同型であり，その一つの同型は次の写像によって導かれるものである．

$$\{a\in\boldsymbol{Z}\,|\,a \text{ は } n \text{ と素}\}\ni a\mapsto\sigma_a:\zeta_n\mapsto{\zeta_n}^a$$

問1　定理1を使って次のことを証明せよ：p, q が互いに異なる奇素数であれば，F_{pq} は $\boldsymbol{Q}$ の巡回拡大ではない．

問2　定理2を既知として，定理1を導け．また，定理1を既知として，定理2を導け．

問3　定理2を使って，(i) $n\geqq 3$ のとき，$\eta_n=\zeta_n+{\zeta_n}^{-1}$ とおけば，$[F_n:\boldsymbol{Q}(\eta_n)]=2$ であることを示し，また，(ii) n が奇素数のとき $\mathrm{Gal}\,(\boldsymbol{Q}(\eta_n)/\boldsymbol{Q})$ を求めよ．

問4　二つの自然数 m, n について，その最大公約数，最小公倍数をそれぞれ d, l で表せば，$\boldsymbol{Q}(\zeta_m, \zeta_n)=F_l$, $F_m\cap F_n=F_d$ である．これらを定理1は既知として証明せよ．

注意　上の二つの定理は Appendix 6 に含まれている．

Advice

1　$L=\boldsymbol{Q}(\sqrt[4]{5}, \sqrt{-1})$ をまず導け．

2　**問1.**　$\zeta_p\zeta_q$ は1の原始 pq 乗根であるから，F_{pq} は F_p と F_q の合成体．$\varphi(pq)=\varphi(p)\times\varphi(q)$ であることと，例題3とを利用して，$\mathrm{Gal}(F_{pq}/\boldsymbol{Q})$ が $\mathrm{Gal}(F_p/\boldsymbol{Q})\times\mathrm{Gal}(F_q/\boldsymbol{Q})$ と同型を導け．

問2.　前半は $(\boldsymbol{Z}/n\boldsymbol{Z})^\times$ の位数が $\varphi(n)$ であることを利用．後半は，定理1が成り立つことから，1の原始 n 乗根はすべて ζ_n と共役であることを導け．

問3.　ζ_n を ${\zeta_n}^{-1}$ に写すようなガロア群の元に対して η_n が不変であることに着目せよ．

問4.　l の各素因数 p に着目せよ．

(i)　$\boldsymbol{Q}(\zeta_m, \zeta_n)=F_l$ については，p^e が l に含まれる p べき因数ならば，1の原始 p^e 乗根が ζ_m または ζ_n のべきで得られることを利用．

(ii)　$F_m\cap F_n=F_d$ については，$\varphi(l)\varphi(d)=\varphi(m)\varphi(n)$ をまず示せ．

Appendix 1　素因数分解の一意性

0, ±1 以外の整数は $\pm p_1^{e_1} p_2^{e_2} \cdots p_s^{e_s}$ ($p_1, p_2, \cdots, p_s$ は互いに相異なる素数)の形に(素因数の順序を度外視して)一通りに分解することはよく知られているが，その証明を考えてみよう．まず，次の:

定理 1　a, b が自然数で，pが素数であり，さらに ab が p で割りきれれば，a または b が p でわりきれる．

は上述のことと密接な関係にある．初めに述べた素因数分解の一意性は，次のように述べてもよい．

定理 2　a が自然数で $a>1$ ならば，a は $p_1^{e_1}p_2^{e_2} \cdots p_s^{e_s}$ ($p_1, p_2, \cdots, p_s$ は互いに相異なる素数) の形に一通りに分解できる．

この二つの定理の証明を，二通り与えることにする．まずここでは，数学的帰納法を使った，直接的証明を述べる．後の Appendix 8 で，ユークリッドの互除法を利用した，環論的証明を述べる．

第 1 段階　定理 1 の主張の成り立つ素数全体を P とする．このとき，次のことがいえる:

「P に属する素数 $p_1, p_2, \cdots, p_n$ を何回かかけて得られる数 N は，$p_1, \cdots, p_n$ 以外の素数ではわりきれない」

証明　$N=p_1^{e_1}p_2^{e_2} \cdots p_n^{e_n}$ ($p_i \in P$)，q がどの p_i とも異なる素数で，$N=qq'$ (q' は自然数) となったとしよう．qq' は p_1 でわりきれ，q は素数ゆえ，P の性質により，q' が p_1 でわりきれる．したがって，$N_1=N/p_1$ について，同様のことがおこっていることになる．以下同様に，順次割って行けば，$N=qq'$ から出発して，$1=qq^*$ の形が得られる．($\sum e_i$ についての数学的帰納法を使うのもよい．) というわけで矛盾．ゆえに「　」内は正しい．

第 2 段階　定理 1 がすべての素数について正しいことを，素数 p の大きさについての数学的帰納法で証明する．$p=2$ のときは，奇数×奇数$=(2n+1)(2m+1)=2(2mn+m+n)+1=$奇数 ゆえ，$p=2$ については定理 1 は正しい．素数 q より小さい素数全体について定理 1 は正しいと仮定して，q のときを考える．a, b が q でわりきれないならば，ab も q でわりきれないことを言えばよい．a, b を q で割った余りを a', b' とすると，$a=cq+a'$, $b=dq+b'$ の形になるから，$ab=q(cdq+cb'+a'd)+a'b'$．これが q でわりきれるとすると，$a'b'$ も q でわりきれる．ところが，a', b' は q より小さいのだから，q より小さい素数の積であり，「　」で述べたことにより，$a'b'$ は q では割りきれない．したがって，ab も q でわりきれない．(定理 1 の証明終)

第 3 段階　ある自然数 N の素因数分解が

$$N=p_1^{e_1}p_2^{e_2} \cdots p_m^{e_m}=q_1^{d_1}q_2^{d_2} \cdots q_n^{d_n} \quad (p_i, q_j \text{ 素数})$$

となったとすると，右辺が p_1 でわりきれることと，「　」内の P が素数全体であることとから，q_j のどれかが p_1 でわりきれることになる．q_j も素数だから，$p_1=q_j$．p_1 で両辺を割ると，$N_1=N/p_1$ について同様の式が $\sum e_i$ を 1 つ少なくして成り立つことになる．したがって，$\sum e_i$ についての数学的帰納法によって，定理 2 の証明が完成する．

[補足]　数係数の 1 変数の多項式の場合，素数と大きさの代りに，既約多項式と次数を考えれば，上の証明のまねをして，多項式の場合の同様の定理の証明ができるので，各自試みよ．ただし，この場

合，係数体をどれに定めるかによって，「既約」であるか否かが変わるが，証明には影響はない．

多変数の多項式についても分解の一意性は同様に成り立つが，上のような証明では証明できない．Appendix 8 でその場合は詳しく述べる．

なお，一変数の整数係数の多項式の，有理数の範囲での因数分解と，整数係数の範囲での分解の関係を，33ページの定理で明らかにしたが，同様のことを，多変数の場合を含めて証明しておこう．これは，係数の範囲である有理整数環において素因数分解の一意性があることによるのであって，素元分解の一意性の成り立つ整域 I に係数をもつ多項式について，それを I の商体に係数をもつ多項式と考える場合との関係に一般化するのは易しい．

定理 3 (1) 変数 $x_1, x_2, \cdots, x_n$ ($n=1$ でもよい) についての整数係数の多項式 $f(x_1, x_2, \cdots, x_n)$, $g(x_1, x_2, \cdots, x_n)$ について，その積 $f(x_1, \cdots, x_n)g(x_1, \cdots, x_n)$ が素数 p でわりきれる (係数が全部 p でわりきれる意味) ならば，$f(x_1, \cdots, x_n)$, $g(x, \cdots, x_n)$ の少なくとも一方が p でわりきれる．

(2) 上のような $f(x_1, \cdots, x_n)$ が有理数係数の範囲で $h(x_1, \cdots, x_n)k(x_1, \cdots, x_n)$ と因数分解すれば，この因数分解の $h(x_1, \cdots, x_n)$, $k(x_1, \cdots, x_n)$ の一方に適当な 0 でない有理数を，他にその逆数をかけることによって，ともに整数係数の多項式にすることができる．

証明 (1) は72ページの類題 3.1 において，pR が素イデアルであるとする部分に含まれる．これを使って(2)を証明しよう．$h(x_1, \cdots, x_n)$, $k(x_1, \cdots, x_n)$ の係数に分数があれば分母を払い，おのおのの係数全体に共通因数があればそれをくくり出すことによって

$$f(x_1, \cdots, x_n)=\frac{b}{a}h_1(x_1, \cdots, x_n)\, k_1(x_1, \cdots, x_n)$$

ただし，h_1, k_1 は h, k とは定数因子しかちがわない整数係数の多項式で，いずれも係数には共通因数がないものである．また b/a は既約分数(または整数)である．もし a に素因数 p があれば，$h_1(x_1, \cdots, x_n)$ と $k_1(x_1, \cdots, x_n)$ との積について，(1) に反することになる．ゆえに b/a は整数で，所期の分解ができる．

系 整数係数の多項式が，整数係数の範囲で考えて既約多項式であれば，有理数係数の多項式と考えても既約多項式である．

練　習 ———— 解答は151ページ

1. 素数が無限個あることを証明せよ．
2. 2^n-1 (n は自然数) が素数であれば，n も素数であることを示せ．(n が素数でも 2^n-1 は素数とは限らない．例 $n=11$ のとき $2^n-1=23\times89$)

Appendix 2　代数学の基本定理

ガウス平面の応用の一例として，いわゆる代数学の基本定理（下の定理1）の証明を述べる．この定理の結論は，Appendix 9 で定義する「代数的閉体」という言葉を使えば，「複素数体は代数的閉体である」と言うのと同じであることをつけ加えておく．

定理 1　複素数係数の一変数の多項式 $f(X)=a_0+a_1X+a_2X^2+\cdots+a_nX^n$ $(n\geqq 1,\ a_n\neq 0)$ は，複素数係数の範囲で $a_n(X-\alpha_1)(X-\alpha_2)\cdots(X-\alpha_n)$ の形に分解する．

この定理を証明するのには，因数定理と，次数についての数学的帰納法を使うことにより，次の定理2を証明すればよいことがわかる．

定理 2　複素数係数の一変数の多項式 $f(X)=a_0+a_1X+a_2X^2+\cdots+a_nX^n$ $(n\geqq 1,\ a_n\neq 0)$ に対して，$f(\alpha)=0$ となる複素数 α が存在する．

証明には次の連続函数に関する定理は既知として使うことにする．

定理 3　平面上の有界閉集合で定義された実数値連続函数は，最大値および最小値をとる．

定理2の証明　a_n でわって，$a_n=1$ と仮定してよい．$g(z)=|f(z)|$ はガウス平面上で定義された実数値連続函数である．$f(X)$ の係数の絶対値 $|a_0|, |a_1|, \cdots, |a_n|=1$ の最大 M_0 をとり，$M=(n+|a_0|)M_0$ とおくと，$|z|>M$ の範囲では $g(z)\geqq |z|^n-|a_0+a_1z+\cdots+a_{n-1}z^{n-1}|>|z|^{n-1}M-nM_0|z|^{n-1}=|a_0|\,|z|^{n-1}M_0\geqq |a_0|=g(0)$．ゆえに $|z|\leqq M$ の範囲での $g(z)$ の最小値 N は $g(z)$ の全ガウス平面での最小値である．上の定理3によって，$g(\alpha)=N$ となる点 α がある．$N=0$ であれば $f(\alpha)=0$ となるからよい．$N\neq 0$ と仮定して矛盾を示そう．$g(z)$ の定義により $N>0$ である．さて，$z\to f(z)$ によるガウス平面からガウス平面の中への写像を考えよう．$f(\alpha)\neq 0$．α のまわりの半径 r の円の上を z が動くとき，$f(z)$ がどんな図形をえがくかを，r が充分小さいときに考えてみる．$z=\alpha+w$ $(|w|=r)$ としてテーラー展開をすると

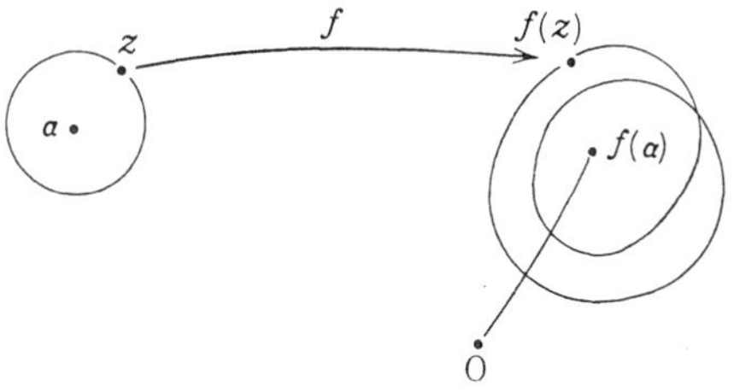

$$f(z)=f(\alpha)+f'(\alpha)w+\frac{1}{2!}f''(\alpha)w^2+\cdots+\frac{1}{n!}f^{(n)}(\alpha)w^n$$

となる．$f(z)$ は定数ではないから，$f'(\alpha), f''(\alpha), \cdots, f^{(n)}(\alpha)$ のうちには0でないものがある．その最初のを $f^{(s)}(\alpha)$ とすると

$$f(z)=f(\alpha)+\frac{1}{s!}f^{(s)}(\alpha)w^s+(w\ \text{について高次の項})$$

r が充分小さければ，$f(z)$ は $h(z)=f(\alpha)+\dfrac{1}{s!}f^{(s)}(\alpha)w^s$ とほぼ同じであり，z が α のまわりを一周する間に，$f(z)$ は $f(\alpha)$ のまわりを s 回まわることになる．すると0と $f(\alpha)$ とを結ぶ線分と，どこかで交わることになる．ということは $f(\alpha)$ より絶対値の小さいような $f(z)$ の値があることになる．これは $|f(\alpha)|$ が $g(z)$ の最小値であったことに反する．（証明終）

Appendix 3 対　称　式

ここでは，次の定理の証明を述べる．

定理　n 変数 $x_1, x_2, \cdots, x_n$ についての対称式は，基本対称式 $s_1=x_1+x_2+\cdots+x_n$, $s_2=\sum_{i<j} x_i x_j=x_1x_2+x_1x_3+\cdots+x_1x_n+x_2x_3+\cdots+x_2x_n+x_3x_4+\cdots+x_{n-1}x_n$, $\cdots$, $s_r=\sum_{i_1<i_2<\cdots<i_r} x_{i_1}x_{i_2}\cdots x_{i_r}$, $\cdots$, $s_n=x_1x_2\cdots x_n$ の整式として表すことができる．すなわち，$f(x_1, x_2, \cdots, x_n)$ が対称式であれば，適当な多項式 $g(x_1, x_2, \cdots, x_n)$ によって，$f(x_1, x_2, \cdots, x_n)=g(s_1, s_2, \cdots, s_n)$ となる．

証明　f の次数 $\deg f$ を d としよう．d 次以内の単項式に，いわゆる辞書式順序を入れる．すなわち，　$x_1{}^{i_1}x_2{}^{i_2}\cdots x_n{}^{i_n}>x_1{}^{j_1}x_2{}^{j_2}\cdots x_n{}^{j_n}$ とは，$i_1>j_1$ または，$i_1=j_1$ かつ $i_2>j_2$，または，$\cdots$，

または，$i_\alpha=j_\alpha$ が $\alpha=1, 2, \cdots, c-1$ について成り立ち，$i_c>j_c$，または，$\cdots$，

または $i_1=j_1, \cdots, i_{n-1}=j_{n-1}, i_n>j_n$

(いいかえるならば，適当な $c\in\{1, 2, \cdots, n\}$ について $\alpha<c$ ならば $i_\alpha=j_\alpha$，かつ $i_c>j_c$)．

このように順序を入れた上で，次のことを示そう．

「d 次以内の対称式 h が与えられたとし，h に現れる単項式のうち，上の順序で最大なものを M とする．すると，基本対称式の整式 $k(s_1, \cdots, s_n)$ を適当にとれば，$h-k(s_1, s_2, \cdots, s_n)$ に 0 でない係数で現れる単項式は M より(上記の順序で)小さいものだけになる」

d 次以内の単項式は係数の差異を無視すれば有限個しかないから，上記のような最大 M をとることができることが第一点，次に，上の「　」内のことが示せれば，f から出発して「　」内のことを順次適用していくと，最初得られるのが $f-k_1(s_1, s_2, \cdots, s_n)$，次に $f-k_1(s_1, \cdots, s_n)$ に適用して，$f-k_1(s_1, \cdots, s_n)-k_2(s_1, \cdots, s_n)$，$\cdots$，とやっていくと，単項式の有限性から，最後には 0 になる(上の「　」の結論は $h-k(s_1, \cdots, s_n)=0$．すなわち，$h-k(s_1, \cdots, s_n)$ に 0 でない係数で現れる単項式の存在しない場合も含まれている)．すると $f=k_1(s_1, \cdots, s_n)+k_2(s_1, \cdots, s_n)+\cdots$ というわけで，f が基本対称式の整式で表せたことになる．というわけで，上の「　」の中のことを示せばよいのである．

証明　$M=x_1{}^{e_1}x_2{}^{e_2}\cdots x_n{}^{e_n}$ とし，M の係数が $a\,(\neq 0)$ であったとしよう．$\{1, 2, \cdots, n\}$ の任意の置換 σ に対して $x_{\sigma 1}{}^{e_1}x_{\sigma 2}{}^{e_2}\cdots x_{\sigma n}{}^{e_n}$ も h に係数 a で現れるから，M の最大性により $e_1\geqq e_2\geqq\cdots\geqq e_n$ である．

$d_n=e_n$, $d_{n-1}=e_{n-1}-e_n$, $\cdots$, $d_2=e_2-e_3$, $d_1=e_1-e_2$ とおく（0 であるものがいくつかあるかも知れぬ)．

$k=as_n{}^{d_n}s_{n-1}{}^{d_{n-1}}\cdots s_2{}^{d_2}s_1{}^{d_1}$ とおく．k に現れる最大の単項式は $(x_1\cdots x_n)^{d_n}(x_1\cdots x_{n-1})^{d_{n-1}}\cdots(x_1x_2)^{d_2}\cdot x_1{}^{d_1}=M$ で，その係数は a であるから，$h-k$ に現れる単項式は M より小さいものだけである．したがって，この k が求めるものである．(証明終)

練　習　解答は151ページ

1. 上の証明の方法で，次の x, y, z についての対称式を基本対称式 $s_1=x+y+z$, $s_2=xy+yz+zx$, $s_3=xyz$ の整式として表す方法を見出せ．

(1)　$x^2(y+z)+y^2(z+x)+z^2(x+y)$　　　(2)　$x^4+y^4+z^4-2x^2yz-2xy^2z-2xyz^2$

Appendix 4　四次方程式の解法

三次方程式のカルダノの解法については36ページおよび41ページでふれたので，ここでは，四次方程式の**フェラリの解法**を紹介しよう．

複素係数の四次方程式 $X^4+aX^3+bX^2+cX+d=0$ を解くのに，まず $Y=X+\frac{a}{4}$ とおくと，もとの方程式は

$$Y^4+pY^2+qY+r=0 \qquad \cdots(1)$$

$$\text{ただし } p=-\frac{3}{8}a^2+b,\quad q=\frac{a^3}{8}-\frac{ab}{2}+c,\quad r=-\frac{3a^4}{256}+\frac{a^2b}{16}-\frac{ac}{4}+d$$

と変形される．未定数 λ を導入して，(1)を次の形に変形する．

$$(Y^2+\lambda)^2=(2\lambda-p)Y^2-qY+(\lambda^2-r) \qquad \cdots(2)$$

そして，この右辺が完全平方(複素係数の Y の一次式の平方)であるような λ を求める．λ についての条件は右辺の二次式としての判別式＝0であるから

$$q^2-4(2\lambda-p)(\lambda^2-r)=0 \qquad \cdots(3)$$

これは λ についての三次方程式であるから，カルダノの解法によって λ を求めることができる．(一つ求めればよい)．すると，(2)によって(1)は

$$Y^2+\lambda=\pm\sqrt{2\lambda-p}\left(Y-\frac{q}{2(2\lambda-p)}\right)$$

となるから，＋の場合，－の場合，それぞれ二次方程式を解いて(1)の4根が求められる．

もとの方程式の根は(1)の4根に $-\frac{a}{4}$ を加えた4数である．

[補足]　ビエトはカルダノの解法を次のようにして導いたという．$x^3+3ax+b=0$ $(ab\neq 0)$ を解くのに $x=ay^{-1}-y$ とおいて，$a^3y^{-3}-y^3+b=0$ を得る．したがって y^3 についての二次方程式 $y^6-by^3-a^3=0$ が得られ，$y^3=\alpha, \beta$ を求めたら，$y=\sqrt[3]{\alpha}$, $\omega\sqrt[3]{\alpha}$, $\omega^2\sqrt[3]{\alpha}$ (ω は1の虚立方根) に応じて x の値が三つ定まる (β を使っても同じ答が出る.)

練　習　　　　**解答は152ページ**

1.　次の各方程式をフェラリの解法によって解け．

(1)　$x^4+2x^2-4x+8=0$　　　(2)　$x^4+4x^3+3x^2+5=0$

2.　次の各方程式を解け．

(1)　$x^4+6x^3+13x^2+14x+6=0$　　　[ヒント]　有理数根あり

(2)　$x^6-21x^4-48x^3-24x^2-16=0$　　　[ヒント]　重根あり

Appendix 5　五次以上の代数方程式

41ページで述べたように，係数から出発して，四則算法と $\sqrt{\ }$，$\sqrt[3]{\ }$，…，$\sqrt[n]{\ }$ のようなべき根をとる算法だけを使ったのでは，一般の五次以上の方程式は解けない．その理由を，ガロア理論を使って説明しよう．

上で述べた算法で根が全部求められることを，**代数的に解ける**というが，複素数係数の方程式

$$f(x)=x^n+c_1x^{n-1}+\cdots+c_n=0 \qquad \cdots(1)$$

が代数的に解けるための条件を，有理数体に $c_1, c_2, \cdots, c_n$ をつけ加えた体 $K=\boldsymbol{Q}(c_1, c_2, \cdots, c_n)$ 上の $f(x)$ の最小分解体 L のガロア群 $\mathrm{Gal}(L/K)$ の性質で述べようというのである．そのために，まず群の可解性の定義を述べる．群 G が**可解**であるとは，$G=G_0$ から出発して，部分群の列 $G=G_0\supseteq G_1\supseteq\cdots\supseteq G_{n-1}\supseteq G_n=\{1\}$ であって，各 $i=1, 2, \cdots, n$ について，G_i は G_{i-1} の正規分群であって，さらに，G_{i-1}/G_i がアーベル群(可換群)であるものが存在するときにいう．述べようという条件は:

定理 1　$f(x)=0$ が代数的に解けるための必要充分条件は，$\mathrm{Gal}(L/K)$ が可解であることである．

以下，この定理の証明と，この定理と五次以上の代数方程式との関連について述べるのであるが，その前に若干の準備をしておく．

定理 2　群 G が可解群であれば，(1) その任意の部分群 H は可解であり，(2) N が G の正規部分群ならば G/N も可解群である．逆に，群 G において，適当な正規部分群 N について，N および G/N が可解であれば G も可解である．

証明　前半: G に対して，上のような G_i がある．$H_i=G_i\cap H$ とおけば，各 i について，H_{i+1} が H_i の正規部分群になる．さらに G_i から G_i/G_{i+1} への自然準同型を H_i に制限すれば像は H_i/H_{i+1} となるから，G_i/G_{i+1} の可換性から H_i/H_{i+1} の可換性が出る．ゆえに H は可解である．$K_i=G_iN$ とする．まず K_i は部分群である．(証明: K_i の二元は g_1m_1, g_2m_2 $(g_1, g_2\in G_i;\ m_1, m_2\in N)$ の形にかける．その積 $g_1m_1g_2m_2=g_1g_2\,(g_2^{-1}m_1g_2)m_2\in G_iN$. また g_1m_1 の逆元も $m_1^{-1}g_1^{-1}=g_1^{-1}(g_1m_1^{-1}g_1^{-1})\in G_iN$). $K_0=G$, $K_n=N$ は明らか．K_i が K_{i-1} の正規部分群であることも，K_{i-1} の元が $gm\,(g\in G_{i-1},\ m\in N)$ の形をしていることと，G_i が G_{i-1} の正規部分群ということからすぐわかる．各 i について K_{i-1}/K_i がアーベル群であることをみるのには，K_{i-1} の二元 $gm, g'm'$ $(g, g'\in G_{i-1};\ m, m'\in N)$ の交換子が K_i に入ることを見ればよい．$(gm)^{-1}(g'm')^{-1}gmg'm'=m^{-1}g^{-1}m'^{-1}g'^{-1}gmg'm'=g^{-1}(gm^{-1}g^{-1})m'^{-1}g'^{-1}gg'(g'^{-1}mg')m'=g^{-1}g'^{-1}gg'(g'^{-1}g^{-1}g'(gm^{-1}g^{-1}m'^{-1})g'^{-1}gg')(g'^{-1}mg')m'$. G_{i-1}/G_i がアーベル群ゆえ $g^{-1}g'^{-1}gg'\in G_i$ であり，上の交換子は $G_iN=K_i$ に属する．ゆえに K_{i-1}/N の列を考えて G/N の可解性を知る．

後半: 条件は N に対して $N=N_0\supseteq N_1\supseteq\cdots\supseteq N_r=\{1\}$, N_{i-1}/N_i がアーベル群 $(i=1, 2, \cdots, r)$ であるものの存在と，G/N に対して $G/N=L_0/N\supseteq L_1/N\supseteq\cdots\supseteq L_s/N=N/N$ で $(L_{i-1}/N)/(L_i/N)$ がアーベル群 $(i=1, 2, \cdots, s)$ となるものの存在である．$L_0\supseteq L_1\supseteq\cdots\supseteq L_s\supseteq N_1\supseteq\cdots\supseteq N_r$ は G が可解であることを示す列になる．(証明終)

定理 3　1の原始 n 乗根 ζ を体 K につけ加えたとき，$\mathrm{Gal}(K(\zeta)/K)$ は $\boldsymbol{Z}/n\boldsymbol{Z}$ の乗法群 $(\boldsymbol{Z}/n\boldsymbol{Z})^\times$ の

部分群と同型である．したがって，$K(\zeta)$ は K のアーベル拡大である．

証明　ζ の K 上の共役 ζ' を考えると，$\zeta^n=1$ ゆえ $\zeta'^n=1$ であり，n より小さい指数 m では $\zeta^m\neq1$ ゆえ，$\zeta'^m\neq1$ である．すなわち，ζ' も1の原始 n 乗根である．ゆえに，$\mathrm{Gal}(K(\zeta)/K)$ の各元 σ は $\sigma(\zeta)=\zeta^m$ となる $m \pmod n$ と一対一対応する．$\sigma\leftrightarrow m \pmod n$, $\tau\leftrightarrow l \pmod n$ であれば，$(\sigma\tau)(\zeta)=\zeta^{ml}$ ゆえ，$\sigma\tau\leftrightarrow ml \pmod n$．$\zeta^m$, ζ^l が1の原始 n 乗根ゆえ m, l は n と素であり，$\mathrm{Gal}(K(\zeta)/K)$ は対応する $(\mathbf{Z}/n\mathbf{Z})^\times$ の部分群と同型である．(証明終)

定理 4　M が L の，L が K のそれぞれ有限次ガロア拡大体であって，そのガロア群 $\mathrm{Gal}(M/L)$, $\mathrm{Gal}(L/K)$ はいずれも可解であるとき，K 上 M を含む最小のガロア拡大体 M^* についても $\mathrm{Gal}(M^*/K)$ は可解群である．拡大の次数 $[M^*: K]$ も有限である．

証明　M^* は $M=K(a)$ となる元 a の K 上の共役全体で K 上生成されるから，$[M^*:K]$ は有限である．M^* の中で考えて，M の K 上の共役 $\sigma(M)(\sigma\in\mathrm{Gal}(M^*/K))$ 全体を合成すれば M^* になる．L がガロア拡大ゆえ，$\sigma(L)=L$．$G=\mathrm{Gal}(M^*/K)$ の部分と中間体との対応を考える．L, M に対応する部分群を N, H としよう．$N=\mathrm{Gal}(M^*/L)$ で，これは G の正規部分群，$H=\mathrm{Gal}(M^*/M)$．$\sigma(M)$ には $\sigma H\sigma^{-1}$ が対応する．与えられた条件は，$G/N=\mathrm{Gal}(L/K)$ が可解群であることと，$N/H=\mathrm{Gal}(M/L)$ が可解群であることとである．M^* が M の共役の合成であることから，$\bigcap_{\sigma\in G}\sigma H\sigma^{-1}=\{1\}$．$G/N$ が可解であるから，定理2により，N が可解であることを示せばよい．$N/H\simeq N/\sigma H\sigma^{-1}$ は，G の内部自己同型 $x\to\sigma x\sigma^{-1}$ から導かれるので，すべての $\sigma\in G$ について $N/\sigma H\sigma^{-1}$ は可解である．$\sigma H\sigma^{-1}$ のうち，互いに異なるものを $H=H_1, H_2, \cdots, H_s$ とする．(N の正規部分群で，$\bigcap_i H_i=\{1\}$)．N から N/H_i への自然準同型 φ_i を考え，N から直積 $(N/H_1)\times(N/H_2)\times\cdots\times(N/H_s)$ の中への準同型 $x\to(\varphi_1(x), \varphi_2(x), \cdots, \varphi_s(x))$ を考える．$\bigcap H_i=\{1\}$ ゆえ，N はこの直積のある部分群と同型．したがって，あと

可解群 A_1, A_2, $\cdots$, A_s の直積は可解である．

ことを証明すればよい．$s=2$ のときができれば，あとは数学的帰納法を利用してすぐできるから，$s=2$ のときを考えると，$A_1\times A_2$ において，A_2 は可解で $(A_1\times A_2)/A_2\simeq A_1$ も可解だから，定理2により，$s=2$ のときの証明ができた．よって，定理4の証明が完了した．

定理 5　L が体 K の有限次ガロア拡大で，K' が K を含む体であるとき，L と K' との合成体 L' は K' のガロア拡大であり，そのガロア群 $G'=\mathrm{Gal}(L'/K')$ は $\mathrm{Gal}(L/K)$ のある部分群と同型である．

証明　$L=K(\alpha)$ となる元 α と，その最小多項式 $f(X)$ とを考える．$L'=K'(\alpha)$ であり，α の K' 上の最小多項式は $f(X)$ の因子ゆえ，α の K' 上の共役は，K 上の共役の一部 (全部かも知れない) であり，それらは L に属するのであるから，L' は K' 上ガロア拡大である．$\mathrm{Gal}(L'/K')$ の各元 σ では K の元は不変であるから，σ は L の L' への埋め込みを決める．L がガロア拡大ゆえ，$\sigma(L)=L$．したがって，$\sigma|_L$ は $\mathrm{Gal}(L/K)$ の元になる．したがって，$\sigma\to\sigma|_L$ により $\mathrm{Gal}(L'/K')$ から $\mathrm{Gal}(L/K)$ の中への準同型がえられる．σ がその核に入っていれば，$\sigma|_L$ が恒等写像で，定義により K' 上でも σ は恒等写像であるから，σ は合成体 L' 上でも恒等写像．すなわち，核は恒等写像だけである．ゆえに $\mathrm{Gal}(L'/K')$ は $\mathrm{Gal}(L/K)$ の部分群と同型である．

定理 6　1の原始 n 乗根 ζ_n (複素数) は有理数，四則演算，べき根演算を使って表せる．

証明　n についての数学的帰納法を利用する．$n\leqq2$ なら明らかゆえ，$n\geqq3$ とし，$\zeta_2, \cdots, \zeta_{n-1}$ につ

いてはすべて正しいものと仮定する．有理数体 $\boldsymbol{Q}$ 上 $\zeta_2, \cdots, \zeta_{n-1}$ で生成された体を K とすると，定理3と定理5とにより，$K(\zeta_n)$ は K のアーベル拡大であり，$[K(\zeta_n):K] \leqq [\boldsymbol{Q}(\zeta_n):\boldsymbol{Q}] < n$．したがって，ガロア群 $G=\mathrm{Gal}(K(\zeta_n)/K)$ の適当な部分群の列 $G=G_0 \supset G_1 \supset \cdots \supset G_s=\{1\}$ をとり，各 $i=1,2,\cdots,\mathrm{S}$ について G_{i-1}/G_i が巡回群であるようにとることができる．G の位数 $<n$ ゆえ，各 G_{i-1}/G_i の位数も n より小さい．G_i に対応する中間体を L_i で表すことにする．まず，L_1 は K の巡回拡大で，その次数 (G_0/G_1 の位数) m_1 に対して1の原始 m_1 乗根が K に含まれているから，第12章の例題1により，$L_1=K(\alpha)$，α は K に既約な $x^{m_1}-a$ の形の多項式の根，が得られる．L_2 は L_1 の巡回拡大であるから，同じ理由が適用される．以下同様にして，$K(\zeta_n)$ の各元は K の元に対して，四則演算とべき根演算を使った形で表せる．K の元は有理数から出発して同様の演算で表せるのだから，$K(\zeta_n)$ の元，特に ζ_n についても，同様のことがいえ，定理6の証明ができた．

では，いよいよ定理1の証明に入ろう．

[充分性の証明] $G=\mathrm{Gal}(L/K)$ が可解であると仮定する．すなわち，G には部分群の列 $G=G_0 \supseteq G_1 \supseteq \cdots \supseteq G_r=\{1\}$ で，各 i について G_i が G_{i-1} の正規部分群であって，G_{i-1}/G_i がアーベル群である．このとき，この列を細分して，各 G_{i-1}/G_i が巡回群であるものと仮定してよい．G_i に対応する中間体を L_i とし，L_i の各元が K の元から出発して，四則演算とべき根演算とで表せることを，i についての数学的帰納法で証明する．$L_0=K$ ゆえ，$i=0$ のときはよい．$i>0$ とし，L_{i-1} については正しいと仮定する．L_i は L_{i-1} の巡回拡大である．その拡大の次数を m とする．1の原始 m 乗根 ζ をとり，$K'=L_{i-1}(\zeta)$，$L'=L_i(\zeta)$ とおく．K' 上 L' は巡回拡大で，その次数は m の約数である（定理5による）．ゆえに定理6の証明と同様に，L' の元は K' の元とそれのべき根とで表せる．ζ は有理数とべき根演算で表せるのだから，L' の元についての定理の主張は正しい．ゆえに充分性の証明ができた．

[必要性の証明] 一つの根 α が K の元から出発して四則とべき根演算で表せたとき，α を含む K のガロア拡大で，そのガロア群が可解であるものの存在をまず示そう．α についての仮定は，α を表すために，新しい数を作った各段階に分けて考えると，(i) 四則演算では体の拡大はなく，(ii) べき根 $\sqrt[m]{a}$ をとったとき m 次の拡大を考えているのであるから，K から出発した体の列 $K=K_0 \subset K_1 \subset \cdots \subset K_s$ で，次の性質をもつものの存在を意味している．①各 $i=1,2,\cdots,s$ について，$K_i=K_{i-1}(\alpha_i)$，α_i は $X^{m_i}-a_i\,(a_i \in K_{i-1})$ の形の K_{i-1} 上の既約多項式の根，② K_s は α を含む．s についての数学的帰納法を利用する．すなわち，K_{s-1} を含む K のガロア拡大体 L' で，$\mathrm{Gal}(L'/K)$ が可解であるものの存在を仮定して，同様のことを K_s に対して証明すればよい．$K_s=K_{s-1}(\sqrt[m]{a})\,(a \in K_{s-1})$ としよう．1の原始 m 乗根 ζ をとり，$K'=K_s(\zeta)$ を考えると，これは $K_{s-1}(\zeta)$ 上巡回拡大であるから，K_{s-1} 上では可解なガロア群をもつ．ゆえに定理5により，K' と L' との合成体 $K' \vee L'$ は L' 上可解なガロア群をもつガロア拡大である．ゆえに定理4により，$K' \vee L'$ を含む K のガロア拡大で，可解なガロア群をもつものがある．

$f(X)$ が既約ならば，すべての根が考えているガロア拡大に含まれるからよい．既約でない場合，各既約因子毎に，可解なガロア群をもち，根を含むガロア拡大が得られるから，それらの合成を考えれば，合成体のガロア群が，ガロア群の直積の部分群であること（第12章例題3）と，前ページ21行目のこととにより，やはり正しいことがわかる．（証明終）

次に五次以上の代数方程式との関連について考えよう．90ページで見たように，上の定理1でのガロア群 $\mathrm{Gal}(L/K)$ は $f(x)$ の根の置換群とみなすことができる．そこで，五次以上の一般の方程式は代数的には解けないということは，次の二つの事実によるのである．

［I］ n 次多項式 $f(x)=x^n+c_1x^{n-1}+\cdots+c_n$ の中に，そのガロア群 $\mathrm{Gal}(L/K)$ が n 次対称群になるものがある．($K=\boldsymbol{Q}$ のとき，すなわち $c_i\in\boldsymbol{Q}$ $(i=1,\cdots,n)$ でも例がある)．

［II］ $n\geqq5$ のとき，n 次の交代群 A_n は**単純群**である．すなわち，A_n は自身と $\{1\}$ 以外に正規部分群をもたない．

この［I］,［II］の証明の前に，この二つを使って，五次以上の場合，代数的に解けないものがあることの証明をすませておこう．

［II］により，$n\geqq5$ ならば，A_n は単純群である．A_n の位数は $(n!)/2$ ゆえ，A_n はアーベル群ではない．(アーベル群では，すべての部分群が正規部分群ゆえ，アーベル群かつ単純群ということは，自身と $\{1\}$ 以外に部分群がないことを示す．$a\neq1\Rightarrow\langle a\rangle$ が全体．このことから，素数位数の巡回群または $\{1\}$ であることがわかる)．定理２により，可解群の部分群は可解であるから，可解でない A_n を含む n 次対称群は可解ではない．したがって，［I］と定理１とにより，５次以上の場合は代数的に解けないものがある．

［蛇足］ ５次で代数的に解けない場合になる例として $f(x)=0$ が見つかれば，$5+m$ 次については，別の m 次多項式 $g(x)$ をとってきて，$f(x)g(x)=0$ を考えてもこれは代数的には解けない．($g(x)=0$ の分は解けても，$f(x)=0$ の分が代数的に解けないから)．

［II］の証明 N が A_n の正規部分群で，$N\neq\{1\}$ と仮定する．$N=A_n$ を示せばよい．N の１以外の元で，それが動かす文字が最小のものを一つとり，それが σ であったとする．σ を，互いに共通文字を含まない巡回置換の積に分解する(60ページ定理２)．$\sigma=(a_{11}\ a_{12}\cdots a_{1m_1})(a_{21}\ a_{22}\ \cdots a_{2m_2})\cdots(a_{r1}\ a_{r2}\cdots a_{rm_r})$．$m_i<m_j$ であることがおこれば，σ^{m_i} は１ではなく，動かす文字が少なくなるから，σ のとり方に反する．ゆえに，$m_1=m_2=\cdots=m_r$．これを m で表す．σ の動かす文字の数は mr．文字をかきかえても群の構造には変化はないから，$\sigma=(1\ 2\ \cdots\ m)(m+1\ m+2\ \cdots\ 2m)\cdots((r-1)m+1\ \cdots\ rm)$ であるとしてよい．$\tau\in A_n$ ならば，$\tau\sigma^{-1}\tau^{-1}\in N$ ゆえ，$\sigma\tau\sigma^{-1}\tau^{-1}\in N$ に注意しておく．

(i) $m\geqq3$ のとき：$m>3$ ならば $\tau=(1\ 2\ m)$；$m=3,\ r>1$ ならば $\tau=(1\ 2)(3\ 4)$ を考えると $\sigma\tau\sigma^{-1}\tau^{-1}=(1\ m\ 3)$ または $(1\ 3\ 4\ 2\ 5)$．ゆえに σ が動かす文字の最小性により $m=3,\ r=1$．すなわち N は長さ３の巡回置換 $(1\ 2\ 3)$ を含む．

(ii) $m=2$ のとき：σ は偶置換ゆえ $r\geqq2$．τ として $(1\ 2\ 3)$ を考えると $\sigma\tau\sigma^{-1}\tau^{-1}=(1\ 3)(2\ 4)\in N$．$n\geqq5$ ゆえ，$N\ni(2\ 4\ 5)(1\ 3)(2\ 4)(2\ 4\ 5)^{-1}=(1\ 3)(4\ 5)$．$\therefore N\ni(1\ 3)(2\ 4)(1\ 3)\cdot(4\ 5)=(2\ 4\ 5)$．ゆえに(i)の $m=3,\ r=1$ の場合しかない．

というわけで，$\sigma=(1\ 2\ 3)$ としてよい．$k\geqq4$ に対し，$\tau=(1\ 2)(3\ k)$ とすると $\tau\sigma^{-1}\tau^{-1}=(1\ 2\ k)\in N$ ゆえに，$k=3,4,\cdots,n$ について $(1\ 2\ k)\in N$．このことから，$N=A_n$ を示そう．すなわち

定理７ n 次対称群 S_n $(n\geqq3)$ において，長さ３の巡回置換 $(1\ 2\ k)$ $(k=3,\cdots,n)$ で生成された部分群 H_n は n 次交代群 A_n と一致する．

証明 $n=3$ のときは $A_3=\langle(1\ 2\ 3)\rangle$ ゆえ正しい．$(1\ 2\ 3)(1\ 2\ 4)=(1\ 3)(2\ 4)$，$(1\ 2\ 4)(1\ 2\ 3)=(1\ 4)(2\ 3)$ ゆえ，H_4 は位数４の部分群 $V=\{(1\ 3)(2\ 4),\ (1\ 4)(2\ 3),\ (1\ 2)(3\ 4),\ 1\}$ を含む $V\langle(1\ 2\ 3)\rangle$ の位数は 12 であり A_4 の位数も 12 ゆえ，$H_4=A_4$．以下 n についての数学的帰納法を利用して，$H_{n-1}=A_{n-1}$ と仮定しよう．そのことは $\{(1\ 2\ k)\mid k\ (\geqq3)$ は i 以外$\}$ で生成された部分群 $H^{(i)}$ は $i\ (\geqq3)$ 以外の $n-1$ 個の文字についての交代群であり，これも H_n が含んでいることを示す．(文字の書きかえだけだから)．さて，$H_n=A_n$ を示すのには，二つの互換の積 $(i\ j)(k\ l)$ が

必ずH_nに属することをいえばよい．$(i\ j)(k\ l)$は$\{i, j, k, l\}$のうちの異なる文字についての交代群の元であるから，$H^{(l)}$の形の部分群に含まれている．ゆえにH_nに含まれ，定理7の証明ができた．

[Ｉ]については，(　)内で述べたことには少しむつかしい定理(定理11)を使うのでその定理の証明はしないで，それを利用して[Ｉ]の証明をすることとする．その前に次の形で[Ｉ]を証明しよう．

定理8　定理1において，$c_1, c_2, \cdots, c_n$が16ページでの本文の最後近くの「　」内の条件をみたすときには，$\mathrm{Gal}(L/K)$はn次対称群S_nと一致する．

証明　有理数体$\boldsymbol{Q}$の上の独立変数$t_1, \cdots, t_n$を考え，$g(X)=\prod_{i=1}^{n}(X-t_i)$とおき，これを展開して，$g(X)=X^n+b_1X^{n-1}+\cdots+b_n$とすると$(-1)^ib_i\ (i=1, 2, \cdots, n)$が$t_1, \cdots, t_n$の基本対称式である．したがって$S_n$が$t_1, \cdots, t_n$の置換をひきおこすと考えて$\boldsymbol{Q}(t_1, \cdots, t_n)$に作用し，その不変体が$g(X)$の係数で生成されたことになる．ゆえに第11章例題5により，$g(X)$について同様に作ったガロア群はS_nである．$t_1, t_2, \cdots, t_n$が独立変数ゆえ，$b_1, b_2, \cdots, b_n$の間には有理数係数の代数関係はない．（どんなn変数の0でない多項式$h(X_1, \cdots, X_n)$をとっても$h(b_1, \cdots, b_n)\neq 0$ということ；詳しい証明が必要かも知れぬが略す）．したがって，$g(X)$の場合と，$f(X)$の場合とは，同型写像で写せるから，$f(X)$の場合のガロア群もS_nである．(証明終)

[Ｉ]の(　)内のことの証明のため，まず次の定理9，定理10を証明する．

定理9　n次対称群$S_n\ (n\geqq 2)$において，σ, τ, ηがそれぞれ長さ$2, n, n-1$の巡回置換であれば，$\langle\sigma, \tau, \eta\rangle=S_n$．

証明　(1)　文字を適当にかきかえることにより，$\eta=(2\ 3\ 4\ \cdots\ n)$であるとしてよい．このとき，$\sigma 1\neq 1$ならば$\langle\sigma, \eta\rangle=S_n$である．なぜならば，$\sigma=(1\ m)$として$\eta^i\sigma\eta^{-i}$を計算してみると，$\{(1\ k)\mid k=2, 3, \cdots, n\}$が全部現れる．$k\neq j,\ k\neq 1,\ j\neq 1$のとき$(1\ j)(1\ k)(1\ j)=(j\ k)$ゆえ，これらで$S_n$が生成されるのである．

(2)　$\sigma 1=1$のときは，$\tau^i\sigma\tau^{-i}$を考えると，$(j\ k)$の形の元になるが，iをいろいろ動かせばjまたはkに1が現れる．そのときの$\tau^i\sigma\tau^{-i}$をσの代りにとって，(1)を適用すればよい．

定理10　有限体Kの有限次代数拡大体Lは必ず巡回拡大体である．Kの元数をqで表せば，$\sigma(x)=x^q$で定義されるLからLへの写像はLの自己同型であり，$\mathrm{Gal}(L/K)=\langle\sigma\rangle$．

証明　Kの標数をpとする．Kは$K_0=\boldsymbol{Z}/p\boldsymbol{Z}$を含む．$[K:K_0]=m$とおくと，$K$の$K_0$上の一次独立基の元数は$m$ということであるから，$K$の元数は$p^m$．同じ理由で，$[L:K]=n$とおくと，$L$の元数は$q^n=p^{mn}$である．$q$が$p$のべきであり，83ページの類題4.1により，$\sigma$が$L$の自己同型であることがわかる．また82ページ初頃の記述にあるように，Kの元はX^q-Xの根であるから，σのKへの制限は恒等写像である．$\sigma^i(x)=x^{q^i}$であり，$X^{q^i}-X=0$はq^i個以下の解をもつのだから，$\sigma^i=1$となるiはn以上の筈で，他方，Lの元数がq^nゆえ，Lの元は全部$X^{q^n}-X=0$をみたす．ゆえにσの位数はnである．$\langle\sigma\rangle$でKの各元が不変で$\langle\sigma\rangle$の位数が$[L:K]$に等しいから，$\langle\sigma\rangle$が丁度ガロア群になる．(証明終)

次の定理11はむつかしいので，ここでは証明しないで使う．たとえば拙著「可換体論」(裳華房)の定理6.3.2は，この定理11を含んでいる．

定理11　$f(x)=x^n+c_1x^{n-1}+c_2x^{n-2}+\cdots+c_n$において，$c_1, c_2, \cdots, c_n$は全部有理整数であるものとする．$f(x)$の最小分解体$L$の中の代数的整数全体のなす環$R$の極大イデアル$P$をとる．$P$に含まれる素数を$p$とする．$(P\cap R=p\boldsymbol{Z})$．ガロア群$\mathrm{Gal}(L/\boldsymbol{Q})$の各元は$R$の自己同型をひきおこすので，$H=\{\sigma\in\mathrm{Gal}(L/\boldsymbol{Q})\mid\sigma(P)=P\}$の各元は$R/P$の自己同型をひきおこすのであるが，$R/P$は$\boldsymbol{Z}/p\boldsymbol{Z}$のガロア

拡大であって，そのガロア群は H の元によってひきおこされた R/P の自己同型全体から成る．

[I]の( )内のことの証明：互いに異なる三つの素数 p, q, r と，次のような三つの整数係数の多項式 $g(x), h(x), k(x)$ をとる．

$g(x)=x^n+a_1x^{n-1}+a_2x^{n-2}+\cdots+a_n$ は p を法として ($\mathbf{Z}/p\mathbf{Z}$ 上の多項式として) 既約．

$h(x)=x^n+b_1x^{n-1}+b_2x^{n-2}+\cdots+b_n$ は q を法として既約な $n-1$ 次因子をもつ．

$k(x)=x^n+e_1x^{n-1}+e_2x^{n-2}+\cdots+e_n$ は r を法として既約な2次因子と，$n-2$ 個の一次因子の積に分解し，r を法として重根をもたない．

13ページの Exercise 4 により整数 $c_i\,(i=1,2,\cdots,n)$ を，$c_i\equiv a_i\pmod p$, $c_i\equiv b_i\pmod q$ $c_i\equiv e_i\pmod r$ であるように選ぶことができる．この c_i によって作った $f(x)=x^n+c_1x^{n-1}+\cdots+c_n$ を考えると，$f(x)$ のガロア群が S_n になるのである．それは，定理11をこの場合に適用してみると，まず，p を含む極大イデアル P の場合に適用すると，R/P の $\mathbf{Z}/p\mathbf{Z}$ 上のガロア群は定理10により巡回群であるが，その生成元 τ をとると，τ は $f(x)\pmod p$ すなわち $g(x)\pmod p$ の n 個の根の置換で，n 個の根は互いに共役ゆえ，一つから他へは σ を何回かほどこせば写らなくてはならない．したがって，これは n 個の根の巡回置換でなくてはならない．ゆえに，定理11により $f(x)$ のガロア群は $f(x)$ の n 個の根の置換と考えて，長さ n の巡回置換を含まなくてはならない．q を含む極大イデアルの場合に適用すれば，$f(x)$ のガロア群が長さ $n-1$ の巡回置換を含むことがわかり，r を含む極大イデアルの場合によって互換を含むことがわかる．そこで定理9により，ガロア群は n 次の対称群と一致することがわかる．(証明終)

上の証明では p, q, r の選び方はほぼ自由であり，一つの p, q, r の選び方に対し，$g(x), h(x), k(x)$ の選び方の数は，それぞれ p, q, r を法として合同なものは同じとみれば有限個ではあるが，一組の $g(x), h(x), k(x)$ に対して，$f(x)$ は mod pqr で定めればよいのであるから，$n-1$ 次以下の多項式 $f_0(x)$ を任意にとって $f(x)+pqrf_0(x)$ をとっても，やはりガロア群が n 次対称群になるのである．したがって，ガロア群が n 次対称群になるような n 次多項式は非常にたくさんあることがわかるのである．

ついでに，上の証明によって得られる，$n=5$ のときの具体例を示しておこう．

[例] $p=5,\ q=2,\ r=3$ のとき，$g(x)=x^5-x-1$, $h(x)=(x^4+x+1)(x+1)\equiv x^5+x^4+x^2+1\pmod 2$, $k(x)=(x^2+x-1)(x+1)(x-1)x\equiv x^5+x^4+x^3-x^2+x\pmod 3$ とすると，$f(x)$ の一例は

$$f(x)=x^5+25x^4+10x^3+5x^2+4x+9$$

① $x^5-x-1\pmod 5$ の既約性の証明：$\mathbf{Z}/5\mathbf{Z}$ の元は x^5-x の零点ゆえ，これは $\mathbf{Z}/5\mathbf{Z}$ では根をもたない．α が一根 ($\mathbf{Z}/5\mathbf{Z}$ の拡大体の元) とすると，$c\in\mathbf{Z}/5\mathbf{Z}$ に対して，$(\alpha+c)^5-(\alpha+c)=\alpha^5+c^5-\alpha-c=\alpha^5-\alpha$ ゆえ，$\alpha, \alpha+1, \alpha+2, \alpha+3, \alpha+4$ も根である．ゆえに，この五個が根全部である．$\mathbf{Z}/5\mathbf{Z}$ 上の α の共役であるもの $\alpha+i\,(i\neq0)$ が存在する．α を $\alpha+i$ に写すガロア群の元を σ とすると，$\sigma^2(\alpha)=\alpha+2i$, $\sigma^3(\alpha)=\alpha+3i$, $\sigma^4(\alpha)=\alpha+4i$, $\sigma^5(\alpha)=\alpha+5i=\alpha$ ゆえ，上の $\alpha+j$ 全部が α の共役になる．ゆえに $x^5-x-1\pmod 5$ は既約．

② $x^4+x+1\pmod 2$ の既約性：この多項式の根 $\beta\notin\mathbf{Z}/2\mathbf{Z}$ ゆえ，可約なら2次因子をもつ．ゆえに β が $\mathbf{Z}/2\mathbf{Z}$ の2次拡大体 K_1 には含まれないことをいえばよい．K_1 の元数は $2^2=4$ ゆえ，K_1 の元は x^4+x の根である．ゆえに $\beta\notin K_1$.

③ $x^2+x-1\pmod 3$ の既約性：これは $\mathbf{Z}/3\mathbf{Z}$ 内には根をもたないからよい．

練　習 解答は152ページ

1. 上の例の p, q, r, g, h, k を用いて，他の $f(x)$ を一つ具体的に与えよ．
2. 上の例と同様な例を，$p=3,\ q=2,\ r=7$ の場合に与えてみよ．

Appendix 6 円周等分多項式

各自然数nに対して，複素数のうちに，1の原始 n 乗根が $\varphi(n)$ 個ある．ただし，φ はオイラーの函数である．この $\varphi(n)$ 個の1の原始 n 乗根を根にもち，最高次の係数が1である多項式を，n **位の円周等分多項式**という．$\Phi_n(x)$ で表すことにしよう．

$\Phi_1(x)=x-1$, $\Phi_2(x)=x+1$, $\Phi_3(x)=x^2+x+1$, $\Phi_4(x)=x^2+1$, $\Phi_5(x)=x^4+x^3+x^2+x+1$,

$\Phi_6(x)=x^2-x+1$

一般に，x^n-1 が1の n 乗根全部を根にもつのであるから，$x^n-1=\prod_{d \text{ は } n \text{ の約数}} \Phi_d(x)$

$\therefore\ \Phi_n(x)=(x^n-1)/\prod_d \Phi_d(x)$ ただし d は n の約数で $1\leqq d<n$ であるものを動く．

ここでは，次の定理を証明しよう．以下 ζ_n は1の原始 n 乗根の一つを表すものとする．

定理1 $\boldsymbol{Q}(\zeta_n)$ は有理数体 $\boldsymbol{Q}$ のガロア拡大で $[\boldsymbol{Q}(\zeta_n):\boldsymbol{Q}]=\varphi(n)$ であり，$\mathrm{Gal}\,(\boldsymbol{Q}(\zeta_n)/\boldsymbol{Q})$ は $\boldsymbol{Z}/n\boldsymbol{Z}$ の乗法群 $(\boldsymbol{Z}/n\boldsymbol{Z})^{\times}$ と同型であり，一つの同型は $(\boldsymbol{Z}/\boldsymbol{Z})^{\times}$ の元 $a\ (\mathrm{mod}\ n)$ に対して，$\sigma_a(\zeta_n)=\zeta_n{}^a$ であるようなガロア群の元 σ_a が対応する方法で得られる．

(96ページ Exercise 2 の定理1，定理2参照)．

証明 ζ_n の共役は1の原始 n 乗根であるから，$\boldsymbol{Q}(\zeta_n)$ はガロア拡大である．$[\boldsymbol{Q}(\zeta_n):\boldsymbol{Q}]=\varphi(n)$ は，次の主張と同等である．

定理2 $\Phi_n(x)$ は $\boldsymbol{Q}$ 上既約である．

そして，この定理の証明ができれば，Appendix 5 の定理3により，$(\boldsymbol{Z}/n\boldsymbol{Z})^{\times}$ が $\mathrm{Gal}(\boldsymbol{Q}(\zeta_n)/\boldsymbol{Q})$ を含むのであるから，位数の一致によって定理1の残りが得られる．というわけで，あと定理2の証明をしよう．そのために，次のことに注意しておこう．

定理3 p が素数であるとき，p 個の元から成る体 $\boldsymbol{Z}/p\boldsymbol{Z}$ 上の多項式 $f(x)$ については，$(f(x))^p=f(x^p)$．

証明 $(a_0x^n+a_1x^{n-1}+\cdots+a_n)^p=a_0{}^px^{pn}+a_1{}^px^{p(n-1)}+\cdots+a_n{}^p$． $a_i\in\boldsymbol{Z}/p\boldsymbol{Z}$ ゆえ $a_i{}^p=a_i$． ゆえに，$f(x)^p$ は $a_0x^{pn}+a_1x^{p(n-1)}+\cdots+a_n=f(x^p)$ と一致する．(証明終)

定理2の証明 $\Phi_n(x)$ が $\boldsymbol{Q}$ 上可約であったとしよう．33ページの定理により，$\Phi_n(x)$ は整数係数の範囲でも可約であり，そのような分解を $\Phi_n(x)=h(x)k(x)$ ($h(x)$ は既約) としよう．$\Phi_n(x)$ は $\varphi(n)$ 次で，$\varphi(n)$ 個の互いに異なる根をもつので，重根をもたない．したがって，$h(x)$ と $k(x)$ との間には共通根はない．$h(x)$ の根全体を G とし，G の一つの元を ζ とし，$k(x)$ の一つの根をとれば ζ^m の形をしている．(m は自然数)．m を素因数分解して $m=p_1p_2\cdots p_s$ ($p_i=p_j$ を許す) として，ζ の，p_1 乗，p_1p_2 乗，…，$p_1p_2\cdots p_n$ 乗，…，$p_1p_2\cdots p_s$ 乗のうち，G に属しない最初のものと，その直前のものとを考えると，「G の適当な元 η と適当な素数 p (上の p_i のうちのどれか) とをとると，η^p は1の原始 n 乗根であって，$\eta^p\notin G$」．ζ^m が1の原始 n 乗根ゆえ，m の素因数はすべて n と素であり，したがって特に p は n と素であることに注意しておく．このとき η^p は当然 $k(x)$ の根である．したがって，$k(x^p)$ は η を根にもつ．ゆえに $h(x)$ と $k(x^p)$ とは共通因子をもつ．$h(x)$ は既約であるから，$k(x^p)=h(x)g(x)$ という分解が得られる．この関係から p を法として，Z/pZ 上の多項式の関係を導くと，定理3により，$-$は $\bmod p$ で考えたものを示すことにして

$$\bar{k}(x)^p=\bar{h}(x)\,\bar{g}(x)$$

このことは $\bar{h}(x)$ と $\bar{k}(x)$ とに共通因子があることを示す．しかし，$\Phi_n(x)$ は x^n-1 の因子であり，したがって $\bar{h}(x)\bar{k}(x)$ は x^n-1 を Z/pZ 上で考えたものの因子である．x^n-1 の導函数は nx^{n-1} であり，n は p の倍数でないから，32ページでしらべたように，x^n-1 には Z/pZ の拡大体で考えた場合重根がない．しかし $\bar{h}(x)$ と $\bar{k}(x)$ とに共通根があれば，それは $\bar{h}(x)\bar{k}(x)$ の重根になる筈で，矛盾である．ゆえに $\Phi_n(x)$ は既約である．（証明終）

［蛇足］ 標数 p の体なんてものをなぜ考えるのかと思った読者も多いと思うが，上で述べたことは，複素数に関する定理である定理2の証明に，標数 p の体（この場合は Z/pZ）の話が役に立つ一例である．

練　習 解答は153ページ

1. $\mathrm{Gal}(\boldsymbol{Q}(\zeta_7)/\boldsymbol{Q})$ を求め，$\boldsymbol{Q}(\zeta_7)$ に含まれるような $\boldsymbol{Q}$ の2次拡大体をすべて求めよ．

2. 素数 p を法として Z/pZ 上で $\Phi_3(x)=x^2+x+1$ を考えたとき，これが可約になるような p を求めよ．$\Phi_5(x)$ についても同様のことを考えよ．

3. 円周等分多項式 $\Phi_n(x)$ のうちに，どんな素数 p をとっても $\Phi_n(x)$ は p を法とすれば可約であるようなものがある．その例を一つあげよ．

4. 有理数体 $\boldsymbol{Q}$ のガロア拡大で，そのガロア群が次のような群になる例を一つずつあげよ．
 (i) 6次巡回群　　(ii) 8次巡回群

5. 次の Appendix 7 で知るように，$(\boldsymbol{Z}/n\boldsymbol{Z})^\times$ について次の定理がある：

 定理 (1) m, n が互いに素な自然数であれば，$(\boldsymbol{Z}/mn\boldsymbol{Z})^\times\simeq(\boldsymbol{Z}/m\boldsymbol{Z})^\times\times(\boldsymbol{Z}/n\boldsymbol{Z})^\times$

 (2) p が奇素数で e が自然数ならば $(\boldsymbol{Z}/p^e\boldsymbol{Z})^\times$ は巡回群である．

 (3) e が自然数，$e\geqq 3$ ならば，$(\boldsymbol{Z}/2^e\boldsymbol{Z})^\times$ は位数2の巡回群と位数 2^{e-2} の巡回群との直積である．

 この定理を利用して，$\mathrm{Gal}(\boldsymbol{Q}(\zeta_n)/\boldsymbol{Q})$ が巡回群になるような n をすべて求めよ．

Appendix 7　n を法とする既約剰余類のなす群

自然数 n を法とする剰余類 $\bar{0}=n\boldsymbol{Z}$, $\bar{1}=1+n\boldsymbol{Z}$, $\cdots$, $\overline{(n-1)}=n-1+n\boldsymbol{Z}$ が n 個の元から成る環をなし，a と n とが素であれば $\bar{a}$ が逆元をもつことは48ページで述べた．逆元をもつ剰余類を**既約剰余類**というが，これらが群を作ることも48ページで述べた．

特に n が素数のときは，その群 $(\boldsymbol{Z}/n\boldsymbol{Z})^\times$ が巡回群であり，$\bar{a}$ が生成元であるような a を n を法とする原始根とよぶことは78ページで述べた．

他方，49ページで例題5の解として述べた内容は，m, n が互いに素な自然数であるとき，$\boldsymbol{Z}/mn\boldsymbol{Z}$ は $\boldsymbol{Z}/m\boldsymbol{Z}$ と $\boldsymbol{Z}/n\boldsymbol{Z}$ との直積に成分毎に演算を定義したもの，すなわち，環としての直積と自然な同型があることであり，この同型は，乗法群 $(\boldsymbol{Z}/mn\boldsymbol{Z})^\times$ と直積 $(\boldsymbol{Z}/m\boldsymbol{Z})^\times\times(\boldsymbol{Z}/n\boldsymbol{Z})^\times$ の自然な同型を与えることを示している．

以上がこの Appendix に直接必要な復習である．ついでに，$(\boldsymbol{Z}/n\boldsymbol{Z})^\times$ の構造をもう少し調べよう．そのあと，循環小数の循環節について考える．

定理 1　p が奇素数で e が自然数であれば，乗法群 $(\boldsymbol{Z}/p^e\boldsymbol{Z})^\times$ は巡回群である．

証明　p を法とする原始根 r をとる $\bar{r}=r+p^e\boldsymbol{Z}$ は既約剰余類である．$\bar{r}$ の位数を m としよう．$r^m\equiv 1 \pmod{p^e}$ ゆえ，$r^m\equiv 1 \pmod{p}$. ゆえに m は $p-1$ の倍数である．$m=(p-1)m'$ として $\bar{r}^{m'}$ を考えれば，これは位数 $p-1$ の元である．ゆえに $(\boldsymbol{Z}/p^e\boldsymbol{Z})^\times$ は位数 $p-1$ の元 $\overline{r'}$ を含む．$e=1$ のときは78ページですんでいるから，$e\geqq 2$ とする．そして，既約剰余類 $\overline{p+1}$ の位数を考えよう．$e\geqq 2$ ゆえ，$\overline{p+1}\neq\bar{1}$ また，$(p+1)^p=1+p^2+(p^3$ の倍数$)$, $(p+1)^{p^2}=1+p^3+(p^4$ の倍数$)$, $\cdots$ となっていくから，この形の列ではじめて $\equiv 1 \pmod{p^e}$ となるのは p^{e-1} 乗のときである．ゆえに $\overline{p+1}$ の位数は p^{e-1} の約数ゆえ p のべきであり，したがって，上の計算から，位数は p^{e-1} であることを知る．$\overline{r'}$ の位数 $p-1$ と $\overline{p+1}$ の位数 p^{e-1} とは互いに素であるから，$\overline{r'(p+1)}$ の位数は $p^{e-1}(p-1)=\varphi(p^e)$ である．ゆえに $(\boldsymbol{Z}/p^e\boldsymbol{Z})^\times$ は巡回群である．

定理 2　$(\boldsymbol{Z}/2\boldsymbol{Z})^\times=\{\bar{1}\}$, $(\boldsymbol{Z}/4\boldsymbol{Z})^\times=\{\bar{1}, \overline{-1}\}$, e が3以上の自然数であれば $(\boldsymbol{Z}/2^e\boldsymbol{Z})^\times$ においては $\bar{5}$ の位数が 2^{e-2} であり，$(\boldsymbol{Z}/2^e\boldsymbol{Z})^\times=\langle\overline{-1}\rangle\times\langle\bar{5}\rangle$, すなわち，$(\boldsymbol{Z}/2^e\boldsymbol{Z})^\times=\langle\overline{-1}\rangle\langle\bar{5}\rangle$ であり，$\langle\overline{-1}\rangle\cap\langle\bar{5}\rangle=\{\bar{1}\}$. このことと51ページの例題5により，$\langle\overline{-1}\rangle\times\langle\bar{5}\rangle$ と自然な同型をもつ．

証明　$(\boldsymbol{Z}/2\boldsymbol{Z})^\times=\{\bar{1}\}$, $(\boldsymbol{Z}/4\boldsymbol{Z})^\times=\{\bar{1}, \overline{-1}\}$ は易しい．$e\geqq 3$ とする．$5=1+2^2$ ゆえ，$5^2=1+2^3+2^4$, $5^4=1+2^4+(2^5$ の倍数$)$, $\cdots$ となっていくから，定理1での $\overline{1+p}$ の位数の計算と同様にして，$\bar{5}$ の位数は 2^{e-2} であることがわかる．また，この列には $\equiv -1 \pmod{2^e}$ であるものは現れないので，$\overline{-1}\notin\langle\bar{5}\rangle$. $\langle\overline{-1}\rangle\langle\bar{5}\rangle$ は $2^{e-1}=\varphi(2^e)$ 個の元を含むから，$(\boldsymbol{Z}/2^e\boldsymbol{Z})^\times=\langle\overline{-1}\rangle\times\langle\bar{5}\rangle$.

他方，一般の自然数 $n\ (\geqq 2)$ についてはつぎのことがいえる．

定理 3　$n=p_1^{e_1}p_2^{e_2}\cdots p_r^{e_r}$ が自然数 n の素因数分解 ($p_1, p_2, \cdots, p_r$ は互いに異なる素数) であれば，$(\boldsymbol{Z}/n\boldsymbol{Z})^\times$ は $(\boldsymbol{Z}/p_1^{e_1}\boldsymbol{Z})^\times\times(\boldsymbol{Z}/p_2^{e_2}\boldsymbol{Z})^\times\times\cdots\times(\boldsymbol{Z}/p_r^{e_r}\boldsymbol{Z})^\times$ と同型である．

証明　r についての数学的帰納法を用い，上記復習の最後に述べたことを利用すれば易しい．

この三つの定理を使えば，一般の場合の $(\boldsymbol{Z}/n\boldsymbol{Z})^\times$ の構造がわかる．

次に循環小数について考えよう．有理数は，小数展開したとき，有限小数か循環小数になるものとして特徴づけられることは周知のとおりであるが，それは10進法でなくても，n が2以上の自然数であるときの n 進法の表記でもいえることである．念のため，理由をふりかえってみよう．まず，n 進法で小数点以下 e 位以内の有限小数 $\Leftrightarrow$ n^e 倍すれば整数になる．つぎに，有理数 $\pm a/b$ $(a, b$ は自然数$)$ の小数展開を考えると，a を b で割り，$a=bq+a_1$ $(0\leqq a_1<b)$ としたときの q が絶対値の整数部分であり，余り a_1 を n 倍したものを b で割り $a_1n=bq_1+a_2$ $(0\leqq a_2<b)$ としたときの q_1 が小数点以下第1位，$a_2n=bq_2+a_3$ $(0\leqq a_3<b)$, … として順次小数点以下が求まる．a_i の可能性は $0, 1, 2, \cdots, b-1$ の b 通り以内であるから，$a_i=a_j$ かつ $0<i-j<b$ であるような i, j がある．すると，$q_i, q_{i+1}, \cdots$ という列と，$q_j, q_{j+1}, \cdots$ という列とは全く同じになる．したがって，$\pm a/b$ は有限小数（ある番号から先，q_i が全部0）または長さ $i-j$ の循環節をもつ循環小数になる．逆に，小数点以下 e 位以降 $q_eq_{e+1}\cdots q_{e+r-1}$ (n 進表記で) を循環節とする循環小数であれば，この小数は分母が $n^e\times(n^r-1)$ の約数であるような分数で表せるのである．循環節をいくつか続けた長い循環節を考えることは可能であるが，簡単のため，循環節としては，一番短いものをとることにしよう．

さて，10進法の場合から始めよう．例えば，$\dfrac{1}{7}=0.142857142857\cdots$ で，142857を循環節にもつが，428571, 285714, 857142, 571428, 714285のいずれも$\dfrac{1}{7}$の循環節であるといえる．このように長さ r の循環節をもつとき，r 個の異なる循環節をえらぶことが可能である．異なるといっても，前の方のいくつかを，順はくずさずに後へつけることによって得られるものであり，以下，この関係にある二つの循環節は**相似**であるということにしよう．計算したらすぐわかるように，m が7の倍数でないとき，$m/7$ の循環節は $1/7$ の循環節と相似である．これは，次のようにも説明できる：上の一般論で，$n=10$, $a=1$, $b=7$ のときを考える．循環節の長さが6になったことは，$a_1, a_2, a_3, a_4, a_5, a_6$ は全部異なっていて，0ではないことを意味する．ということは，$\{a_1, a_2, \cdots, a_6\}=\{1, 2, \cdots, 6\}$，したがって，$i/7$ $(i=1, 2, \cdots, 6)$ の展開で小数点を変えたものが，ある位以後に現われるのである．

分母が7のときは，相似な循環節ばかりでであったが，一般にはそうではない．上の議論をもう少し一般化すれば，次のことがわかる．下の定理5の特別な場合であるが，一応証明しておこう．

定理4　b が10と素な自然数であるとき，10進法表記で，分母が b で，分子が b と素な分数の循環節が全部相似であるのは，$1/b$ の循環節の長さが丁度 $\varphi(b)$ になるときである．

n 進法表記の場合は，b が n と素な自然数ということに条件をかえれば，同じことがいえる．

証明　上の一般論で，a が b と素で，b が n と素であれば，a_i は全部 b と素であるから，循環節の長さが $\varphi(b)$ ということは，a_i に $1, 2, \cdots, b$ のうち，b と素なものが全部現れることを示す．逆に，a, a' が b と素で $1\leqq a<b$, $1\leqq a'<b$ のとき，a'/b が a/b と同じ循環節をもつことは，a_i の中に a' が現れることを示し，これがすべての a' についていえることから，$\varphi(b)$ が循環節の長さになるのである．

定理5　n 進法表記の場合，n と素な自然数 b を分母とする既約分数の循環節の長さは，$(\boldsymbol{Z}/b\boldsymbol{Z})^\times$ における $\bar{n}=n+b\boldsymbol{Z}$ の位数と一致する．したがって分子（b と素の条件の下で）の大きさにはかかわらない．したがって，循環節を相似なもの毎にまとめると $\varphi(b)\div(\bar{n}$ の位数$)$ 種類に分けられる．

証明　上の一般論をながめると，$\equiv$ は $\bmod b$ として，$a\equiv a_1$, $a_1n\equiv a_2$, $a_2n^2\equiv a_3$, … であるから，

$a_{r+1}\equiv a_1n^r,\ \cdots,\ a_{r+s}\equiv a_sn^r,\ \cdots$. ゆえに，$q_sq_{s+1}\cdots q_{s+r-1}$ が循環節ならば，$a_s\equiv a_{r+s}$ より，$n^r\equiv 1$.
逆に，$n^r\equiv 1$ ならば $q_sq_{s+1}\cdots q_{s+r-1}$ は循環節をいくつか重ねたものであり，これが丁度循環節である
が丁度 $\bar{n}$ の位数というわけである．ここで一つ注意を挿入する:

注意　この証明から，$0<a<b$ のとき，a/b の小数展開は，小数点以下第1位から $\bar{n}$ の位数位とったものが循環節になっていることがわかる．

のは r

さて，小数部分に注目すれば，a としては b 以下の $\varphi(b)$ 個でよい．小数第1位からとった循環節では，$\varphi(b)$ 個ある．それぞれ $\bar{n}$ の位数個ずつの相似なるものに分かれるから，相似で分ければ $\varphi(b)\div$($\bar{n}$ の位数) 種類ということになる．

最後に，定理4のように，(あるいは10進法で分母が7のときのように) 循環節が全部相似という場合についてつけ加えよう．n 進法表記の場合，$\bar{n}=(n+b\boldsymbol{Z})$ が位数 $\varphi(b)$ ということであるから，それは $(\boldsymbol{Z}/b\boldsymbol{Z})^\times$ が巡回群で，$\bar{n}$ がその生成元になるときである．したがって，

定理 6　$(\boldsymbol{Z}/b\boldsymbol{Z})^\times$ が巡回群で，$\bar{n}=n+b\boldsymbol{Z}\ (n\geqq 2)$ がその生成元になっていれば，a が b と素な自然数である限り，a/b の n 進法小数展開における循環節は $1/b$ のものと相似である．

$(\boldsymbol{Z}/b\boldsymbol{Z})^\times$ が巡回群でない場合は，このような現象はおきない．

定理1～定理3からわかるように，$(\boldsymbol{Z}/b\boldsymbol{Z})^\times$ が巡回群になる場合のうち，b と10とが互いに素な場合は奇素数のべきであるから，その場合について考えよう．$b=p^e$ (p は奇素数，e は自然数)．

定理 7　$\bar{n}=n+p^2\boldsymbol{Z}$ の位数が r で，$r>p-1$, $e>2$ ならば，$\bar{\bar{n}}=n+p^e\boldsymbol{Z}$ の位数は $p^{e-2}r$ である．

証明　$n^s\equiv 1 \pmod{p^e}$ ならば $n^s\equiv 1 \pmod{p^2}$．ゆえに s は r の倍数である．$\varphi(p^2)=p(p-1)$ ゆえ，r は $p(p-1)$の約数である．$r>p-1$ であるから，$r=pr_1$ (r_1 は自然数)．$n^{r_1}\equiv c \pmod p$ とすると $1\equiv c^p\equiv c$ ゆえ，$n^{r_1}=1+c'p$, $c'\not\equiv 0 \pmod p$．∴ $n^r\equiv 1+c'p^2 \pmod{p^3}$, $n^{pr}\equiv 1+c'p^3 \pmod{p^4}$, $\cdots$ となるから，$\bar{\bar{n}}$ の位数は $p^{\alpha}r$ の形の数の約数であり，r の倍数であったから，この列で，始めて $\equiv 1 \pmod{p^e}$ になるときの指数であり，したがって位数は $p^{e-2}r$ である．

定理 8　n 進法表記において，$1/p^2$ の小数展開の循環節の長さが丁度 $p(p-1)$ であれば，各自然数 e について，(p と素な数 $a)\div p^e$ に現われる循環節は a が変わっても相似なものしか現れない．

証明　$e\geqq 2$ のときは定理7による．$e=1$ のときを考えよう．$\bar{n}=n+p\boldsymbol{Z}$ の位数が r であれば，$n^{rp}\equiv 1 \pmod{p^2}$ ゆえ，$rp\equiv 0 \pmod{p(p-1)}$　∴ $r\equiv 0 \pmod{p-1}$．(証明終)

10進法で考えて，定理8の条件をみたす素数は，手近なところにも大分たくさんある．例えば，7, 17, 19, 23, 29, 47, 59, 61, 97はその例である．たしかめるのには，(i) 10がこれらの素数 p を法とする原始根であることと，(ii) $10^{p-1}-1$ が p^2 でわりきれないこととを確認すればよいのである．

10が p を法とする原始根であれば，分母 p のものについては一種類の循環節ということになる．

練　習　解答は153ページ

1. 定理2において，$\bar{5}$ を使ったところを，$\bar{3}$ にしても同じ結果が得られることを確かめよ．
2. n 進法表記で，分母が n と素でないような既約分数の循環節は，分母を，(n の素因数になっているような素数の積)×(n と素な因数) というふうに分解したとき，(n と素な因数) を分母とする適当な既約分数に現れる循環節であることを示せ．
3. $n=60$ のとき，$(\boldsymbol{Z}/n\boldsymbol{Z})^\times$ の群としての構造を調べよ．$n=70$ ならばどうか．

Appendix 8　多項式の素元分解

69ページにおいて，ユークリッド環は単項イデアル環であることを知った．このことを基礎として，多項式の素元分解を考えよう．

単項イデアル環であるような整域を**単項イデアル整域**という．ユークリッド環であって整域であるものを**ユークリッド整域**という．

整域 R において，0でも単元でもない元 f を考える．(i) $f=gh\ (g, h\in R)$ ならば，g, h の一方は必らず単元であるとき，f は**既約**元であるという．(ii) $g, h\in R$, gh が f の倍元であれば，g, h の少なくとも一方が f の倍元であるとき，f は**素元**であるという．

定理 1　整域 R において，素元は既約元である．逆は正しくない．

証明　f が素元であったとする．$f=gh$ と分解すれば，g, h の少なくとも一方が f の倍元である．g がそうであったとしてよい．$g=fg_1$ とすると，$f=fg_1h$, $\therefore f(1-g_1h)=0$, $f\neq 0$ ゆえ，$1-g_1h=0$. $\therefore g_1h=1$. したがって h は単元である．ゆえに f は既約元である．次に $R=\{a+b\sqrt{-5}\,|\,a, b$ は有理整数$\}$ を考えよう．$(1+\sqrt{-5})(1-\sqrt{-5})=2\times 3$ であるが，2はこの環 R においては既約元である $(2=(a+b\sqrt{-5})(c+d\sqrt{-5})\ (a, b, c, d\in\mathbf{Z})$ と分解したとすると，$ac-5bd=2$, $ad+bc=0$. a, b は互いに素，c, d も互いに素であるから，$c=\pm a$, $d=\mp b$. $\therefore \pm(a^2+5b^2)=2$. $+$の方でなくてはならず，$|a|\leqq 1$ ゆえに $a=\pm 1$. すると $5b^2=1$ となり不可能.) しかし，$(1\pm\sqrt{-5})/2$ は R に属しないから，この R において，2は既約元であって，素元ではない．(証明終)

整域 R において，0でも単元でもない元が，必ず有限個の素元の積にかき表せるとき，R は**素元分解環**であるという．このとき，その分解は単元因子の差異を度外視すれば一意的である．ていねいにいえば，0でも単元でもない元 f が二通り素元の積に分解したとする：$f=p_1p_2\cdots p_r=q_1q_2\cdots q_s$ (p_i, q_j は素元) すると，$r=s$ であって，q_i の番号を適当につけ変えれば，$q_i/p_i\ (i=1, 2, \cdots, r)$ が単元になる．

理由: r についての数学的帰納法を利用しよう．$q_1q_2\cdots q_s$ が p_1 の倍元だから，$q_1, q_2, \cdots, q_s$ のうち少なくとも一つが p_1 でわりきれる．q_1 がわりきれるとしてよい．q_1 は既約元だから，q_1/p_1 は単元である．したがって，まず $r=1$ なら，$s=1, q_1=p_1$ でなくてはならない．$r>1$ のとき，$q_1/p_1=u$ として，$q_2'=uq_2$ とすれば，$p_2\cdots p_r=q_2'q_3\cdots q_s$ ゆえ，帰納法の仮定が適用されて，上記の結論を得る．

定理 2　ユークリッド整域は単項イデアル整域である．また，単項イデアル整域は素元分解環である．

証明　前半は上で復習した69ページの定理による．後半を考えよう．R が単項イデアル整域であって，f が0でも単元でもない元であるとする．まず，R におけるイデアルの列で $I_1\subsetneqq I_2\subsetneqq I_3\subsetneqq\cdots$ と無限に続くものは存在しないことを示そう．もし，そういう無限列があったとすると，$\cup I_n$ は R のイデアルであるから，適当な R の元 f により，$fR=\cup I_n$. すると f はある I_α に含まれる．$fR\subseteq I_\alpha\subsetneqq I_{\alpha+1}\subseteq fR$ は矛盾である．ゆえに，上のような無限列はない．このことは，$f_1, f_2, \cdots, f_n, \cdots$ という列で，f_{i+1} が f_i の真の約元 ($f_i\times$(単元) でない約元) が $i=1, 2, \cdots$ について成り立つような無限列がないことも示している．そこで，与えられた f に対して，単元でない約元を考え，それがさらに単元でない約元をもてば，次にそれを考え，… ととっていけば，上のような無限列のないことから，既約元であるような約元に達する．それを p_1 としよう．f/p_1 が単元でないならば，同じことを f/p_1 に適用して，既約元 p_2 を得る．以下同様にして，$p_3, p_4, \cdots$ を得たとすると，$f, f/p_1, f/p_1p_2, \cdots$ は順次真の約元だから，有限回で止まり，f は有限個の既約元 $p_1\cdots p_r$ の積になる(最後の段階の単元は p_r に吸収させる)．したがって，既約元が素元であることを示せばよい．p が R の既約元であるとする．二元 ab の積が p でわりきれ，a, b ともに p ではわりきれないとしよう．$aR+pR$ はイデアルゆえ，$aR+pR=cR$ という元 c がある．c は p の真の約元で，p が既約ゆえ，c は単元．$\therefore aR+pR=R$．同様に，$bR+pR=R$．$\therefore R=RR=(aR+pR)(bR+pR)$．$ab\in pR$ ゆえ，右辺 $\subseteq pR$．これは矛盾である．ゆえに，a, b いずれかは p の倍元であり，p は素元である．

上の結果を，一変数の多項式の場合にあてはめると：

定理 3　体 K に係数をもつ一変数の多項式全体のなす多項式環 $K[x]$ は素元分解環である．

この結果を，多変数の場合に拡張しよう．そのためには，次のことを証明すればよい．

定理 4　整域 R が素元分解環であれば，R に係数をもつ一変数の多項式全体のなす多項式環 $R[x]$ も素元分解環である．$R[x]$ における素元は，(i) R の素元と，(ii) 多項式であって，その係数に共通因子がなく，R の商体 K 上の多項式とみて $K[x]$ の素元になっているもの，のいずれかということで特徴づけられる．

証明のために，98 ページの定理 3 を一変数にして，係数を素元分解環に一般化した場合を証明しておこう：

定理 5　$R, K, R[x]$ は上と同様とする．(1) p が R の素元であって，$f(x), g(x)\in R[x]$，かつ $f(x)\cdot g(x)$ が p でわりきれるならば，$f(x)$, $g(x)$ の少なくとも一方は p でわりきれる．(2) $f(x)$ $(\in R[x])$ が $K[x]$ の元として $h(x)g(x)$ と分解すれば，適当な $0\neq c\in K$ により，$ch(x)$, $c^{-1}g(x)\in R[x]$ となるようにすることができる．

証明　$f(x)=f_0+f_1x+\cdots+f_rx^r$, $g(x)=g_0+g_1x+\cdots+g_sx^s$ $(f_i,\ g_j\in R)$ で，どちらも p ではわりきれないとしよう．$f_i\notin pR$ である f_i のうち i の最小のものを f_m としよう．$g_j\notin pR$ であるような g_j のうち，j の最小のものを g_n としよう．$f(x)g(x)$ における x^{m+n} の係数$=\sum_{i+j=m+n} f_ig_j$ であるが，これらの f_ig_j のうち，f_mg_n 以外は pR に入り，$f_mg_n\notin pR$ ゆえ，$f(x)g(x)$ が p でわりきれることに反する．ゆえに(1)がいえた．したがって，98ページ定理 3 の後半の証明と同様にして(2)が出る．

定理 4 の証明　R の素元 p が $R[x]$ の素元であることは，定理 5 の (1) からわかる．つぎに，(ii) にいうような多項式 $q(x)$ が $R[x]$ の素元であることを示そう．$f(x)$, $g(x)\in R[x]$ で，$f(x)g(x)$ が $q(x)$ の倍元であったとしよう．$K[x]$ で考えれば，$f(x)$, $g(x)$ の少なくとも一方が $q(x)$ でわりきれる．$f(x)$ がわりきれるとしてよい：$f(x)=q(x)f_1(x)$, $f_1(x)\in K[x]$．$f_1(x)$ に R に属しない係数があれば，分母を払い，その上で係数に共通因子があればそれをくくり出して，$f(x)=q(x)f_2(x)(c/d)$ $(c, d\in R)$ としたとき，d の素因子 p を考えると，$q(x)f_2(x)c$ が p でわりきれるのだから，$q(x)$, $f_2(x)$, c のいずれかが p でわりきれる筈で，これは取り方に反する．ゆえに $f_1(x)\in R[x]$ であり，$q(x)$ は $R[x]$ の素元である．あと，$R[x]$ の 0 でも単元でもない元 $f(x)$ は，上の $p, q(x)$ の型の元の積であることをいえばよい．それには，$f(x)$ を $K[x]$ で素元分解し，定理 5 の(2)により係数を調節して，$f(x)=cq_1(x)q_2(x)\cdots q_r(x)$ $(c\in R$, $q_i(x)$ は(ii)の型の素元$)$とすることができる．c は R の素元の積だから，証明が完了した．

練　習　解答は154ページ

1. 有理数係数の二変数の多項式環 $\boldsymbol{Q}[x, y]$ はユークリッド環ではないことを示せ．
2. n 変数 $x_1, x_2, \cdots, x_n$ についての多項式を x_n について整理して $a_0(x_1, \cdots, x_{n-1})x_n{}^d+a_1(x_1, \cdots, x_{n-1})x_n{}^{d-1}+\cdots+a_d(x_1, \cdots, x_{n-1})$ となったとき，次の条件がみたされれば，これは既約である．
   ① $a_0(0, \cdots, 0)\neq 0$, $i\geqq 1$ についてはすべて $a_i(0, \cdots, 0)=0$
   ② $a_d(x_1, \cdots, x_{n-1})$ には一次の項が (0 でない係数で) 現れる．
   ③ $a_0(x_1, \cdots, x_{n-1})$, $a_1(x_1, \cdots, x_{n-1})$, $\cdots$, $a_d(x_1, \cdots, x_{n-1})$ には共通因子がない．

Appendix 9　代数的閉体

体 K が**代数的閉体**である，あるいは K は**代数的に閉じている**とは，体 K の代数拡大体は K 以外に存在しないときにいう．$f(x)$ が K 係数の一変数の多項式（次数≧1）で既約であれば，$f(x)K[x]$ は $K[x]$ の極大イデアルであり，したがって $K[x]/f(x)K[x]$ は K の代数拡大体である．したがって，次数≧2 の既約な $f(x)$ が存在すれば K は代数的閉体ではない．逆に，代数的閉体でないならば，K の代数拡大体 $L \supsetneqq K$ がある．$K \not\ni \alpha \in L$ をとれば，α の最小多項式は次数≧2 の既約多項式である．したがって，次のことが証明できた．

定理 1　体 K が代数的閉体であるための必要充分条件は，K 係数の一変数の多項式（$\neq$ 定数）は一次因子の積に必ず分解することである．

体 K の代数拡大体であって代数的閉体であるものを，K の**代数的閉包**という．例えば，代数的数全体 $\bar{\boldsymbol{Q}}$ は有理数体 $\boldsymbol{Q}$ の代数的閉包になる．（複素数体は代数的閉体である (Appendix 2) から，$\bar{\boldsymbol{Q}}$ 上代数的で $\bar{\boldsymbol{Q}}$ に含まれない元があったら，そのような元 α が複素数の範囲でとれる．α に対して，$\bar{\boldsymbol{Q}}$ の元 $c_1, \cdots, c_n$ があって，$\alpha^n + c_1\alpha^{n-1} + \cdots + c_n = 0$．$c_1, c_2, \cdots, c_n$ は $\boldsymbol{Q}$ 上整であるから，$\boldsymbol{Q}[c_1, c_2, \cdots, c_n, \alpha]$ は $\boldsymbol{Q}$ 上有限生成の加群になる．ゆえに70ページの定理 1 により，α は $\boldsymbol{Q}$ 上整，ゆえに α は代数的数であり，$\alpha \notin \bar{\boldsymbol{Q}}$ に反する．）

上の（　）内での証明と全く同様にして，次の定理の証明ができる．

定理 2　L が代数的閉体で，K がその部分体であるとき，K 上代数的な L の元全体 K^* は K の代数的閉包である．

この定理によれば，ある体を含む代数的閉体の存在がわかれば，代数的閉包の存在がわかることになるが，一般に，代数的閉包は存在して，同型の意味で唯一つである．そのことを次の形で証明しよう．

定理 3　任意の体 K に対して，

(1)　K の代数拡大体 K^* が次の性質をもてば，K^* は K の代数的閉包である．

「K 上の任意のモニックな既約多項式 $x^n + c_1x^{n-1} + \cdots + c_n$ ($c_i \in K$, $n \geqq 1$) は K^* の中に少なくとも一つの根をもつ」ただし，多項式が**モニック**とは，最高次の係数が 1 ということを意味する．

(2)　K の代数的閉包は存在する．

(3)　$\bar{K}, K^*$ がともに K の代数的閉包ならば，$\bar{K}$ から K^* への K 同型（同型写像であって，K に制限したものが恒等写像であるもの）が存在する．

この定理の証明のために，多項式の最小分解体について少し準備をする．まず，ある体の上に代数的な元 α について，その最小多項式の根に α と異なるものがない（α が何重根であっても，それは構わない）ときに，α は K 上**純非分離的**であるという．「$\alpha \in K \Leftrightarrow \alpha$ が K 上分離的かつ純非分離的」に注意．「α が K 上純非分離的かつ $\alpha \notin K \Rightarrow \alpha$ は K 上非分離的」である．このように定義する理由は，K の拡大体 L が与えられたとき K 上純非分離的な L の元全体が体になるという便利さがあるからである．体 K 上純非分離的な元ばかりから成る拡大体は，K 上**純非分離的**であるという．

定理 4　体 K の上の一変数の多項式 $f(x)$ の K 上の最小分解体 L および L の自己同型群 $G=\mathrm{Aut}_K L$ を考える．また，L の中で，G 不変元全体を I とし，K 上分離的な L の元全体を S とする．このとき，

(1)　I は K 上純非分離的な拡大体である．

(2)　S は K のガロア拡大体で，ガロア群は G と自然な同型をもつ ($G\ni\sigma\to\sigma|_S\in\mathrm{Gal}(S/K)$ によって，G から $\mathrm{Gal}(S/K)$ の上への同型が得られる)．

(3)　$[L:K]=[S:K]\times[I:K]$, $S\cap I=K$, L は S と I との合成体．

証明　$a\in I$ で，a と異なる a の共役 a' があれば，K 上の埋め込み $K(a)\to K(a')$ が G の元に拡張されるから，a が G 不変ということに反する．ゆえに I の各元は K 上純非分離的．I は G の不変体ゆえ，I は体であり，$[L:I]=(G$ の位数$)$ は84ページで証明したことである．S は82ページの定理 3 によって体であり，S の元の共役は分離的ゆえ S の元であるから，S は K のガロア拡大であり，$S=K(\theta)$ となる元 θ が存在する．θ の最小多項式 $g(x)$ を I 上で考えて $g_1(x)g_2(x)$ と二つのモニック多項式の積に分解したとすると，それらの係数は θ の共役の整式で表せるから，S の元であり，I 上の分解ゆえ，$S\cap I$ に含まれる．$S\cap I$ の元は K 上分離的かつ純非分離的ゆえ，$S\cap I=K$．ゆえに，$g_1(x)$, $g_2(x)$ は K 上の多項式．これは $f(x)$ の既約性に反する．ゆえに $g(x)$ は I 上でも既約である．$\therefore$ $[I(\theta):I]=[S:K]$．L が K 上分離的であれば，$I=K$ であり，(2)，(3) は明白であるから，そうでないと仮定する．このとき K の標数 p は素数である．$L=I(\mu)$ となる μ をとる．このとき $I(\mu^p)\subseteq I(\mu)$ であるが，$I(\mu^p)$ 上 μ は純非分離的であるが，μ は I 上分離的ゆえ，$I(\mu^p)$ 上も分離的．$\therefore$ $\mu\in I(\mu^p)$．$\therefore$ $I(\mu^p)=I(\mu)$．さて，μ の K 上の最小多項式 $h(x)$ を考える．$h(x)$ が x^p の多項式であるならば，μ の代りに μ^p を考えれば，$h(x)$ の次数が前の p 分の 1 のときに帰着できる．したがって何回かこれを繰り返して，$h(x)$ が x^p の多項式でない場合に到達してから考えると，$h(x)$ の導函数は 0 でない多項式であるから，$h(x)$ の既約性により $h(x)$ とその導函数とは共通根をもたない．したがって $h(x)$ の根は分離的であり，$\mu\in S=K(\theta)\subseteq I(\theta)$．ゆえに $I(\theta)=I(\mu)=L$．ゆえに $[L:I]=[S:K]$．また $I(\theta)=L$ であって，I の元は K 上純非分離的であるから，G の元 σ による写像は θ の像できまる．ゆえに $\sigma|_S$ が恒等写像ならば σ が恒等写像．ゆえに(2)もいえた．(3)は上の証明に含まれている．

定理 3 の証明

(1)の証明　α が K^* の代数拡大体の元であれば，$\alpha\in K^*$ を示そう．定理 2 の証明と同様にして，α は K 上代数的である．α の最小多項式 $f(x)$ の最小分解体 L を考えると，定理 4 にいうような S, I がとれる．$S=K(\theta)$ となる θ の最小多項式 $h(x)$ をとると，「　」内の条件により，$h(\theta')=0$ となる θ' が K^* の中にある．$\theta'\in S$ かつ θ' の次数$=\deg h(x)$ ゆえ，$K(\theta')=S$．$\therefore$ $S\subseteq K^*$．また，I の各元 μ に対してその最小多項式 $k(x)$ を考えると，$k(x)$ の根は μ を何重かにしたものであるから，条件により $\mu\in K^*$　$\therefore$ $I\subseteq K^*$．ゆえに，S と I との合成体 L が K^* に含まれる．$\alpha\in L$ ゆえ，$\alpha\in K^*$．

(2)の証明　無限変数の多項式環を利用する．$\{X_\mu|\mu\in M\}$ を変数にもつ多項式環とは，$\{X_\mu|\mu\in M\}$ のうちの有限個の変数についての多項式全体に，通常の算法を考えたものである．今 K 上の一変数 x

についてのモニックな既約多項式の集合を M とし，M の各元 $\mu=\mu(x)$ に対して変数 X_μ を考え，それら全体についての多項式環 P を考える．P において $\{\mu(X_\mu)|\mu\in M\}$ で生成されたPのイデアルを A とし，A を含む極大イデアルを B とする．(存在証明：もしも $1\in A$ とすると，$1=f_1\mu_1(X_{\mu_1})+\cdots+f_n\mu_n(X_{\mu_n})$ となる $f_i\in P$ がある．この式に現れる変数全体を $X_{\mu_1},\cdots,X_{\mu_t}$ とすると，この有限個の変数についての多項式環 P' における関係式であると考えられる．$\prod_{i=1}^{n}\mu_i(x)$ の最小分解体上で考えて，$\mu_i(x)$ の根の一つ γ_i を各 i についてとり，上の式の X_{μ_i} $(i=1,2,\cdots,n)$ に γ_i を代入すると，$1=0$ が出て矛盾である．ゆえに $1\notin A$．次に，A から始まる P のイデアルの増大列で，どのイデアルも P と異なるものがあれば，その和集合も P と異なるイデアルだから，A を含む極大イデアル B が存在する(下の註参照))．$P\to P/B$ の自然準同型で，K は P/B の中に埋め込まれるから，$K\subseteq P/B$ と考えられる．各 X_μ の属する剰余類 α_μ は $\mu(x)$ の根になるから，P/B はKの代数拡大体である．作り方から，(1) の「 」内の条件をみたすから，P/B は K の代数的閉包である．

(3)の証明　K と $\bar{K}$ との中間体 M から K^* への K 上の埋め込み σ があるようなものについて (M,σ) という組を考える．このような (M,σ) 全体の集合 F において，$(M,\sigma)\geqq(M',\sigma)$ とは $M\supseteq M'$ かつ $\sigma|_{M'}=\sigma'$ であるものと定める．このFは (K，恒等写像) を含むから空集合ではない．F の中での増大列 $\{(M_\lambda,\sigma_\lambda)\}|\lambda\in\varDelta\}$ があれば，$\cup M_\lambda$ に，$a\in M_\lambda$ ならば $\sigma(a)=\sigma_\lambda(a)$と定めて，$\cup M_\lambda$ の埋め込み σ が作れる．したがって，F の中に極大な元 (M^*,σ^*) がある(註参照)．まず $M^*=\bar{K}$ を示そう．$M^*\neq\bar{K}$ とすると，M^* に含まれないような $\bar{K}$ の元 β がある．β の M^* 上の最小多項式 $\varphi(x)$ を考えると，$M^*(\beta)\cong M^*[x]/\varphi(x)M^*[x]\cong\sigma^*(M^*)[x]/\varphi^{\sigma^*}(x)\sigma^*(M^*)[x]$ ($\varphi^{\sigma^*}(x)$ は φ の係数を σ^* で写したもの) ゆえ，σ^* は $M^*(\beta)$ の埋め込みに拡張され，M^* の極大性に反する．ゆえに $M^*=\bar{K}$．$\sigma^*(\bar{K})$は代数的閉体と同型ゆえ代数的閉体．ゆえに $K^*=\sigma^*(\bar{K})$．(証明終)

このように，代数的閉包は同型の意味で一意的であるから，そのことを前提にすれば，代数拡大は代数的閉包を一つ決めて，その中で考えればよいことになるのであるが，理論構成上は，有限次の場合をすませておかないとむつかしい点があるのである．

註　上の(2)，(3)の証明中，極大元の存在の状態がわかりにくいと思う諸君も多いと思う．これらは，次のような集合論における定理を利用するのである．

ツォルンの補題　順序関係$\geqq$の定義された集合Fが空集合でなく，次の条件をみたしていれば，Fの中には**極大元** m (すなわち，他の元xをとれば，xとmとの間には大小関係がないか，$x<m$ であるか，いずれかしかおこらない) が存在する．

「F の空でない部分集合Sについて，S の任意の二元の間に大小関係がついているならば，F の中にSの**上限** α，すなわち，(i) どんな $x\in S$ に対しても，$\alpha\geqq x$，(ii) $\beta\in F$ がどんな $x\in S$ についても $\beta\geqq x$ をみたすならば，$\beta\geqq\alpha$ の二条件をみたす α，が存在する」

練　習

解答は154ページ

1. 有限体は決して代数的閉体ではない．これを証明せよ．
2. 有理数体の代数的閉包は複素数体とは一致しない．なぜか．

Appendix 10　作図の可能性

ここではまず93ページで定理1として述べた，作図の可能性の判定の定理の証明をし，その後若干の関連事項について述べることにする．そのために，いわゆるp群についてよく知られた次の定理を証明しておく必要がある．

定理　pが素数，eが自然数で有限群Gの位数がp^eであれば，

(1)　Gの中心$Z=\{x\in G|$ どんな $g\in G$ についても $xg=gx\}$ の位数 $\geqq p$.

(2)　Gは指数pの正規部分群をもつ．

(3)　Gには部分群の列$G=G_0\supset G_1\supset\cdots\supset G_e=\{1\}$で，各$i$ ($\geqq 1$) についてG_iがG_{i-1}の指数pの正規部分群であるようなものが存在する．

証明　Gの各元aに対して$C_a=\{xax^{-1}|x\in G\}$を作ると，その元数は$H_a=\{x\in G|xa=ax\}$の指数に等しい．ゆえに，C_aの元数はpのべきであり，したがって1であるかpの倍数である．C_aとC_bが共通元をもてば，$C_a=C_b$であるから，互いに異なるC_a全部の元数の和がp^eである．したがって，C_aの元数が1であるものはpの倍数個ある．C_1の元数は1ゆえ，C_aの元数が1であるようなaの数はp以上である．C_aの元数が1ということはZの元と同値であるから，(1)が証明できた．あと，(2), (3)はeについての数学的帰納法を利用する．$e=1$なら明らかゆえ，$e>1$とし，p^{e-1}を位数とする群については正しいと仮定する．Zの元$a\neq 1$をとれば，aのあるべきの位数がpになるので，aをそのべきにとりかえて，aの位数はpと仮定する．$G/\langle a\rangle$の位数はp^{e-1}ゆえ，指数pの正規部分群$G_1/\langle a\rangle$がある．するとG_1はGで指数pである．ゆえに(2)がいえた．(3)はG_1に帰納法の仮定を適用すればよい．(証明終)

93ページの定理1の証明．

(2) ⇒ (1)の証明：(2)を仮定すると，$\mathrm{Gal}(L/K)$の位数が2^e (eは自然数) としてよいから，これに上の定理の(3)を適用し，G_iに対応する部分体の列をとれば，(1)の条件をみたす．

(1) ⇒ (2)の証明：tについての数学的帰納法を利用する．$t=1$ならK_1は$K_0(\sqrt{a})$ ($a\in K_0$) の形で得られるから，K_1はガロア拡大で，その次数が2だからよい．$t>1$とし，K_{t-1}については，それを含む最小のガロア拡大$K_{t-1}{}^*$の次数が2のべきであると仮定し，K_tを含む最小のガロア拡大$K_t{}^*$の次数も2のべきであることを示そう．K_tがK_{t-1}の2次拡大であるから，K_0上のK_tの共役はK_{t-1}のある共役の2次拡大である．したがって，それは$K_{t-1}{}^*$上2次以内，すなわち，$K_{t-1}{}^*$に含まれるか，2次拡大かのいずれかである．$K_t{}^*$はそれらの合成体であるから，真に合成する毎に次数が2倍になり，$[K_t{}^*:K_{t-1}{}^*]$が2のべきである．ゆえに$[K_t{}^*:K_0]$も2のべきである．

(2)⇒(3)は明らか ((3)⇒(2)が正しくないことは95ページの類題4.5)．

(1)⇒作図可能の証明：αと$\bar{\alpha}$とは実軸に関して対称だから，一方が作図できれば他方もできる．与えられたものまたは作図可能なものの自然数倍，-1倍，自然数分の一はいずれも作図可能（図1，図2）．ゆえに有理数倍の作図はできる．和は平行四辺形を作って作図できる．積は，偏角の和ができ，絶対値の積の作図（図3）もできるから，作図可能である．逆数は，偏角をマイナスにするのは易

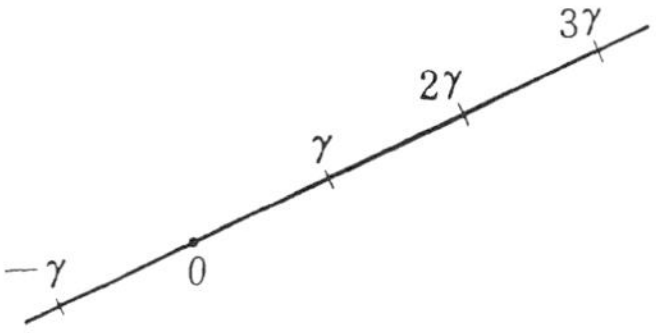

図　1

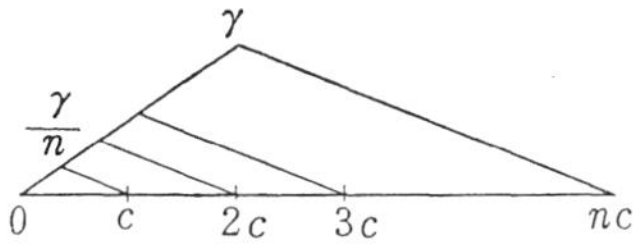

図　2

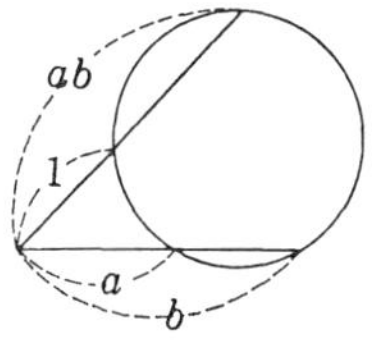

図　3

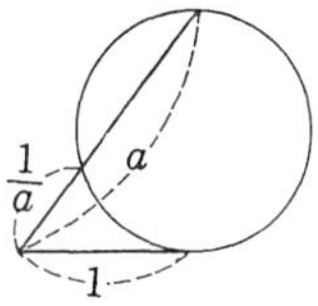

図　4

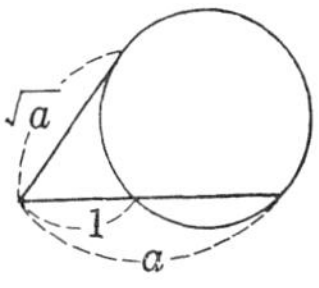

図　5

しく，絶対値の逆数の作図（図 4）もできるから，作図可能である．したがって，作図可能な点の四則演算で得られる複素数は作図可能である．次に，γ が作図できると，偏角の二等分の作図は易く，絶対値の平方根の作図（図 5）も可能ゆえ，$\sqrt{\gamma}$ は作図可能である．したがって，作図可能な複素数から成る体の二次拡大体の元も作図可能である．ゆえに，$K_0, K_1, \cdots, K_t$ の元は順次作図可能である．

作図可能⇒(1)の証明：$\alpha \in K$ ならば $\bar{\alpha} \in K$ と仮定し（K_0 はそうである），K の元を使って点 θ を作図したとき，$[K(\theta) : K] \leqq 2$, $[K(\theta, \bar{\theta}) : K(\theta)] \leqq 2$ であることを示せば，β が求まるまで，途中で求めた点に応じて体の拡大の列を考えればよい．作図で新しい点 θ を求めるのには，(i) 二直線の交点，(ii) 直線と円との交点，(iii) 二円の交点の三種類の方法がある．(i) α, β を結ぶ直線と，γ, δ を結ぶ直線の交点 θ が新しい点であったとする．$\alpha + t(\alpha - \beta) = \gamma + u(\delta - \gamma)$ (t, u は実数）となるときが θ の値である．$\bar{\alpha} + t(\bar{\beta} - \bar{\alpha}) = \bar{\gamma} + u(\bar{\delta} - \bar{\gamma})$（$^{-}$ は複素共役）でもあるから，この二式から t，u が求められる．(t, u の係数行列の行列式は $(\beta - \alpha)(\bar{\gamma} - \bar{\delta}) - (\gamma - \delta)(\bar{\beta} - \bar{\alpha})$．もしもこれが 0 であれば，$(\beta - \alpha)(\bar{\gamma} - \bar{\delta})$ が実数，すなわち，$\arg(\beta - \alpha) - \arg(\gamma - \delta) = (\pi$ の整数倍)で，これは二直線が平行を意味するので，該当する場合ではない）．t, u は $\alpha, \beta, \gamma, \delta, \bar{\alpha}, \bar{\beta}, \bar{\gamma}, \bar{\delta}$ の有理式で表されるから，θ もそうである．このとき $\theta \in K$，したがって $\bar{\theta} \in K$．(ii) α, β を結ぶ直線と，γ を中心とし半径 r の円との交点が θ であるとしよう．$\theta = \alpha + t(\beta - \alpha)$ (t は実数）と，$|\theta - \gamma| = r$ が条件ゆえに，$(\alpha - \gamma + t(\beta - \alpha))(\bar{\alpha} - \bar{\gamma} + t(\bar{\beta} - \bar{\alpha})) = r^2$ これは t についての 2 次方程式だから，t，したがって θ は K またはその 2 次拡大体に属する．$\bar{\theta}$ についても同様．(iii) α を中心とし半径 r の円と，β を中心とし半径 s の円との交点が θ であるとしよう．$(\theta - \alpha)(\bar{\theta} - \bar{\alpha}) = r^2$, $(\theta - \beta)(\bar{\theta} - \bar{\beta}) = s^2$．二式の差をとれば $\theta(\bar{\beta} - \bar{\alpha}) + \bar{\theta}(\beta - \alpha) + |\alpha|^2 - |\beta|^2 = r^2 - s^2$．これを $\bar{\theta}$ について解き，最初の式に代入すれば，θ についての 2 次式（係数は作図可能なものばかり）になる．$\bar{\theta}$ についても同様．したがってこの場合もよい．（証明終）

ガウス平面としないで，座標を考えた場合について少しつけ加えよう．一つの判定法は 94 ページに定理 2 として述べたが，それは，上で証明した定理 1 と似ていることはすぐわかっても，本当の関係はわかりにくい．

94 ページの定理 2 を直接証明しようというのであれば，上で述べた証明と同様な議論を座標を使ってすればよい．偏角が登場しない代りに，座標の成分に着目することになるだけといえるので，読者の演習問題にしておこう(下の練習問題参照)．ここでは次の二つの注意をつけ加えておく．

注意 1　$\alpha=a+b\sqrt{-1}$, $\gamma=c+d\sqrt{-1}$ (a, b, c, d は実数) のとき，2 次方程式 $X^2+\alpha X+\gamma=0$ の一根 $\boldsymbol{\theta}=x+y\sqrt{-1}$をとれば，$K=\boldsymbol{Q}(a,\ b,\ c,\ d)$ に対して，適当な体 K', K'' で，x, $y\in K''$, $K''\supseteqq K'\supseteqq K$ かつ，$[K'':K']\leqq 2$, $[K':K]\leqq 2$ であるものがある．

証明　$(2\theta+\alpha)^2=\alpha^2-4\gamma$ であり，$2\theta+\alpha=2x+a+(2y+b)\sqrt{-1}$ について上のことが言えればよいから，$\alpha=0$ としてよい．$x^2-y^2+2xy\sqrt{-1}+c+d\sqrt{-1}=0$. $\therefore$ $x^2-y^2+c=0$, $2xy+d=0$. $y=-d/2x$ を $x^2-y^2+c=0$ に代入して，x^2 についての 2 次式を得る．ゆえに $K'=K(x^2)$, $K''=K(x)$ とおけばよい．

注意 2　$\sqrt{-1}$ は作図できるので，93ページの定理 1 において $\sqrt{-1}$ は与えられたと仮定してよい．すると，94ページの定理 2 において，(a_i, b_i) は $\alpha_i=a_i+b_i\sqrt{-1}$ であるものとして比べると，$K_0=L_0(\sqrt{-1})$であり，$L_i(\sqrt{-1})$ の作る列を K_i の代りにとることができる．定理 1 の K_i の列から出発すると，注意 1 によって L_i の列を作ることができるが，K_i から K_{i+1} への拡大に対して $L_j\subset L_{j+1}\subset L_{j+2}$ と二段階の 2 次拡大を対応させることがおこるかも知れないのである．

このことは上の証明で $K(\theta, \bar{\theta})$ としたとき，2 次拡大を 2 回続けることになるかも知れないことに対応する．($\sqrt{-1}\in K$ のとき，$\theta, \bar{\theta}$ をつけ加えることと，$R_e\theta$, $I_m\theta$ をつけ加えることとは同値であるから．)

練　習 ―― 解答は154ページ

1. 直線 l が二点 $(a,\ b)$, $(c,\ d)$ で定まり，円 C の中心が $(e,\ f)$, 半径が r であり，$(x,\ y)$ が l と円 C との交点の一つであるとき，$K=\boldsymbol{Q}(a,\ b,\ c,\ d,\ e,\ f,\ r)$ とおけば $[K(x,\ y):K]\leqq 2$ であることを示せ．
2. 二つの円があり，それぞれの中心が $(a,\ b)$, $(c,\ d)$ であって，それぞれの半径が r, s であり，$(x,\ y)$ が二円の交点の一つであるとき，$K=\boldsymbol{Q}(a,\ b,\ c,\ d,\ r,\ s)$ とおけば $[K(x,\ y):K]\leqq 2$ であることを示せ．

Appendix 11 超越次数

一般に，体 L が部分体 K を含み，$a_1, a_2, \cdots, a_n$ が L の元であるとき，$a_1, a_2, \cdots, a_n$ が K 上**代数的独立**であるとは，K 係数の n 変数の多項式 $f(X_1, \cdots, X_n)$ であって，$f(a_1, a_2, \cdots, a_n)=0$ となるものは，多項式として 0 (係数が全部 0) 以外にはないときにいう．なお，便宜上空集合 ($n=0$ のとき) は代数的独立であると考える．さらに $n=1$ であるとき，a_1 は K 上**超越的**であるという．一つの元については，「超越的」$\Leftrightarrow$「代数的でない」．$n \geqq 2$ のときは，「代数的独立でない」$\Leftrightarrow$「適当に一つの a_i を選べば，a_i は $K(a_1, a_2, \cdots, a_{i-1}, a_{i+1}, \cdots, a_n)$ 上代数的」．

この代数的独立という言葉を使えば，16ページの本文の終わり近くで述べたことは，「任意の自然数 n に対して，n 個の実数 $a_1, a_2, \cdots, a_n$ で，有理数体上代数的独立なものがある」ということができる．

定理 1　体 L が体 K に含み，(i) L の元 $x_1, x_2, \cdots, x_n$ ($n \geqq 0$) は K 上代数的独立，(ii) L は $K(x_1, \cdots, x_n)$ 上代数的であるものとする．また，L の元 $y_1, y_2, \cdots, y_m$ は K 上代数的独立であると仮定する．このとき，(1) $m \leqq n$ であり，(2) $m=n \Leftrightarrow L$ が $K(y_1, y_2, \cdots, y_m)$ 上代数的．

L に対して，上のような $x_1, x_2, \cdots, x_n$ があるとき，$x_1, x_2, \cdots, x_n$ を L の K 上の**超越基**という．またその元数 n を L の K 上の**超越次数**とよぶ．この定理の内容は，L が K 上超越基をもてば，超越基の元数は一定であるということで，その一定の値を超越次数とよぶのである．

証明　n についての数学的帰納法を利用する．$n=0$ のときは L は代数的ゆえ正しい．$n=1$ のときを考えよう．y_1 は $K(x_1)$ 上代数的ゆえ $K(x_1)$ に係数をもつ多項式 $F(Y)=c_0Y^d+c_1Y^{d-1}+\cdots+c_d$ ($c_i \in K(x_1)$, $c_0 \neq 0$) があって，$F(y_1)=0$．c_i の分母を払って，$c_i \in K[x_1]$ としてよい．$F(Y)$ を x_1, Y についての多項式と思って，x_1 について整理したものを $G(x_1)=g_0(Y)x_1{}^e+g_1(Y)x_1{}^{e-1}+\cdots+g_e(Y)$ ($g_i(Y) \in K[Y]$, $g_0(Y) \neq 0$) とする．y_1 は K 上超越的ゆえ，$g_0(y_1) \neq 0$．$F(y_1)=0$ ゆえ，$g_0(y_1)x_1{}^e+g_1(y_1)x_1{}^{e-1}+\cdots+g_e(y_1)=0$ ゆえに x_1 は $K(y_1)$ 上代数的．ゆえに，L は $K(y_1)$ 上代数的であり，$m \geqq 2$ はおこらず，y_1 が超越基をなす．したがってこの場合はよい．

$n \geqq 2$ とする．y_1 は $M=K(x_1, x_2, \cdots, x_n)$ 上代数的であるから，$s \leqq n$ を適当にえらべば，y_1 は $M'=K(x_1, x_2, \cdots, x_s)$ 上代数的であり，$M''=K(x_1, x_2, \cdots, x_{s-1})$ 上では代数的でない．すると，M' に係数をもつ多項式 $F(Y)=c_0Y^d+c_1Y^{d-1}+\cdots+c_d$ ($c_i \in M'$, $c_0 \neq 0$) を適当にとれば，$F(y_1)=0$．c_i は $x_1, \cdots, x_s$ についての有理式ゆえ，分母を払って，$c_i \in K[x_1, x_2, \cdots, x_s]$ としてよい．そこで $F(Y)$ を $x_1, x_2, \cdots, x_s, Y$ についての多項式と考えて，x_s について整理したものを $G(x_s)=g_0(Y)x_s{}^e+g_1(Y)x_s{}^{e-1}+\cdots+g_e(Y)$ ($g_i(Y)$ は $K[x_1, \cdots, x_{s-1}]$ に係数をもつ Y についての多項式，$g_0(Y) \neq 0$) とする．y_1 は M'' 上では代数的でないから，$g_0(y_1) \neq 0$．他方 $F(y_1)=0$ であるから，$g_0(y_1)x_s{}^e+g_1(y_1)x_s{}^{e-1}+\cdots+g_e(y_1)=0$．このととは，$x_s$ が $K(y_1, x_1, x_2, \cdots, x_{s-1})$ 上代数的であることを示している．

$K_1=K(y_1)$ 上で $T=K(x_1, x_2, \cdots, x_s, y_1)$ を考えよう．T は $K_1(x_1, x_2, \cdots, x_{s-1})$ 上代数的．$x_1, x_2, \cdots, x_{s-1}$ が K_1 上代数的独立でないと仮定すると，その代数関係式 $f(x_1, x_2, \cdots, x_{s-1})=0$ の係数に y_1 が現れるので，y_1 について整理すれば，上の s のとり方に反することになる．ゆえに，$x_1, x_2, \cdots, x_{s-1}$ は T の K_1 上の超越基．そこで，K_1 上 $x_1, x_2, \cdots, x_{s-1}$ に $x_{s+1}, \cdots, x_n$ を順次加えていって，x_j がそれま

でのものと合せたとき K_1 上代数的独立でない（それまでのを K_1 につけた体の上に代数的といっても同じ）ときには x_j をはずす，というようにすると，$x_1, x_2, \cdots, x_{s-1}, x_{s+1} \cdots, x_n$ あるいは，それのうち，$x_{s+1}, \cdots, x_n$ のいくつかが除かれたものが，K_1 上の L の超越基ということになる．$x_{s+1}, \cdots, x_n$ の中に除かれたものがあるとすると，y_1 とこの超越基を併せたものが K から考えての L の超越基になり，その元数 $<n$ ゆえ，帰納法の仮定によって，$x_1, \cdots, x_n$ という n 個の代数的独立元があるのは矛盾である．ゆえに，$x_{s+1}, \cdots, x_n$ のどれも除かずに超越基になっていて，超越基の元数は $n-1$ であるとしてよい．K_1 上 $y_2, y_3, \cdots, y_m$ が代数的独立ゆえ，帰納法の仮定により，$m-1 \leqq n-1$ すなわち $m \leqq n$ であり，$y_2, y_3, \cdots, y_m$ が K_1 上の L の超越基（すなわち，$y_1, y_2, \cdots, y_m$ が K 上の L の超越基）ということと，$m=n$ とが同値というわけで，定理1が証明できた．

定理 2　$K \subset L \subset M$ が体で，L の K 上の超越次数が t であり，M の L 上の超越次数が u であるならば，M の K 上の超越次数は $t+u$ である．

証明　L の K 上の超越基 $x_1, x_2, \cdots, x_t$ および M の L 上の超越基 $y_1, y_2, \cdots, y_u$ をとる．証明すべきことは，(i) $x_1, x_2, \cdots, x_t, y_1, y_2, \cdots, y_u$ は K 上代数的独立，(ii) M は $K(x_1, x_2, \cdots, x_t, y_1, y_2, \cdots, y_u)$ 上代数的，の二つである．

(i)の証明　K 上の 0 でない多項式 $F(X_1, X_2, \cdots, X_t, Y_1, Y_2, \cdots, Y_u)$ に対して $F(x_1, \cdots, x_t, y_1, \cdots, y_u)=0$ となったと仮定する．F を $Y_1, Y_2, \cdots, Y_u$ について整理して $F=\sum c_{i_1 \ldots i_u}(X_1, \cdots, X_t) Y_1{}^{i_1} \cdots Y_u{}^{i_u}$ とする．$y_1, \cdots, y_u$ は L 上代数的独立で，$c_{i_1 \ldots i_u}(x_1, \cdots, x_t) \in L$ ゆえ，$c_{i_1 \ldots i_u}(x_1, \cdots, x_t)=0$ がすべての係数についていえる．$F \neq 0$ ゆえ，多項式として 0 でない係数がある筈で，それは $x_1, x_2, \cdots, x$ が K 上代数的独立ということに反する．

(ii)の証明　L の元は $K(x_1, \cdots, x_t)$ 上代数的ゆえ，$L(y_1, \cdots, y_u)$ 上代数的なものは $K(x_1, \cdots, x_t, y_1, \cdots, y_u)$ 上代数的．ゆえに M の各元は $K(x_1, x_2, \cdots, x_t, y_1, \cdots, y_u)$ 上代数的．

以上は有限の超越次数の場合だけを考えたが，無限の超越次数も考えられる．その場合，単に無限でまとめてしまうのでなく，次のように超越基を定義し，その集合としての濃度が**超越次数**であるものと定めるのであるが，その詳細は省くことにする．

定義　L が体 K を含む体であるとき，L の部分集合 S が K 上**代数的独立**であるとは，S の有限個の元から成る部分集合をとれば，それは K 上代数的独立であるときにいう．もし，さらに，K 上 S で生成された L の部分体 L が代数的であれば，S は L の K 上の**超越基**であるという．

練　習　解答は154ページ

1. x, y, z が有理数体 $\boldsymbol{Q}$ 上 $x^2+y^2=z^2$ という関係で定義された変数であるとき，x, y, z から二つ選んだものはすべて $\boldsymbol{Q}(x, y, z)$ の $\boldsymbol{Q}$ 上の超越基であることを確かめよ．

2. 体 L が体 K 上 $x_1, x_2, \cdots, x_m$ で生成されれば，L の K 上の超越基として，$\{x_1, x_2, \cdots, x_m\}$ の部分集合であるものがとれることを示せ．

3. 体 L が体 K 上有限の超越次数をもつものとする．L の元 $y_1, y_2, \cdots, y_r$ が K 上代数的独立であれば，L の K 上の超越基で $y_1, y_2, \cdots, y_r$ を含むものがあることを示せ．

Appendix 12 非可換環

本文では，非可換な環を具体的に扱ったのは行列環だけといえるので，ここでもう少し例をつけ加えよう．最初に群と係数環とによって定まる群多元環について述べ，次に，非可換体の重要例である四元数体について述べよう．

K は可換環で，G が群であるとき，K 係数の**群多元環**，以下 $K[G]$ で表す，は次のようにして定義された環である．(i) $a_1g_1+a_2g_2+\cdots+a_ng_n$ $(a_i\in K,\ g_i\in G)$ の形で表される元を形式的に考える．ただし，$a_i=0$ の項は，あってもなくても同じと考え，また，和の順序を変更したのも同じと考える．このように形式的に定義された元全体を $K[G]$ とする．(ii) $K[G]$ における加法は，$\sum a_ig_i+\sum b_ig_i=\sum(a_i+b_i)g_i$ (一方に g_i が現れなければ，$0g_i$ を補って適用する)，によって定める．(iii) $K[G]$ における乗法は $(\sum a_ig_i)(\sum b_jg_j)=\sum a_i(\sum b_j(g_ig_j))$．いいかえれば，係数と群の元とは可換，係数同志は K での乗法，群の元同志は群での乗法で項毎にかけ，でてきた項を全部加えるのである．

このようにすると $K[G]$ が環になることは直接条件をしらべればわかる．G が有限群であるならば，$K[G]$ は次のようにして，行列環の部分環と考えることができる: G の位数が n であるとき，K 上の n 次の行列環 $M(n;K)$ を考える．また，G の元 $\{g_1, g_2, \cdots, g_n\}$ を一定の順に並べておき，各 g_i に対して g_i を左から G の元全体にかけることによってひきおこされる置換に対応する行列(置換によって i 番目のが j 番目へ写されるとしたら，第 j 行は，第 i 列が1で他は0という行列; 各行とも，1が一つあり，他は0; 各列についても同様)を対応させる．その上で，$\sum a_ig_i$ には $\sum$ (スカラー行列 a_i)・(g_i に対応する置換の行列)を対応させれば，$K[G]$ と同型な部分環が得られる．

この環は G の演算を利用して作っているので，G の構造と密接な関連をもつ．そこで，G を調べるために $K[G]$ を利用することがよくある．特に，群 G の**行列表現**，すなわち，G から行列群の中への準同型を考えるとき，群多元環は重要であるが，本書では深入りしないことにする．以下，特殊な元についての注意というべきことを若干つけ加えておこう．

定理1 群 G は位数 n で $G=\{g_1, g_2, \cdots, g_n\}$ であるものとする．このとき (i) $K[G]$ の単位元は，群の単位元(すなわち，(K の単位元)×(G の単位元)) である．(ii) $(K[G]\ni)\sum a_ig_i$ に対して $\sum a_i\in K$ を対応させる写像 ε は環としての準同型であり，その核は $I=\{\sum a_ig_i | \sum a_i=0\}$．(iii) $\sigma=\sum_{i=1}^{n} g_i$ とおくと，$(\sum a_ig_i)\sigma=\sigma(\sum a_ig_i)=(\sum a_i)\sigma=(\varepsilon(\sum a_ig_i))\sigma$．(iv) $\sum a_ig_i$ $(\in K[G])$ が $K[G]$ の**中心**，すなわち，$\{x\in K[G] |$ すべての $y\in K[G]$ について $xy=yx\}$，に含まれるための必要充分条件は，「g_i と g_j が G で共役ならば，$a_i=a_j$」という条件がみたされることである．

証明 (i)は易しい．(ii)も，積の定義から，$(\sum a_ig_i)(\sum b_jg_j)$ が $\sum c_ig_i$ となったときの $\sum c_i$ は a_ib_j 全体の和であるから，$(\sum a_i)(\sum b_j)$ と等しい．ゆえに ε が環としての準同型ということはすぐわかる．核については明白であろう．$g\in G$ について，$g\sigma=\sigma g$ ゆえ(iii)が出る．K 上 G の元が $K[G]$ を生成するのだから，$x\in K[G]$ が中心に属するための条件は $gx=xg$，すなわち，$gxg^{-1}=x$ がすべての G の元 g についていえることである．したがって(iv)がいえる．

次に，重要な非可換体である四元数体について述べるが，その前に，それと関連の深い四元数群を定義する．非可換な位数8の群には二つの型がある．一つは二面体群の仲間に入れられているものである．一般に**二面体群**というのは，一つの巡回群 $\langle\sigma\rangle$ と位数2の別の元 τ とによって生成され，$\tau\sigma\tau^{-1}=\sigma^{-1}$ という関係で定義される群である．$\langle\sigma\rangle$ に属しない元全体は $\tau\langle\sigma\rangle$ であるが，$\tau^{-1}=\tau$ ゆえ，$\tau\sigma\tau=\sigma^{-1}$，$\tau\sigma^m\tau=\sigma^{-m}$ となり，$\tau\langle\sigma\rangle$ の各元の位数は2という性質をもち，$\langle\sigma\rangle$ の位数が n ならば，二面体群の位数は $2n$ になる．位数8の場合 $\langle\sigma\rangle$ は位数4の巡回群から出発すればよい．位数8の非可換群のもう一つの型が**四元数群**とよばれるものである．四元数群 Q には位数2の元は一つしかない．それを -1 で表すことにして，Q は次のように表せる．元 i, j, k があり，$i^2=j^2=k^2=-1$, $ij=k$, $ji=-k$, $jk=i$, $kj=-i$, $ki=j$, $ik=-j$ ($-k$ とは $(-1)k$ のこと．$k^2=-1$ ゆえ，k^3 ともかける．$-i$, $-j$ についても同様)．$Q=\{i, j, k, -i, -j, -k, -1, 1\}$．こういう群が作れることを確かめる方法はいろいろある．一つは位数4の巡回群 $\langle i\rangle=\{i, i^2, i^{-1}, 1\}$ を作り，次に新しい元 j を，$j^2=i^2$, $jij^{-1}=i^{-1}$ で定義して群を作れば，i^2 が中心の元になることがわかり，上の Q が作れるのである．あらたに作るのが気が進まない場合は，実数体上の4次の行列の中で，次のような元をとればよい．

$$1\text{ には単位行列 }E,\qquad i\text{ には }A=\begin{pmatrix}0&-1&0&0\\1&0&0&0\\0&0&0&-1\\0&0&1&0\end{pmatrix},\qquad j\text{ には }B=\begin{pmatrix}0&0&-1&0\\0&0&0&1\\1&0&0&0\\0&-1&0&0\end{pmatrix}$$

$$k\text{ には }C=\begin{pmatrix}0&0&0&-1\\0&0&-1&0\\0&1&0&0\\1&0&0&0\end{pmatrix}$$

を対応させる．すると $AB=C$, $BA=-C$, $A^2=B^2=C^2=-E$ などがわかり，$\langle A, B, C\rangle=\langle A, B\rangle$ が位数8の群になる．ところで，上の i, j, k を利用して，実数体 $\boldsymbol{R}$ 上で，$H=\{a+bi+cj+dk|a, b, c, d\in\boldsymbol{R}\}$ をとり，群多元環のときと同様，群での乗法を利用して加法，乗法を定義する．(群多元環のときとの大きなちがいは，$i^2=j^2=k^2$ は -1 として実数の -1 と同一視されることである)．あるいは，上の E, A, B, C を利用して

$$H=\{rE+sA+tB+uC|r, s, t, u\in\boldsymbol{R}\}$$

に行列としての加法，乗法を導入したと考えてもよい．これは明らかに非可換環であるが，さらに:

定理2 この H は非可換体である．これは**四元数体**とよばれる．

証明 H の0でない元 α が必ず逆元をもつことをいえばよい．$\alpha=rE+sA+tB+uC$ とすると，$\bar{\alpha}=rE-sA-tB-uC$ とおいて $\alpha\bar{\alpha}$ を考えると，$\alpha\bar{\alpha}=r^2+s^2+t^2+u^2\in\boldsymbol{R}$．$s, t, u$ を $-s, -t, -u$ におきかえても同じだから，$\bar{\alpha}\alpha=r^2+s^2+t^2+u^2=\alpha\bar{\alpha}$．$\alpha\neq0$ ゆえ，r, s, t, u のうちに0でないものがあり，$\alpha\bar{\alpha}\neq0$．そこで，$(\alpha\bar{\alpha})^{-1}\bar{\alpha}$ を考えると，これが α の逆元であることがわかる．ゆえに定理2が証明された．

練　習

解答は155ページ

1. 四元数群 Q の $\boldsymbol{R}$ 上の群多元環 $\boldsymbol{R}[Q]$ において，Q の位数2の元(上で -1 と書いた元)を ε で表したとき，$1+\varepsilon$ は $\boldsymbol{R}[Q]$ の中心に入る元で，四元数体 H は $\boldsymbol{R}[Q]/(1+\varepsilon)\boldsymbol{R}[Q]$ と同型であることを確かめよ．
2. H の構成にあたって，$\boldsymbol{R}$ の代りに $\boldsymbol{R}$ の任意の部分体を用いても非可換体が得られることを確かめよ．

略　　　解

第 1 章

類題1. 1.　$9a+b=7b+a$.　$\therefore\ 8a=6b$.　$\therefore\ 4a=3b$.　$0<a<7$, $0<b<7$ ゆえ，$b=4$, $a=3$.　答 31.

類題1. 2.　10進法で有限小数ゆえ，既約分数に表せて，その分母は 10^m (m は小数の位数) の約数.
3進法でも有限小数ゆえ，分母は 3^n の約数. 10と3とは共通な素因数をもたないから，分母は1.

類題1. 3.　$2^{10}=1024$ などにより　答 10011010010　が得られるが，右のような計算法もある.（毎回2で割り余りを出す. 余りが順次並んだのを，下から並べれば答になる.）

	(余り)
1234	0
617	1
308	0
154	0
77	1
38	0
19	1
9	1
4	0
2	0
1	1

類題2. 1.　答 6 の倍数になる. 理由. $a-1$, a, $a+1$ のうち，一つは3の倍数. また，$a-1$, a のどちらかは偶数.

類題2. 2.　m が自然数で，$m \geqq n$ のとき，

$$\frac{m(m-1)\cdots(m-(n-1))}{n!}$$

は組合せの数 ${}_mC_n$ であるから，これは自然数である. すなわち，この分子は $n!$ の倍数. ところで，$I=a(a+1)\cdots(a+(n-1))$ については，

(i)　$-(n-1)\leqq a\leqq 0$ のときは $I=0$ ゆえ，$n!$ の倍数.

(ii)　$a>0$ のときは，$m=a+n-1$ の場合になっていて，$n!$ の倍数

(iii)　$a\leqq -n$ のときは，$(-1)^nI=(-a)(-a-1)\cdots(-a-(n-1))$ が $m=-a$ のときになり，$(-1)^nI$ が $n!$ の倍数. ゆえに I も $n!$ の倍数.

類題3. 1.　$S(2^m)=2^{m+1}-1$

類題3. 2.　(1)　$S(p)=1+p<2p$.　$S(p^2)=1+p+p^2<2p^2$.　一般に，$S(p^e)=1+p+\cdots+p^{e-1}+p^e$
$S(p^e)-p^e=1+p+\cdots+p^{e-1}=(p^e-1)/(p-1)\leqq p^e-1<p^e$.　$\therefore\ S(p^e)<2p^e$.

(2)　$S(2pq)-4pq=3(1+p)(1+q)-4pq=3(1+p+q)-pq$　したがって，$p=3$, $q=5$, $N=30$; $p=3$, $q=7$, $N=42$; $p=5$, $q=7$, $N=70$ などが例になる.

類題4. 1.　(1)　3　　(2)　91　　(3)　22

類題4. 2.　(1)　246　　(2)　1452

類題5. 1.　$n=1$ のとき: 左辺$=1=$右辺.　$n=k$ のとき正しいと仮定すると，$n=k+1$ のときは:

$$\text{左辺}=k^2(k+1)^2/4+(k+1)^3=(k+1)^2(k^2+4k+4)/4=(k+1)^2(k+2)^2/4=\text{右辺}$$

類題5. 2.　$n=1$ のとき: 左辺$=1=$右辺.　$n=2$ のとき: 左辺$=3\times3\div2>4=$右辺.　$n=k\geqq2$ のとき正しいと仮定して，$n=k+1$ のときを考えると

$$\text{左辺}=(1+2+\cdots+k)\left(1+\frac{1}{2}+\cdots+\frac{1}{k}\right)+(k+1)\left(1+\frac{1}{2}+\cdots+\frac{1}{k}\right)+(1+2+\cdots+k)\frac{1}{k+1}+1$$

$$\geqq k^2+(k+1)\left(1+\frac{1}{2}\right)+\frac{k}{2}+1>k^2+2k+1=(k+1)^2$$

また，$n=2$ のとき，等号は成り立たないので，$n\geqq2$ のとき全部等号は成り立たない.

類題5. 3.　まず，(1)を n と $N-m$ との二重帰納法で証明する. $h(x)=f(x+1)-f(x)$ は，最高次の項が na_0x^{n-1} であり，N より大きい整数 m については $h(m)$ がすべて整数である. ゆえに帰納法の仮定により，どんな整数についても $h(m)$ は整数であり，$na_0((n-1)!)$ は整数. この後者は $a_0\cdot n!$ が整数であることを示す. $N-m<0$ なら $f(m)$ は整数(これは仮定). $N-m\geqq0$ とし，$f(m+1)$ は整数であるとしよう. $h(m)=f(m+1)-f(m)$ が整数だから，$f(m)$ も整数.

(2)　(1)により $a_0 \cdot n! = c_n$ は整数．$g_n(x)$ は組み合せの式だから，$f(x)$ の仮定をみたし，最高次の項は $\frac{1}{n!}x^n$ であるから，$f(x) - c_n g_n(x)$ は，次数$<n$ で，$f(x)$ と同様の仮定をみたす多項式である．ゆえに n についての数学的帰納法が適用できて，証明が完成する．

Exercise 1　100以上，1000以上の 6 の倍数の最小は，それぞれ，$6 \times 17 = 102$ と $6 \times 167 = 1002$．ゆえに，100 〜999 の間には 6 の倍数は $167 - 17 = 150$ 個ある．同様に算えて，8 の倍数は 3 桁の数の中に $125 - 13 = 112$ 個ある．6 と 8 の公倍数，すなわち 24 の倍数が，同様にして，$42 - 5 = 37$ 個．そこで，6 または 8 で割りきれる数の個数は $150 + 112 - 37 = 225$ である．3 桁の数の数は900であるから，6 でも 8 でもわりきれない数の個数は $900 - 225 = 675$ 答

Exercise 2　$26x + x = 27x \geqq 100$ から，$x \geqq 4$．余りということから $x \leqq 26$．
ゆえに，答えは $26 - 3 = 23$ (個)

Exercise 3　111111011001101　(15桁)

Exercise 4　(1)　$360 = 2^3 \cdot 3^2 \cdot 5$ ゆえ，答えは $4 \times 3 \times 2 = 24$

(2)　約数の数がちょうど 3 ということは，素数 p の平方のときだけである．$2^2, 3^2, 5^2, 7^2$ の四つだけが100以内．

Exercise 5　$m = p_1^{e_1} p_2^{e_2} \cdots p_s^{e_s}$，$n = q_1^{d_1} q_2^{d_2} \cdots q_t^{d_t}$ (p_i, q_j は素数) で，共通因数がないときは，$mn = p_1^{e_1} p_2^{e_2} \cdots p_s^{e_s} q_1^{d_1} q_2^{d_2} \cdots q_t^{d_t}$．$mn$ に 4 ページの $S(N)$ の公式を適用して，$S(mn) = S(m)S(n)$ を得る．

Exercise 6　Advice に述べたようにする．$2^e(2^{e+1}-1)m$ の約数で m で割りきれるものの中に $2^i m$ ($i = 0, 1, \cdots, e$), $2^i(2^{e+1}-1)m$ ($i = 0, 1, \cdots, e$) があり，これらの総和がすでに $2^{e+1}(2^{e+1}-1)m = 2 \cdot 2^e u$．したがって，これら以外の約数はない．ゆえに，$m = 1$ かつ $2^{e+1} - 1$ は素数である．

Exercise 7　Advice で述べたことをていねいにすればよい．

第 2 章

類題1.1.　$10^n \equiv 1 \pmod 9$ ゆえ，$N = \sum_{i=0}^{e} c_i 10^i$ であれば，$N \equiv \sum_{i=0}^{e} c_i \pmod 9$

類題1.2.　$f(x) - g(x) = nh(x)$ となる整係数の多項式 $h(x)$ が存在する．$h(m)$ は整数ゆえ，

$$f(m) - g(m) = nh(m) \equiv 0 \pmod n$$

類題1.3.　ヒントにあるようにすると，$f(x)g(x) \equiv a_d b_e x^{d+e} +$ (高次の項) $\pmod p$．ゆえに $a_d b_e \equiv 0 \pmod p$ で，p が素数であることに反する．ゆえに，$f(x) \equiv 0 \pmod p$，$g(x) \equiv 0 \pmod p$ の一方が成り立たなくてはならない．

類題1.4.　n 変数 $x_1, x_2, \cdots, x_n$ についての整数係数の多項式 $f(x_1, \cdots, x_n)$，$g(x_1, \cdots, x_n)$ について考えよう．
$f(x_1, \cdots, x_n) \not\equiv 0 \pmod p$，$g(x_1, \cdots, x_n) \not\equiv 0 \pmod p$ と仮定して，$f(x_1, \cdots, x_n)g(x_1, \cdots, x_n) \not\equiv 0 \pmod p$ を示す．$n > 1$ と仮定し，n より少い変数のときは正しいと仮定する．

$$f(x_1, \cdots, x_n) = f_0(x_1, \cdots, x_{n-1}) + f_1(x_1, \cdots, x_{n-1})x_n + \cdots + f_d(x_1, \cdots, x_{n-1})x_n{}^d$$

$$g(x_1, \cdots, x_n) = g_0(x_1, \cdots, x_{n-1}) + g_1(x_1, \cdots, x_{n-1})x_n + \cdots + g_e(x_1, \cdots, x_{n-1})x_n{}^e$$

と，x_n について整理する．$f_i(x_1, \cdots, x_{n-1}) \not\equiv 0 \pmod p$ となるような i のうちの最小を α とし，$g_j(x_1, \cdots, x_{n-1}) \not\equiv 0 \pmod p$ となるような j の最小を β とすれば，類題1.3 と同様に

$$f(x_1, \cdots, x_n) \equiv f_\alpha(x_1, \cdots, x_{n-1})x_n{}^\alpha + (x_n \text{ について高次の項}) \pmod p$$

$$g(x_1, \cdots, x_n) \equiv g_\beta(x_1, \cdots, x_{n-1})x_n{}^\beta + (x_n \text{ について高次の項}) \pmod p$$

となり，

$$fg \equiv f_\alpha g_\beta x_n{}^{\alpha+\beta} + (x_n \text{ について高次の項}) \pmod p$$

$f_\alpha \not\equiv 0$，$g_\beta \not\equiv 0 \pmod p$ ゆえ，$f_\alpha g_\beta \not\equiv 0 \pmod p$　$\therefore fg \not\equiv 0 \pmod p$

類題2. 1. (1) $3x\equiv 2\equiv -3 \pmod 5$ 3と5は互いに素. ∴ $x\equiv -1 \pmod 5$

(2) $4x\equiv 3\equiv -8 \pmod{11}$ 4と11は互いに素であるから, $x\equiv -2 \pmod{11}$

(3) 4と6の最大公約数は2. 3は2で割りきれないから, 解なし.

(4) $6x\equiv 9\equiv -4 \pmod{13}$ ∴ $3x\equiv -2\equiv -15 \pmod{13}$ ∴ $x\equiv -5 \pmod{13}$

(5) $4x+3\equiv 4 \pmod 5$ ∴ $-x\equiv 4x\equiv 4-3=1 \pmod 5$ ∴ $x\equiv -1 \pmod 5$

類題2. 2. (1) $6x\equiv 4 \pmod 8$ は $3x\equiv 2 \pmod 4$ と同値. $-x\equiv 2 \pmod 4$ ∴ $x\equiv 2 \pmod 4$

mod 8 では $x\equiv 2$ または6. ∴ $x\equiv \pm 2 \pmod 8$

(2) $10x\equiv 15 \pmod{25}$ は $2x\equiv 3 \pmod 5$ と同値. $2x\equiv -2 \pmod 5$ ∴ $x\equiv -1 \pmod 5$

mod 25 では, $x\equiv -1+5s \pmod{25}$ $(s=0, 1, 2, 3, 4)$

類題2. 3. $a=a'd,\ b=b'd,\ n=n'd$ としてみると, a' と n' とは互いに素であり, $a'x\equiv b' \pmod{n'}$ と同値. これは唯一つの解 $x\equiv c \pmod{n'}$ をもつ. mod n で考えれば, $c+rn'$ (r は整数) が解になるが, mod n で異なるものは, $c, c+n', \cdots, c+(d-1)n'$ である.

類題3. 1. ① $\begin{cases} x-y\equiv 1 \pmod 2 \\ x-y\equiv 0 \pmod 3 \end{cases}$ ゆえ, まず, $X\equiv 1 \pmod 2$, $X\equiv 0 \pmod 3$ の解を求めると, $X\equiv 3 \pmod 6$ がその解である. ゆえに $x-y\equiv 3 \pmod 6$ であればよい.

答 $(x, y)\equiv(0, 3), (1, -2), (2, -1), (3, 0), (-2, 1), (-1, 2) \pmod 6$

② $y=y_0\ (=0, 1, \cdots, 34)$ に対して, $\begin{cases} 2x\equiv y_0+3 \pmod 5 \\ 3x\equiv 2y_0 \pmod 7 \end{cases}$ の解を求めればよい.

$1\equiv 2\times 3 \pmod 5$, $1\equiv 3\times(-2) \pmod 7$ ゆえ, $\begin{cases} x\equiv 3y_0+9\equiv -2y_0-1 \pmod 5 \\ x\equiv -4y_0\equiv 3y_0 \pmod 7 \end{cases}$

$\equiv$ は mod 35 として, $1\equiv 3\times 5+7\times(-2)$ ゆえ, $x\equiv(-2y_0-1)(-2)\times 7+3y_0\times 3\times 5$

∴ $x\equiv 3y_0+14 \pmod{35}$, $y\equiv y_0\equiv 0, 1, 2, \cdots, 34$

Exercise 1 (1) mod 3 のとき: $(x-1)^2\equiv x^2-2x+1\equiv x^2+x+1$ 答 $(x-1)^2$

(2) mod 7 のとき: $2^3\equiv 1$, $-3^3\equiv 1$ ゆえ, $(x-2)(x+3)$ を考えると, 答であることが確められる.

(3) mod 13 のとき: $3^3\equiv 1$, $3\times(-4)\equiv 1$ ゆえ, $(x-3)(x+4)$ を考えると, 答であることが確められる.

Exercise 2 x, y にどんな整数を代入しても $ax+by$ は d の倍数ゆえ, c が d の倍数であることは, 解の存在するための必要条件. 逆に, c が d の倍数であったとする. まず, n, a の最大公約数を d_0 とすると, 適当な整数 e, f により, $d_0=en+fa$. d は d_0 と b との最大公約数であるから, 適当な整数 e', f' をとれば, $d=e'd_0+f'b=ee'n+e'fa+f'b$ すなわち, $d=\alpha a+\beta b+\gamma n$ となるような整数 α, β, γ がある. $c=c'd$ とすれば, $x=c'\alpha$, $y=c'\beta$ は一組の解である.

Exercise 3 (1) $3\times 5+3\times 7\equiv 1 \pmod{35}$ ゆえ, $x\equiv 3\times 3\times 7+3\times 5\equiv 4\times 7+3\times 5\equiv 8$ (答)

(2) $(-1)\times 11+4\times 3\equiv 1 \pmod{33}$ ゆえ, $x\equiv 7\times 4\times 3\equiv 18$ (答)

(3) $\equiv$ は mod 6 として, $2x-y\equiv 1$ …①, $3x-4y\equiv 0$ …② から, 2×①+② を作ると

$7x\equiv 2$ ∴ $x\equiv 2$ ∴ $y\equiv 2x-1\equiv 3$ ∴ $(x, y)\equiv(2, 3)$ (答)

(4) 第一式に -1 をかければ第2式になる. したがって条件は $y=2-3x \pmod 5$ だけ.

したがって, 答は $(x, y)\equiv(0, 2), (1, -1), (2, 1), (-2, -2), (-1, 0) \pmod 5$

(5) $x\equiv y+2 \pmod 3$, $x\equiv -y+3 \pmod 5$, $2\times 3+(-1)\times 5\equiv 1 \pmod{15}$ ゆえ,

$$\begin{cases} x\equiv-(y+2)\times5+(-y+3)\times6=-11y+8\equiv4y+8 \\ y\equiv0,1\cdots,14 \end{cases} \pmod{15}$$ が解になる．

Exercise 4 r についての数学的帰納法を用いる．$r=2$ のときは p. 12 の定理．$r>2$ として，$r-1$ 個の式のときは正しいとしよう．最初の $r-1$ 個の連立合同式の解 $x\equiv b \pmod{m_1\cdots m_{r-1}}$ がただ一つある．求めるものは $\begin{cases} x\equiv b \pmod{m_1\cdots m_{r-1}} \\ x\equiv a_r \pmod{m_r} \end{cases}$ の解と同等であり，これは $r=2$ のときによって唯一つの解をもつ．つぎに，$\sum a_je_j \pmod{m_i}$ を考える．$j\neq i$ なら $e_j\equiv0 \pmod{m_i}$, $e_i\equiv1 \pmod{m_i}$ ゆえ，$\sum a_je_j\equiv a_i \pmod{m_i}$ となるから，$\sum a_je_j$ は解になる．

第 3 章

類題1. 1. $\sqrt{10}=3.16\cdots$ ゆえ，$1>4-\sqrt{10}>0$ $\therefore$ $1>(4-\sqrt{10})^n>0$. 他方，$(4+\sqrt{10})^n+(4-\sqrt{10})^n$ は偶数であるから，$(4+\sqrt{10})^n$ の整数部分は奇数である．

類題1. 2. $\sqrt{6}=2.449\cdots$ ゆえ，$1>3-\sqrt{6}>0$ $\therefore$ $1>(3-\sqrt{6})^n>0$. 他方，$(3+\sqrt{6})^n+(3-\sqrt{6})^n$ は3の倍数．ゆえに $(3+\sqrt{6})^n$ の整数部分は $\equiv-1\equiv2 \pmod 3$

類題1. 3. a を小数で表して，あるところから先を切り捨てて，$a\geqq c>0$ となる有理数 c をとることができる．c を分数で表して m/m' (m, m' は自然数) となったとする．他方，b については，$b\leqq0$ ならば $n=1$ でよいから，$b>0$ と仮定する．b を小数で表して小数点以下を切り上げたものを d とすれば，d は自然数であって，$d\geqq b$. すると，$n=dm'$ について，$na\geqq nc=dm\geqq d\geqq b$.

類題1. 4. 15ページにおいて，$1>a>0$ のときの証明を，$a=c^{-1}$ に適用すれば，$c^n\geqq b^{-n}\geqq1+n(l/m)$ となる．$mM\leqq N$ となる自然数 N 以上の n について，$c^n>M$ となる．

類題2. 1. $\sqrt[3]{2}=m/n$ (m, n は自然数) としてみると，$2n^3=m^3$. 両辺が2の何乗できっかり割りきれるかをみると，左辺は $3r+1$ 乗，右辺は $3s$ 乗となり，$3r+1=3s$ で不合理．

類題2. 2. 正しくない．例えば，$a=\sqrt{2}$, $b=2-\sqrt{2}$ とすれば反例になる．

類題2. 3. $a+b=c$ が有理数とすれば，$b=c-a$ において，左辺が無理数，右辺が有理数となって不合理．$ab=d$ が有理数とすれば，$b=d/a$ において，同様の不合理が見られる．b/a については a^{-1} が有理数ゆえ，ab のときと同じである．

類題2. 4. (1) $ab=c^2$ (c は自然数) のとき：$b=c^2/a$ ゆえ，$\sqrt{b}=c/\sqrt{a}$ $\therefore$ $\sqrt{a}+\sqrt{b}=\sqrt{a}(1+ca^{-1})$. a, c は正ゆえ，$1+ca^{-1}$ は0でない有理数．ゆえに前問により，$\sqrt{a}+\sqrt{b}$ は無理数．

(2) ab が平方数でないとき：$(\sqrt{a}+\sqrt{b})^2=a+b+2\sqrt{ab}$. これは無理数であるから，$\sqrt{a}+\sqrt{b}$ も無理数である．

類題2. 5. これらの数のおのおのについて，0でない多項式 $f(X)$（有理数係数）で，代入して0になるものを見つけばれよい．$\sqrt{2}$ には X^2-2, $\sqrt{3}$ には X^2-3, $\sqrt[3]{2}$ には X^3-2 をとればよい．

類題3. 1. 17ページの証明の(2)からわかるように，分母は $10^s(10^t-1)$ の約数である．

類題3. 2. 17ページの証明の(1)～(4)の真似をすればよい．

類題4. 1. $x=(2a-2\sqrt{a^2-1})/2=a-\sqrt{a^2-1}$, $y=a+\sqrt{a^2-1}$ であるから $x^4+y^4=2(a^4+6a^2(a^2-1)+(a^2-1)^2)=2(a^4+6a^4-6a^2+a^4-2a^2+1)=16a^4-16a^2+2$

類題4. 2. $\alpha=(2-\sqrt{7})/3$, $\beta=(2+\sqrt{7})/3$ とおくと，$\alpha+\beta=4/3$, $\alpha\beta=-1/3$ ゆえ α を $3X^2-4X-1$ に代入すれば0になる．与式は $3X^2-4X+1$ に α を代入したものであるから，代入した値は2である．

類題4. 3. $x=\alpha=\sqrt{5}+1$, $\beta=-\sqrt{5}+1$ とすると，$\alpha+\beta=2$, $\alpha\beta=-4$. ゆえに X^2-2X-4 に α を代入すれば 0 になる．すなわち，$\alpha^2=2\alpha+4$. この関係を使って，$(\alpha^3+\alpha+1)/\alpha^5$ を書き直すと，

$$\frac{\alpha(2\alpha+4)+\alpha+1}{\alpha(2\alpha+4)^2}=\frac{2(2\alpha+4)+5\alpha+1}{4\alpha(\alpha^2+4\alpha+4)}=\frac{9\alpha+9}{4\alpha(6\alpha+8)}=\frac{9(\alpha+1)}{8(3(2\alpha+4)+4\alpha)}=\frac{9(\alpha+1)}{16(5\alpha+6)}=\frac{9(\sqrt{5}+2)}{16(5\sqrt{5}+11)}$$

$$=9(\sqrt{5}+2)(5\sqrt{5}-11)/16(125-121)=9(25-22+10\sqrt{5}-11\sqrt{5})/64=9(3-\sqrt{5})/64$$

類題4. 4. $a=\sqrt{3}-1$, $b=\sqrt{2}-1$. $a-a^{-1}=\sqrt{3}-1-(\sqrt{3}+1)/2=(\sqrt{3}-3)/2$

$b+b^{-1}=\sqrt{2}-1+\sqrt{2}+1=2\sqrt{2}$ ゆえに 与式$=\sqrt{2}(\sqrt{3}-3)=\sqrt{6}-3\sqrt{2}$

類題4. 5. $\sqrt{x}$ の式は a と a^{-1} とについて対称的であるから，$a\geqq 1$ のときの計算をまずする．

$x=a+a^{-1}+2$ ゆえ，$x-2=a+a^{-1}$, $x^2-4x=(a+a^{-1})^2-4=a^2+a^{-2}-2=(a-a^{-1})^2$

与式$=\dfrac{a+a^{-1}-(a-a^{-1})}{a+a^{-1}+a-a^{-1}}=\dfrac{2a^{-1}}{2a}=a^{-2}$. $a<1$ なら a^{-1} が上の a の役をするから a^2 というわけで，(答) $a\geqq 1$ なら a^{-2}, $1>a\ (>0)$ なら a^2.

Exercise 1 $\lim_{n\to\infty}a_n=0 \Leftrightarrow$ どんな自然数 N に対しても，ある番号以上の a_n すべてについて $a_n<N^{-1} \Leftrightarrow$ どんな自然数 N に対しても，ある番号以上の $a_n{}^{-1}$ すべてについて $a_n{}^{-1}>N \Leftrightarrow \lim_{n\to\infty}a_n{}^{-1}=\infty$.

Exercise 2 n が平方数であれば，$n=c^2$ としてみると，$n=c^2<n+1<c^2+2c<(c+1)^2$ ゆえ，$n, n+1$ ともに平方数であることはない．$n, n+1$ の一方が平方数であれば，$\sqrt{n}+\sqrt{n+1}$ は有理数＋無理数となって，無理数である．ともに平方数でないときは16ページの類題2. 4 により，$\sqrt{n}+\sqrt{n+1}$ は無理数である．

Exercise 3 $(n+1)!-n!=n\times n!\geqq n$ ゆえ，小数点以下先の方へ行く程，0 が連続して並ぶ長さが，いくらでも長い区間ができるから，循環小数にならない．したがって無理数である．

Exercise 4 $x+x^{-1}=7$ により $x>0$. ゆえに $\sqrt{x}+(\sqrt{x})^{-1}$ は実数で，しかも正の数である．平方してみると $x+x^{-1}+2$. この値は 9 ゆえ，求める値は $\sqrt{9}=3$.

Exercise 5 $b<0$ ゆえ，$\sqrt{a^2-2b\sqrt{a^2-b^2}}=\sqrt{a^2+2\sqrt{b^2(a^2-b^2)}}$. $(a^2-b^2)+b^2=a^2$ ゆえ，

与式$=\sqrt{a^2-b^2}+\sqrt{b^2}=\sqrt{a^2-b^2}-b$

Exercise 6 $\sqrt{a}$, $\sqrt{b}$ の一方が有理数なら易しい．$\sqrt{a}$, $\sqrt{b}$ ともに無理数として矛盾を導けばよい．a, b を分数で表して，その分母の最小公倍数 c をとれば，$c(\sqrt{a}+\sqrt{b})=\sqrt{ac^2}+\sqrt{bc^2}$ で，これに類題2. 4 を適用．

第 4 章

類題1. 1. (1) $x^2=(1-3-2\sqrt{3}i)/4=(-1-\sqrt{3}i)/2$. ゆえ，$x^2-x=-1$. $\therefore\ x^2-x+1=0$

(2) $x^3+2x^2-4x+4=x(x^2-x+1)+3x^2-5x+4=3(x^2-x+1)-2x+1=-1+\sqrt{3}i+1=\sqrt{3}i$

類題1. 2. $\alpha=1+i$ ゆえ，$\alpha^2=2i$. α を x^2+ax+b に代入すると $2i+a+ai+b=(a+b)+(a+2)i$. これが 0 になるのは，$a=-2$, $b=2$ のときで，かつそのときに限る．

類題1. 3. 左辺$=\cos\theta\cos\mu-\sin\theta\sin\mu+i(\cos\theta\sin\mu+\cos\mu\sin\theta)$. 三角函数の加法定理により，これは右辺に等しい．

類題1. 4. 第 1 式から，$z=1-iw$. 第 2 式に代入して：$i+w+w=1+i$ $\therefore\ 2w=1$ $\therefore\ w=\dfrac{1}{2}$. $\therefore\ z=1-\dfrac{1}{2}i$

類題1. 5. (1) $\alpha^2=\dfrac{1}{2}\cdot 2i=i$. $\therefore\ \alpha^4=-1$. $\therefore\ \alpha^8=1$. $\alpha^3=\alpha i\neq 1$, $\alpha^5=-\alpha\neq i$, $\alpha^6=i^3=-i$, $\alpha^7=-\alpha i\neq 1$.

(2) $\alpha(1-i)=\sqrt{2}$ で，これは実数．ゆえに $\beta\in A$ ならば $\alpha\beta$ は実数である．逆に，$\alpha\beta$ が実数であると仮定すると，$\beta=a+bi$ (a, b は実数) と表してみると，$\alpha\beta=(a-b+(a+b)i)/\sqrt{2}$. これが実数になるのは，$a+b=0$ のときに限る．このとき $\beta=a(1-i)$ であり $\beta\in A$.

類題2. 1. $\alpha=a+bi$ (a, b 実数) としてみると，$\alpha=\bar{\alpha} \Leftrightarrow a+bi=a-bi \Leftrightarrow 2b=0 \Leftrightarrow b=0 \Leftrightarrow \alpha$ は実数．

類題2. 2. $\alpha=a+bi$ ならば，$\alpha-\bar{\alpha}=a+bi-(a-bi)=2bi$.

類題2. 3. $(X-\alpha)(X-\bar{\alpha})=X^2-(\alpha+\bar{\alpha})X+\alpha\bar{\alpha}$ ゆえ，$X^2+aX+b=(X-\alpha)(X-\bar{\alpha})$ となれば，$a=-(\alpha+\bar{\alpha})$, $b=\alpha\bar{\alpha}$ は実数である．また，$D=a^2-4b$ とおけば，$X^2+aX+b=0$ の二根は $(-a+\sqrt{D})/2$ で与えられるが，この2根が $\alpha, \bar{\alpha}$ と一致するのであるから，$\sqrt{D}=\pm(\alpha-\bar{\alpha})$. これは $D\leqq 0$ のときに限られる．逆に $D\leqq 0$ であれば，2根は互いに共役な複素数になるから，一根を α とすればよい．

類題2. 4. $\alpha/\bar{\alpha}=\alpha^2/(\alpha\bar{\alpha})$. 右辺の分母が実数であるから，$\alpha/\bar{\alpha}$ が実数 $\Leftrightarrow \alpha^2$ が実数．$\alpha=a+bi$ としてみると，$\operatorname{Im}\alpha^2=2ab$ ゆえ，α^2 が実数 $\Leftrightarrow ab=0 \Leftrightarrow \alpha$ は実数，純虚数のいずれか．

類題3. 1. $(z-4i)(\bar{z}-\overline{4i})=23$ と整理されるから，$4i$ を中心とし，半径 $\sqrt{23}$ の円．

類題3. 2. $|iz|=|z|=1$ ゆえ，$iz+i$ は i を中心として，半径1の円をえがく．

類題3. 3. 条件は，2点 3, -3 からの距離の和が10であるような点である．したがって，3, -3 を2焦点とする楕円になる．短軸の端点と焦点との距離が5ゆえ，その端点は $\pm 4i$. 長軸の端点と焦点の距離は2と8ゆえ，その端点は ± 5. したがって楕円の xy 座標による方程式は $\dfrac{x^2}{5^2}+\dfrac{y^2}{4^2}=1$.

類題3. 4. (1) $|z|^2=z\bar{z}=1$ ゆえ，$\bar{z}=z^{-1}$.

(2) $|z_1|=1$ ならば，$\dfrac{z_1-z_2}{1-\bar{z}_1z_2}=\dfrac{z_1-z_2}{1-z_1^{-1}z_2}=z_1\dfrac{z_1-z_2}{z_1-z_2}=z_1$ ゆえ，この絶対値は1.

$|z_2|=1$ ならば，$\left|\dfrac{z_1-z_2}{1-\bar{z}_1z_2}\right|=\left|\dfrac{z_1-z_2}{z_2(\bar{z}_2-\bar{z}_1)}\right|=|z_1-z_2|/|\overline{z_2-z_1}|=1$.

(3) $$1-\left|\frac{z_1-z_2}{1-\bar{z}_1z_2}\right|^2=1-\frac{|z_1-z_2|^2}{|1-\bar{z}_1z_2|^2}=\frac{(1-\bar{z}_1z_2)(1-z_1\bar{z}_2)-(z_1-z_2)(\bar{z}_1-\bar{z}_2)}{|1-\bar{z}_1z_2|^2}$$

$$=\frac{1+|z_1|^2|z_2|^2-\bar{z}_1z_2-z_1\bar{z}_2-(|z_1|^2+|z_2|^2-(z_1\bar{z}_2+z_2\bar{z}_1))}{|1-\bar{z}_1z_2|^2}=\frac{(1-|z_1|^2)(1-|z_2|^2)}{|1-\bar{z}_1z_2|^2}$$

$|z_1|<1$, $|z_2|<1$ ゆえ，最後の分数式の分子は正，分母は ($\bar{z}_1z_2\neq 1$ ゆえ) 正．

類題3. 5. (1) $r\neq 1$ のとき: $z=x+yi$ とおくと，$z^{-1}=\dfrac{1}{x+yi}=\dfrac{x-yi}{x^2+y^2}=\dfrac{x-yi}{r^2}$

$\therefore\ w=x\left(1+\dfrac{1}{r^2}\right)+iy\left(1-\dfrac{1}{r^2}\right)$. $w=u+vi$ とおくと，$u=x\left(1+\dfrac{1}{r^2}\right)$, $v=y\left(1-\dfrac{1}{r^2}\right)$.

x, y の条件は $x^2+y^2=r^2$ であるから，$\dfrac{u^2}{\left(1+\dfrac{1}{r^2}\right)^2}+\dfrac{v^2}{\left(1-\dfrac{1}{r^2}\right)^2}=r^2$. $\therefore\ \dfrac{u^2}{\left(r+\dfrac{1}{r}\right)^2}+\dfrac{v^2}{\left(r-\dfrac{1}{r}\right)^2}=1$.

したがって，w は $\pm 2\,(=(\pm 2, 0))$ を2焦点とする楕円をえがく．

(2) $r=1$ のとき: 上の計算により，$u=2x$, $v=0$. x は1と -1 の間のすべての値をとるから，w は1と -1 を結ぶ線分(両端を含む)をえがく．

類題4. 1. $\alpha+(\cos\theta+i\sin\theta)(z-\alpha)$. [$\alpha$ の回りの回転ゆえ，0の回りに $z-\alpha$ を θ だけ回転し，それに α を加えたものが答である．]

類題4. 2. $r=1$ を含めて，$|z+1|=r|z-1|$ ということは，-1 からの距離と1からの距離との比が $r:1$ を意味する．したがって $r=1$ なら，$-1, 1$ を結ぶ線分の垂直二等分線，すなわち虚軸になり，$r\neq 1$ ならアポロニウスの円になる．中心は実軸上にあり，円と実軸との交点は，$(r-1)/(r+1)$, $(r+1)/(r-1)$ であるから，$(r^2+1)/(r^2-1)$ を中心とし，$|2r/(r^2-1)|$ を半径とする円である．

類題4. 3. 条件は $\arg(z-\alpha)-\arg(z-\beta)=\theta$. すなわち，点 α, β, z を与えたときの $\angle\beta;z;\alpha$ が θ ということ(向きも入れて考える)．したがって，$\theta=0$ ならば α, β を結ぶ直線から，α, β を結ぶ線分を除いたもの (α は含み，β は含まない), $\theta=\pi$ なら，α, β を結ぶ線分 (β を除く)，それ以外の場合は，α, β を角 θ で見込む一つの円弧 (β を除

く）になる．($\arg 0$ は不定ゆえ，α はみたす点と考えられる．)

類題5. 1.　$(1-z)(1+z+\cdots+z^9)=1-z^{10}=0$,　$1-z\neq 0$　$\therefore\ 1+z+\cdots+z^9=0$

類題5. 2.　$-\omega$ は一つの原始６乗根．1, 2, …, 5 のうち６と素なのは１，５だけであるから，原始６乗根は $-\omega$ と $(-\omega)^5=-\omega^5=-\omega^2$ の二つだけ．

類題5. 3.　$(\zeta\eta)^{mn}=\zeta^{mn}\eta^{mn}=1$.　s が自然数で，$(\zeta\eta)^s=1$ であったとする．$\zeta^s=\eta^{-s}$ で，これを n 乗すれば，$\zeta^{sn}=(\eta^n)^{-s}=1$. ゆえに $sn\equiv 0 \pmod{m}$　$\therefore\ s\equiv 0 \pmod{m}$　同様に，$\zeta^m=1$ を使って，$s\equiv 0 \pmod{n}$. ゆえに s は m, n の公倍数．ゆえに，$\zeta\eta$ は１の原始 mn 乗根である．

Exercise 1　z が実数ならば，$(z^2+az+c)+i(bz+d)=0$ から $z^2+az+c=0,\ bz+d=0$ が出る．(1)　$b\neq 0$ ならば，$z=-(d/b)$. これが第一の式を充たすことが条件になる．すなわち，$d^2-abd+cb^2=0$.

(2)　$b=0$ ならば，$d=0$，かつ第一の式が実根をもつことが条件．

答　(1)　$b\neq 0,\ d^2-abd+cb^2=0$　または　(2)　$b=d=0,\ a^2-4c\geqq 0$

Exercise 2　$\eta=\theta+2\theta+\cdots+n\theta$ とおけば，$\eta=n(n+1)\theta/2$. 問題の左辺$=\cos\eta+i\sin\eta$ ゆえ，これが１となるのは $\eta=2m\pi$ (m は整数) のときであるから，$n(n+1)\theta/2=2m\pi$，すなわち，

$\theta=4m\pi/n(n+1)$ $(m=0, \pm 1, \pm 2, \cdots)$　…(答)

Exercise 3　$z=x+yi,\ f(z)=u+vi$ とおくと，$u+vi=\dfrac{x+1+yi}{1-x-yi}$. 分母を払えば，$u-xu+yv+(v-xv-yu)i=x+1+yi$. ゆえに，$u-xu-x-1+yv=0,\ v-xv-yu-y=0$.

y を消去すれば，$(u+1)(u-xu-x-1)+v(v-xv)=0$　$\therefore\ x(u+1)^2+xv^2=u^2-1+v^2$

$\therefore\ x=(u^2+v^2-1)/((u+1)^2+v^2)$.　同様に $y=2v/((u+1)^2+v^2)$.　ゆえに，A, B, C の像は

(A)　$\mathrm{Re}\,z=x>0 \Leftrightarrow u^2+v^2>1 \Leftrightarrow |f(z)|>1$

(B)　$\mathrm{Im}\,z=y<0 \Leftrightarrow v<0 \Leftrightarrow \mathrm{Im}\,f(z)<0$

(C)　$|z|\leqq 1 \Leftrightarrow x^2+y^2\leqq 1 \Leftrightarrow (u^2+v^2-1)^2+4v^2$

$\leqq((u+1)^2+v^2)^2 \Leftrightarrow 4u((u+1)^2+v^2)\geqq 0$

$\Leftrightarrow u\geqq 0$

によって特徴づけられる．したがって，(1)，(2)は右の図に示される範囲が像になる．

(1)

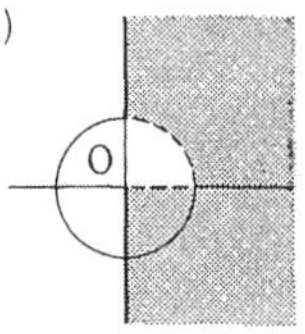

(2)

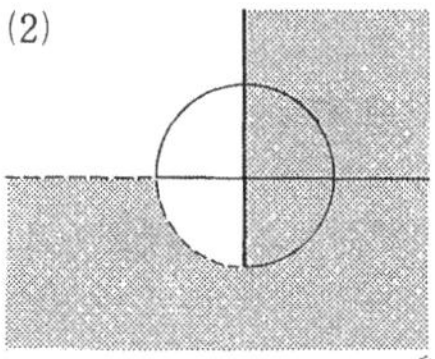

Exercise 4　Advice でのべたことにより

$$\text{正三角形} \Leftrightarrow \frac{\alpha-\beta}{\gamma-\beta}=\frac{\beta-\gamma}{\alpha-\gamma} \Leftrightarrow \alpha^2-\alpha(\beta+\gamma)+\beta\gamma+\beta^2-2\beta\gamma+\gamma^2=0$$

これは問題の条件式である．

Exercise 5　ガウス平面上で，二点２，１を見込む角が(正負を考えに入れた上で) 45° の点のなす円弧 ($\mathrm{Im}\,z\leqq 0$ の部分に入る)．$\arg 0$ は不定ゆえ，両端（１と２）は含める．

Exercise 6　$z=\dfrac{1}{2}c+\bar{w}$ とすると，条件式は $\bar{c}\bar{w}+cw=0$ になる．これは $\bar{c}\bar{w}$ が純虚数という条件である．$\bar{c}\bar{w}=it$ (t 実数) とすれば，$z=\dfrac{1}{2}c+(i\bar{c}^{-1})t$. したがって，方程式は $\dfrac{1}{2}c$ を通り，実軸と $\arg(i\bar{c}^{-1})=\arg(ic)$ の角をなす直線を表す．$\arg(ic)=\arg(c)+90°$ ゆえ，この直線は，原点 0 と c とを結ぶ直線と直交する．$\dfrac{1}{2}c$ を通るから，この直線は 0 と c を結ぶ線分の垂直二等分線である．したがって，$0, c$ を中心とする半径１の二円が交われば，この直線は二円の交点を通る．交わるのは $|c|<2$ のときである．($|c|=2$ のときは接し，直線は接点を通る．)

Exercise 7　$0=z^7-1=(z-1)(z^6+z^5+\cdots+z+1)$, $z\neq 1$ ゆえ，$1+z+z^2+\cdots+z^6=0$

$1+z^2=0$ ならば，$z^2=-1$, $1=z^7=(z^2)^3z=-z$, $z=-1$ となって矛盾．$\therefore\ 1+z^2\neq 0$. 同様に，$1+z^4\neq 0$, $1+z^6\neq 0$. そこで，問題の式の左辺に z を代入すると，

$$\frac{z}{1+z^2}+\frac{z^2}{1+z^4}+\frac{z^3}{1+z^6}=\frac{z+z^2+z^4+z^5}{1+z^2+z^4+z^6}+\frac{z^3}{1+z^6}=\frac{-(1+z^3+z^6)}{-(z+z^3+z^5)}+\frac{z^3}{1+z^6}$$
$$=\frac{1+z^3+z^6+z^6+z^2+z^5+z^4+z^6+z}{z+z^3+z^5+1+z^2+z^4}=\frac{2z^6}{-z^6}=-2$$

第 5 章

類題1.1. 求める余りを $ax+b$ とする．$f(x)=(x+1)(x-3)q(x)+ax+b$ ゆえ，$-5=f(-1)=b-a$, $3=f(3)=3a+b$. $\therefore$ $4b=-15+3=-12$. $b=-3$. $\therefore$ $a=5+b=2$ 答 $2x-3$.

類題1.2. $x^{20}-1=(x-1)^2q(x)+ax+b$ とする．両辺を微分すると，$20x^{19}=2(x-1)q(x)+(x-1)^2q'(x)+a$. $x=1$ を代入すると，$20=a$. もとの式に $x=1$ を代入すると，$0=a+b$. $\therefore$ $b=-a=-20$ 答 $20x-20$.

類題1.3. 与えられた式を x の多項式とみて，$x=-(y+z)$ を代入すると，$-(y+z)^3+y^3+z^3-(y+z)y^2+yz^2+z(y+z)^2-(y+z)z^2+y(y+z)^2+zy^2=(y+z)(-3yz-y^2+yz+zy+z^2-z^2+y^2+yz)=0$. ゆえに与式は $x+y+z$ で割りきれる．

類題2.1. $a+b=-c$ とおくと，$b+c=-a$, $c+a=-b$ ゆえ，与式$=0$ となる．したがって，この式は $a+b+c$ でわりきれる．割算を実行すれば $(a+b+c)(ab+bc+ca)$ を得る．例題 2 の解と同様にしても因子 $a+b+c$ は見つかる．

類題2.2. $a=-b$ とおけば，与式$=c^3-c^3=0$. ゆえに与式は $a+b$ でわりきれる．同様に，$b+c$, $c+a$ でわりきれる．$a+b$, $b+c$, $c+a$ は (a, b, c の多項式として) 共通因子をもたないから，与式はその積でわりきれる．次数が 3 だから，$(a+b+c)^3-a^3-b^3-c^3=\alpha(a+b)(b+c)(c+a)$ (α は数). a^2b の係数を比較して，$3=\alpha$
答 $3(a+b)(b+c)(c+a)$

類題2.3. x の多項式として考えると，$(1+y^2)x+y^3+3$. これは x の一次式だから，x の多項式として既約である．係数 $(1+y^2)$, (y^3+3) は共通因子をもたないから，与式は x, y の多項式として既約．

類題3.1. (1) 導函数 nx^{n-1} と x^n-1 とは共通因子をもたないから，x^n-1 は重根をもたない．

(2) 導函数は $4x^3-9x^2+4x+1$. これと，与式 $x^4-3x^3+2x^2+x-1$ との最大公約元をユークリッドの互除法で求めると：$x-1$. したがって，重根は 1 だけで，それは 2 重根．

類題3.2. 導函数は $3x^2+6x-9=3(x^2+2x-3)=3(x-1)(x+3)$. したがって，1 または -3 が与式の根になるとき，それらが重根になる．

$x=1$ のとき：$1+3-9+c=0$ $\therefore$ $c=5$

$x=-3$ のとき：$-27+27+27+c=0$ $\therefore$ $c=-27$ 答 5, -27

類題4.1. 前半：$f(x)=g(x)h(x) \Rightarrow f(x+a)=g(x+a)h(x+a)$. ゆえに，$f(x)$ が可約 $\Rightarrow$ $f(x+a)$ が可約．同様に，(a の代りに $-a$ を考えて) $f(x+a)$ が可約 $\Rightarrow$ $f(x)$ が可約．

後半：与式$=(x^p-1)/(x-1)$. x に $x+1$ を代入すると，分子が $(x+1)^p-1$, 分母が x ゆえ，$x^{p-1}+px^{p-2}+\cdots+{}_pC_rx^{r-1}+\cdots+p$. これはアイゼンシュタインの既約性定理の条件をみたす．

類題4.2. (1) $p=2$ のときにより，既約　(2) $p=3$ または $p=5$ のときにより，既約

(3) $p=47$ のときにより，既約　(4) $x+2$ で割りきれるから，可約

(5) $x^4+4=(x^2+2)^2-4x^2=(x^2-2x+2)(x^2+2x+2)$ ゆえ，可約

(6) x に $x+1$ を代入すると，$x^4+4x^3+6x^2+4x+2$ になる．$p=2$ のときにより，これが既約だから，もとの式も既約．

類題5. 1. (1) $\frac{x^5}{x^3+1}=x^2-\frac{x^2}{x^3+1}=x^2+\frac{a}{x+1}+\frac{bx+c}{x^2-x+1}$ とおいて，$-x^2=ax^2-ax+a+bx^2+bx+cx+c$

$\therefore\ a+b=-1,\ -a+b+c=0,\ a+c=0.\quad c=-a,\ b=-1-a,\ a=b+c=-1-2a$

$\therefore\ a=-\frac{1}{3},\ b=-\frac{2}{3},\ c=\frac{1}{3}\quad\therefore\ \frac{x^5}{x^3+1}=x^2-\frac{1}{3(x+1)}+\frac{1-2x}{3(x^2-x+1)}$

(2) $\frac{2}{x^2(x^2-1)}=\frac{a}{x}+\frac{b}{x^2}+\frac{c}{x-1}+\frac{d}{x+1}$ とおいて，$2=ax(x^2-1)+b(x^2-1)+cx^2(x+1)+dx^2(x-1)$

$\therefore\ a+c+d=0,\ b+c-d=0,\ -a=0,\ -b=2\quad\therefore\ a=0,\ b=-2,\ d=-c,\ b+2c=0$

$\therefore\ c=1,\ d=-1\quad\therefore\ \frac{2}{x^2(x^2-1)}=\frac{-2}{x^2}+\frac{1}{x-1}-\frac{1}{x+1}$

(3) $x^4+1=(x^2+1)^2-2x^2=(x^2+\sqrt{2}\,x+1)(x^2-\sqrt{2}\,x+1)$ ゆえ，

$\frac{x}{x^4+1}=\frac{ax+b}{x^2+\sqrt{2}\,x+1}+\frac{cx+d}{x^2-\sqrt{2}\,x+1}$ とおいて，$x=(ax+b)(x^2-\sqrt{2}\,x+1)+(cx+d)(x^2+\sqrt{2}\,x+1)$

$\therefore\ a+c=0,\ b-\sqrt{2}\,a+d+\sqrt{2}\,c=0\qquad a-\sqrt{2}\,b+c+\sqrt{2}\,d=1,\ b+d=0$

$\therefore\ c=-a,\ d=-b\quad\therefore\ a=c,\ 1=\sqrt{2}\,(d-b)=-2\sqrt{2}\,b\quad\therefore\ a=c=0,\ b=-\sqrt{2}/4.$

$\therefore\ \frac{x}{x^4+1}=\frac{-\sqrt{2}}{4(x^2+\sqrt{2}\,x+1)}+\frac{\sqrt{2}}{4(x^2-\sqrt{2}\,x+1)}$

類題5. 2. 例題5の解(34ページ)の，$f_1,\cdots,f_n$ を，$p_1,\cdots,p_s$ に変えるだけで，全く同様である．

Exercise 1 $f(x)=(x-a)(x-b)q(x)+cx+d$ ($q(x)$ は多項式) とおく．$A=f(a)=ca+d,\ B=f(b)=cb+d$

$\therefore\ bA-aB=d(b-a)\quad\therefore\ d=(bA-aB)/(b-a)$ また $B-A=c(b-a)\quad\therefore\ c=(B-A)/(b-a)$

ゆえに，求める余りは $((B-A)x+bA-aB)/(b-a)$

Exercise 2 $f(x)=(2x+3)^2(x-2)q(x)+(2x+3)^2r+x+6\quad\therefore\ f(2)=49r+8$

$f(x)=(x-2)^2q_1(x)+78x-99\quad\therefore\ f(2)=156-99=57$

$\therefore\ 49r+8=57\quad\therefore\ r=1.$ ゆえに求める余りは $(2x+3)^2+x+6=4x^2+13x+15$

Exercise 3 分解するとすれば，一次の斉次式の因子をもつ．x, y, z について対称的だから，その一次因子は $x+ay+bz$ であるとしてよい．与式に $x=-(ay+bz)$ を代入すれば，

$$0=-(ay+bz)(y+z)^2+z((1-a)y-bz)^2+y(-ay+(1-b)z)^2+4(ay+bz)yz$$
$$=-ay^3-2ay^2z-ayz^2-by^2z-2byz^2-bz^3+(1-a)^2y^2z-2b(1-a)yz^2+b^2z^3+a^2y^3-2a(1-b)y^2z$$
$$+(1-b)^2yz^2+4ay^2z+4byz^2$$

y^3 の係数：$-a+a^2=0\qquad\therefore\ a=0$ または1

z^3 の係数：$-b+b^2=0\qquad\therefore\ b=0$ または1

$(a, b)=(1, 0), (0, 1)$ は解である．ゆえに，$x+y,\ x+z$ を与式は因子にもつ．x, y, z について対称的だから，$y+z$ も因子であり，与式 $=c(x+y)(y+z)(z+x)$ (c は定数) x^2y の 係数を比べて，$c=1$. ゆえに，答 $(x+y)(y+z)(z+x)$

[カンのよい読者なら，こんな面倒な計算をする前に，$x=-y$ を代入して0になることを見つけ，対称的だから，$(x+y)(y+z)(z+x)$ でわりきれることがわかるかも知れない]

Exercise 4 与式$=x^2(x+2)-(x+2)=(x+2)(x^2-1)=(x+2)(x+1)(x-1)$

Exercise 5 例題4（アイゼンシュタインの既約性定理）の証明（33ページ）と同様（p でわれるかどうかの代りに，定数項が0かどうかを考えることに変更するだけ）であるから省略する．変更方法がよくわからない場合は Appendix 8 の練習2（多変数の場合）の解答を参照せよ．

Exercise 6 いずれも既約．(1) は $p=5$ のときに，(2) は x に $x+1$ を代入した上で $p=7$ のときにアイゼンシュタインの定理を利用すればよい．

Exercise 7 (1) $\dfrac{x^2}{x^2-4}=1+\dfrac{4}{x^2-4}=1+\dfrac{a}{x-2}+\dfrac{b}{x+2}$ とおくと，$4=a(x+2)+b(x-2)$

$\therefore\ a=1,\ b=-1\quad\therefore$ 与式 $=1+\dfrac{1}{x-2}-\dfrac{1}{x+2}$

(2) $\dfrac{1}{x^3+1}=\dfrac{a}{x+1}+\dfrac{bx+c}{x^2-x+1}$ とおくと，$1=a(x^2-x+1)+(x+1)(bx+c)$

$\therefore\ a+b=0,\ -a+b+c=0,\ 1=a+c.\ c=1-a,\quad\therefore\ -2a+1-a=0$

$\therefore\ a=\dfrac{1}{3},\ b=-\dfrac{1}{3},\ c=\dfrac{2}{3}\quad\therefore$ 与式 $=\dfrac{1}{3(x+1)}+\dfrac{2-x}{3(x^2-x+1)}$

(3) 与式 $=\dfrac{a}{x}+\dfrac{b}{x^2}+\dfrac{c}{x+1}+\dfrac{d}{(x+1)^2}$ とおくと，$1=ax(x+1)^2+b(x+1)^2+cx^2(x+1)+dx^2$

$\therefore\ a+c=0,\ 2a+b+c+d=0,\ a+2b=0,\ 1=b\quad\therefore\ a=-2\quad\therefore\ c=2\quad\therefore\ d=1$

$\therefore$ 与式 $=\dfrac{-2}{x}+\dfrac{1}{x^2}+\dfrac{2}{x+1}+\dfrac{1}{(x+1)^2}$

第 6 章

類題1. 1. $\alpha+\beta=2p,\ \alpha\beta=p\quad\therefore\ 2\alpha\beta=\alpha+\beta\quad\therefore\ \alpha=\beta/(2\beta-1).\quad -1<\alpha<1 \Leftrightarrow -1<\beta/(2\beta-1)<1 \Leftrightarrow \beta^2<(2\beta-1)^2 \Leftrightarrow 3\beta^2-4\beta+1>0$. すなわち，$(\beta-1)(3\beta-1)>0$.

答 $\beta<\dfrac{1}{3}$ の範囲および $\beta>1$ の範囲

類題1. 2. 平方して，$x+1+x-1-2\sqrt{x^2-1}=x\quad\therefore\ x=2\sqrt{x^2-1}\quad\therefore\ x^2=4x^2-4.\ 3x^2=4.\ x=\pm2/\sqrt{3}$. $x-1\geqq0$ ゆえ，$x=2/\sqrt{3}=2\sqrt{3}/3$. このとき，両辺ともに正で，平方して比べると等しいから，$x=2/\sqrt{3}$ は解である．

類題1. 3. $x^2-6x+8\geqq0$ から，$x\leqq2$ または $x\geqq4$. $2x^2-6x-3\leqq0$ から，$\dfrac{3-\sqrt{15}}{2}\leqq x\leqq\dfrac{3+\sqrt{15}}{2}$. $\dfrac{3+\sqrt{15}}{2}<4$，$\dfrac{3-\sqrt{15}}{2}<2$ ゆえ，上の二条件をみたすのは $\dfrac{3-\sqrt{15}}{2}\leqq x\leqq2$. この範囲にある整数は 0, 1, 2.

類題2. 1. $y=x+x^{-1}$ とおくと $y^2-2+y=0\quad\therefore\ y=1$ または -2

$y=1$ のとき $x=(1\pm\sqrt{-3})/2$，$y=-2$ のとき $x=-1$ (重根)

類題2. 2. $x=1$ は根ゆえ，左辺を $x-1$ でわると $x^4-2x^3-x^2-2x+1=0$. $y=x+x^{-1}$ とおけば $y^2-2-2y-1=0$. $y^2-2y-3=0$, $y=-1$ または 3. $y=-1$ のとき $x=(-1\pm\sqrt{-3})/2$; $y=3$ のとき $x=(3\pm\sqrt{5})/2$.

類題3. 1. (1) 2倍すると $2x^3+3x^2+5x+2$. 有理数根があるとすれば，それは負であるから，$-1,\ -2,\ -\dfrac{1}{2}$ のいずれか．$-\dfrac{1}{2}$ を代入してみると，0 になるから，$x+\dfrac{1}{2}$ を因子にもつ．割算を実行して，

与式 $=\left(x+\dfrac{1}{2}\right)(x^2+x+2)$

(2) $x=-\dfrac{1}{3}$ を代入すると 0 になるから，$3x+1$ でわりきれる．与式 $=(3x+1)(x^2-3x+1)$

類題3. 2. 左辺 $=(2x+1)(x^4+3x^2-4)=(2x+1)(x^2-1)(x^2+4)$

答 $x=-\dfrac{1}{2},\ \pm1,\ \pm2\sqrt{-1}$

類題3. 3. 両辺を平方して整理すれば，$x^3-16x^2+40x-24=0$. $x=2$ を左辺に代入すれば，0 になるから，左辺 $=(x-2)(x^2-14x+12)$. $=0$ を解けば，$x=2,\ 7\pm\sqrt{37}$. もとの方程式の解であるためには，$4x-5\geqq0$ が必要充分．これをみたすのは 2 と $7+\sqrt{37}$ …(答)

類題4. 1.　x に $x-a$ を代入すればよい．$(x-a)^3+3a(x-a)^2+b(x-a)+c=0$

$$\therefore\ x^3+(-3a+3a)x^2+(3a^2-6a^2+b)x+(-a^3+3a^3-ba+c)=0$$

答 $x^3+(b-3a^2)x+(c-ba+2a^3)=0$

類題4. 2.　$(x-c)^4$ の x^3 の項は $-4cx^3$ であるから，それが $8(x-c)^3$ の x^3 の項と消し合うようにすればよい．$\therefore\ c=2$．このとき，新方程式は $(x-2)^4+8(x-2)^3-(x-2)^2-2(x-2)-3=0$.

整理して，$x^4-25x^2+66x-51=0$

類題4. 3.　左辺$=2x^4-x^3-9x^2+4x+4$．根の逆数を根とする多項式 $4x^4+4x^3-9x^2-x+2$．両者の最大公約元をユークリッドの互除法で求めて $2x^3+3x^2-3x-2$．それは $x=1$ を代入すれば０になるから，因数分解できて，$(x-1)(2x^2+5x+2)$．したがって，もとの方程式の右辺は，これに $x-2$ をかけたものであるから，４根は，1，2，-2，$-\frac{1}{2}$.

類題4. 4.　$a_0x^n+a_1a_0x^{n-1}+a_2a_0{}^2x^{n-2}+\cdots+a_{n-1}a_0{}^{n-1}x+a_na_0{}^n=a_0(x^n+a_1x^{n-1}+a_2a_0x^{n-2}+\cdots+a_{n-1}a_0{}^{n-2}x+a_na_0{}^{n-1})$ であるから $x^n+a_1x^{n-1}+a_2a_0x^{n-2}+\cdots+a_{n-1}a_0{}^{n-2}x+a_na_0{}^{n-1}=0$ が求めるものである．

Exercise 1　$f(0)=4$　$\therefore\ c=4$．$x=1$ で最小．$\therefore\ b=-2a$．$1=f(2)-f(1)=4a-4a-a+2a=a$　$\therefore\ a=1$

$\therefore\ f(x)=x^2-2x+4$．これのグラフに $3x+y=k$ が接するのは $-3x+k=x^2-2x+4$ が重根をもつとき．すなわち，$1-4(4-k)=0$，$k=\frac{15}{4}$．答 $a=1$，$b=-2$，$c=4$，$k=\frac{15}{4}$

Exercise 2　$\sqrt{x-\sqrt{1-x}}=1-\sqrt{x}$．平方して，$x-\sqrt{1-x}=1+x-2\sqrt{x}$　$\therefore\ -\sqrt{1-x}=1-2\sqrt{x}$

$\therefore\ 1-x=1+4x-4\sqrt{x}$　$4\sqrt{x}=5x$　$16x=25x^2$　$x=0$ または $x=16/25$

$x=0$ のとき，上の左辺の $\sqrt{\ }$ 内が負になるから不適．$x=16/25$ のとき，$\sqrt{x}=4/5$，$\sqrt{1-x}=3/5$.

上の左辺$=\sqrt{(16-15)/25}=1/5$　右辺$=1-4/5=1/5$　答 16/25

Exercise 3　$ax^3+bx^2+cx+d=0\ (a\neq 0)$ の３根が α,β,γ であれば，$ax^3+bx^2+cx+d=a(x-\alpha)(x-\beta)(x-\gamma)=a(x^3-(\alpha+\beta+\gamma)x^2+(\alpha\beta+\beta\gamma+\gamma\alpha)x-\alpha\beta\gamma)$．ゆえに；

$$b=-a(\alpha+\beta+\gamma),\qquad c=a(\alpha\beta+\beta\gamma+\gamma\alpha),\qquad d=-a\alpha\beta\gamma$$

いいかえれば，$\alpha+\beta+\gamma=-b/a$，$\alpha\beta+\beta\gamma+\gamma\alpha=c/a$，$\alpha\beta\gamma=-d/a$.

Exercise 4　$\alpha+\beta+\gamma=4/2=2$，$\alpha\beta+\beta\gamma+\gamma\alpha=3/2$，$\alpha\beta\gamma=-1/2$ ゆえ，与式$=(2-\gamma)(2-\alpha)(2-\beta)=(4-2\alpha-2\gamma+\gamma\alpha)(2-\beta)=8-4\beta-4\alpha+2\alpha\beta-4\gamma+2\beta\gamma+2\gamma\alpha-\alpha\beta\gamma=8-4(\alpha+\beta+\gamma)+2(\alpha\beta+\beta\gamma+\gamma\alpha)-\alpha\beta\gamma=8-8+3+1/2=7/2$.

（別解）$(\alpha+\beta)(\beta+\gamma)(\gamma+\alpha)=(\alpha\beta+\alpha\gamma+\beta^2+\beta\gamma)(\gamma+\alpha)=\alpha\beta\gamma+\alpha^2\beta+\alpha\gamma^2+\alpha^2\gamma+\beta^2\gamma+\alpha\beta^2+\beta\gamma^2+\alpha\beta\gamma=2\alpha\beta\gamma+\alpha^2\beta+\beta^2\gamma+\gamma^2\alpha+\alpha\beta^2+\beta\gamma^2+\gamma\alpha^2$．他方，$(\alpha+\beta+\gamma)(\alpha\beta+\beta\gamma+\gamma\alpha)$ を展開して整理すると，$3\alpha\beta\gamma+\alpha^2\beta+\beta^2\gamma+\gamma^2\alpha+\alpha\beta^2+\beta\gamma^2+\gamma\alpha^2$ になる．

$$\therefore\ 与式=(\alpha+\beta+\gamma)(\alpha\beta+\beta\gamma+\gamma\alpha)-\alpha\beta\gamma=3+1/2=7/2$$

Exercise 5　分母を払えば，$x(x-c)(a+c)(b+c)+x(x+c)(a-c)(b-c)=2ab(x+c)(x-c)$.

整理すれば，$x^2((a+c)(b+c)+(a-c)(b-c)-2ab)+x(-c(a+c)(b+c)+c(a-c)(b-c))+2abc^2=0$.

$$\therefore\ 2c^2x^2-2(a+b)c^2x+2abc^2=0.\quad c\neq 0\ ゆえ，\ x^2-(a+b)x+ab=0$$

$$\therefore\ x=a\ または\ b$$

$x=a$ が不適 $\Rightarrow$ $a, a-c, a+c$ のいずれかが０.

(i)　$a=0$ のとき，もとの分数方程式は $\frac{c(b+c)}{x+c}=\frac{c(b-c)}{x-c}$．$x=a=0$ を代入してみると，$b+c=c-b$　$\therefore\ b=0=a$ となり仮定に反する

(ii)　$a-c=0$ のとき，$a=c$．もとの方程式は $\frac{2a(b+a)}{x+a}=\frac{2ab}{x}$．$x=a$ を入れてみると $b+a=2b$，$a=b$ となり仮定に反する．

(ii) $a+c=0$ のとき：c と $-c$ について対称的だから，このときも $x=a$ は解にならない．

$x=b$ が不適 $\Rightarrow$ $b, b-c, b+c$ のいずれかが 0．a と b とは対称的だから，いずれの場合も不適．

したがって，解をもたないのは，上の三つずつの場合の組合せで得られる 9 つの場合のうち，$a \neq b$, $c \neq 0$ をみたす場合である：(1) $a=0$, $b-c=0$,　(2) $a=0$, $b+c=0$,　(3) $a-c=0$, $b=0$,　(4) $a-c=0$, $b+c=0$,　(5) $a+c=0$, $b=0$,　(6) $a+c=0$, $b-c=0$．このうち，どの場合をとっても，$a^2+ab+b^2=c^2$ をみたす．

Exercise 6　$y=x+x^{-1}$ とおくと $y^2=x^2+x^{-2}+2$ で，方程式の条件は $2x^2+3x+5+3x^{-1}+2x^{-2}=0$ と同値，すなわち，$2(y^2-2)+3y+5=0$．$2y^2+3y+1=0$．$y=(-3\pm\sqrt{9-8})/4$．　$\therefore$ $y=-1/2$ または -1．$y=-1/2$ のとき，$2x+2x^{-1}+1=0$．$2x^2+x+2=0$．$x=(-1\pm\sqrt{1-4.2^2})/4=(-1\pm\sqrt{-15})/4$．$y=-1$ のとき $x+x^{-1}+1=0$．$x=(-1\pm\sqrt{-3})/2$．答 $(-1\pm\sqrt{-3})/2$, $(-1\pm\sqrt{-15})/4$

Exercise 7　$f(x)=4x^4-4x^3+x^2+6x+2$ とおくと，その導函数 $f'(x)=16x^3-12x^2+2x+6$．$f(x)$ と $f'(x)$ との最大公約元 $d(x)$ をユークリッドの互除法で求めると，$d(x)=2x+1$．$f(x)=(2x+1)^2(x^2-2x+2)$．ゆえに，求める根は $-\dfrac{1}{2}$, $-\dfrac{1}{2}$, $1\pm\sqrt{-1}$．なお，ユークリッドの互除法の計算例として，この $d(x)$ の計算を示しておこう．

4	−4	1	6	2
8	−8	2	12	4
8	−6	1	3	
	−2	1	9	4
	−2	37	19	
		−36	−10	4
		18	5	−2
		−2	37	19
		20	−32	−21
		−20	370	190
			338	169
			2	1

16	−12	2	6
8	−6	1	3
−8	4	36	16
	−2	37	19
	2	1	
		38	19
		38	19
			0

第 7 章

類題1. 1.　例題 1 の解(2)と同様であるので略す(実数 x が，L の元 x に変るだけ)．

類題1. 2.　$*$ はみたす．理由 $(a*b)*c=(a+b-ab)*c=a+b-ab+c-(a+b-ab)c=a+b+c-ab-bc-ca+abc$．同様に計算して，$a*(b*c)$ との一致がわかる．

$\circ$ はみたさない．理由 $(a\circ b)c=((a+b)/2)\circ c=\dfrac{1}{4}a+\dfrac{1}{4}b+\dfrac{1}{2}c$, $a\circ(b\circ c)=\dfrac{1}{2}a+\dfrac{1}{4}b+\dfrac{1}{4}c$.

ゆえに $a \neq c$ ならば，$(a\circ b)\circ c \neq a\circ(b\circ c)$

類題2. 1.　$((a, b)\circ(a', b'))\circ(a'', b'')=(aa', b+b')\circ(a'', b'')=(aa'a'', b+b'+b'')=(a, b)(a'a'', b'+b'')=(a, b)\circ((a', b')\circ(a'', b''))$．$(a, b)\circ(a', b')=(aa', b+b')=(a', b')\circ(a, b)$．$(1, 0)\circ(a, b)=(a, b)=(a, b)\circ(1, 0)$．ゆえ，$(1, 0)$ が単位元．$(a, b)\circ(a^{-1}, -b)=(1, 0)$　ゆえ，$(a^{-1}, -b)$ が (a, b) の逆元．(可換ということがわかっているから，$(a^{-1}, -b)(a, b)=(1, 0)$ は確めなくてよい．)

類題2. 2.　z, z' が絶対値 1 の複素数ならば，$|zz'|=|z|\,|z'|=1$ ゆえ，数の乗法で C の乗法を定めて，1 が単位元は明らかであり，$|z^{-1}|=|z|^{-1}$ ゆえ，C の各元の逆元も C に属する．数の乗法だから，結合法則はみたされるので，C は群である．可換群であることはいうまでもない．

類題2. 3.　「$z\in C$, $z^n=1 \Leftrightarrow z$ は 1 の n 乗根」である．したがって，答は「1 のべき根」．なお，それらは $\cos\theta+i\sin\theta$ と表したとき，$\theta=2\pi r/n$ (r は整数で $0\leqq r<n$) の形でかけるが，r と n とが素であるとき，位数がちょう

ど n, $r=0$ のとき位数1，その他のときは r/n を約分したときの分母が位数になる．

類題3. 1. $a^{-1}a=aa^{-1}=1$ は，a が a^{-1} の逆元であることを示す．

類題3. 2. a が有理数の平方であれば，この集合は有理数全体であるからよい．そうでない場合を考えよう．このとき $\sqrt{a}$ は無理数であるか，虚数である．ゆえに $x+y\sqrt{a}=0$, $y\neq 0 \Rightarrow \sqrt{a}=-x/y$ となって矛盾．ゆえに，$x+y\sqrt{a}=0$ となるのは $x=y=0$ のときだけである．$(x+y\sqrt{a})(x'+y'\sqrt{a})=xx'+yy'a+(xy'+x'y)\sqrt{a} \in K$. $(x+y\sqrt{a})+(x'+y'\sqrt{a})=(x+x')+(y+y')\sqrt{a} \in K$, $-(x+y\sqrt{a})=-x+(-y)\sqrt{a} \in K$. $0=0+0\sqrt{a} \in K$, $1=1+0\sqrt{a} \in K$ であり，演算は複素数の演算だから，K は可換環である．$0\neq x+y\sqrt{a}$ のとき，$(x+y\sqrt{a})(x-y\sqrt{a})=x^2-y^2a\neq 0$ ($y\neq 0$ $x^2-y^2a=0$ なら $\sqrt{a}$ は有理数) ゆえ，$(x-y\sqrt{a})/(x^2-y^2a)=(x/(x^2-y^2a))+(-y/(x^2-y^2a))\sqrt{a}$ が $x+y\sqrt{a}$ の逆元である．ゆえに K は体である．

類題4. 1. $A, B\in M$ に対し，$\det(AB)=(\det A)(\det B)$ ゆえ，$AB\in M$. また $A=\begin{pmatrix} a & b \\ c & d \end{pmatrix}$, $ad-bc=1$ のとき $A^{-1}=\begin{pmatrix} d & -b \\ -c & a \end{pmatrix}$ であるから，$A^{-1}\in M$. 行列の乗法だから，結合法則はみたされる．

類題4. 2. $A=\begin{pmatrix} a & b \\ c & d \end{pmatrix}$ とする．$C_t=\begin{pmatrix} 1 & t \\ 0 & 1 \end{pmatrix}$ とおくと，$C_tA=\begin{pmatrix} a+tc & b+td \\ c & d \end{pmatrix}$, $AC_t=\begin{pmatrix} a & at+b \\ c & ct+d \end{pmatrix}$. $C_tA=AC_t$ ゆえ，$a=a+tc$. $\therefore$ $tc=0$. $t\neq 0$ でよいから，$c=0$. また $at+b=b+td$. $\therefore$ $t(a-d)=0$ $\therefore$ $a=d$. 同様 $D_t=\begin{pmatrix} 1 & 0 \\ t & 1 \end{pmatrix}$ を考えて，$b=0$ を得る．$\therefore$ $A=a\begin{pmatrix} 1 & 0 \\ 0 & 1 \end{pmatrix}$, すなわち，スカラー行列である．スカラー行列が条件をみたすことは明らかゆえ，答はスカラー行列.

類題5. 1. s についての数学的帰納法を用いれば，$\varphi(q_1\cdots q_{s-1})=\prod_{i=1}^{s-1}\varphi(q_i)$ と仮定してよい．q_s と $q_1\cdots q_{s-1}$ とは互いに素であるから，$\varphi(q_1\cdots q_s)=\varphi(q_1\cdots q_{s-1})\varphi(q_s)=\prod_{i=1}^{s}\varphi(q_i)$. ($s=2$ のときは例題5.)

類題5. 2. (1) 1から p^e までの中に，p の倍数は p^{e-1} 個ある．$\therefore$ $\varphi(p^e)=p^e-p^{e-1}=p^{e-1}(p-1)$

(2) 類題5.1により $\varphi(\prod_{i=1}^{s}p_i^{e_i})=\prod_{i=1}^{s}p_i^{e_i-1}(p_i-1)$.

Exercise 1 $a*b=(a+b)/(1+ab)=b*a$. $(a*b)*c=((a+b)/(1+ab))*c=((a+b)/(1+ab)+c)/(1+c(a+b)/(1+ab))=(a+b+c+abc)/(1+ab+bc+ca)$. 同様に計算して，$a*(b*c)$ はこれと同じになるから，結合法則がみたされる．$0*a=a$ ゆえ，0が単位元である．$a*(-a)=0$ ゆえ，a に対して，$-a$ が逆元. $0<(1\pm a)(1\pm b)=1+ab\pm(a+b)$ ゆえ，$\pm(a+b)<1+ab>0$ $\therefore$ $a*b\in S$. ゆえに S は演算 $*$ に関してアーベル群である．

Exercise 2 $(a*b)*c=(a^{\log b})*c=(a^{\log b})^{\log c}=a^{\log b\cdot\log c}$. $a*(b*c)=a*(b^{\log c})=a^t$, ただし，$t=\log b^{\log c}=\log c\cdot\log b$. ゆえに結合法則はみたされる．log の底10を考えると，$a*10=a^{\log 10}=a$, $10*a=10^{\log a}=a$ ゆえ，これが単位元である．a に対して b を，$\log a\log b=1$ であるようにとれば，$a*b=a^{\log b}$. log をとれば，$\log a\log b=1$ ゆえ，$a*b=10$. 同様に $b*a=10$. ゆえに，この b が a の逆元になる．ゆえに P は $*$ に関して群になっている．

Exercise 3 (1) $E=R(0)$ は単位行列 $J=R\left(\frac{\pi}{2}\right)=\begin{pmatrix} 0 & -1 \\ 1 & 0 \end{pmatrix}$ である．$\therefore$ $J^2=\begin{pmatrix} -1 & 0 \\ 0 & -1 \end{pmatrix}=-E$

(2) $R(\theta)=(\cos\theta)E+(\sin\theta)J$.

(3) $R(\theta)\cdot R(\mu)=(\cos\theta E+\sin\theta J)(\cos\mu E+\sin\mu J)=(\cos\theta\cos\mu-\sin\theta\sin\mu)E+(\cos\theta\sin\mu+\sin\theta\cos\mu)J=\cos(\theta+\mu)E+\sin(\theta+\mu)J$. $\therefore$ $R(\theta)R(\mu)=R(\theta+\mu)$

したがって，$(R(\theta)R(\mu))R(\nu)=R(\theta+\mu)\cdot R(\nu)=R(\theta+\mu+\nu)=R(\theta)R(\mu+\nu)=R(\theta)(R(\mu)R(\nu))$.

$R(0)$ が単位元，$R(\mu)$ の逆元は $R(-\mu)$. したがって M は群である．

Exercise 4 $n=1$ なら，$M(n, K)$ の元はスカラー行列ばかりだからよい．$n\geqq 2$ としよう．1から n までの二つの番号 i, j に対して (i, j) 成分が1で他は0の行列を E_{ij} とすると，$i\neq j$ ならば $E+E_{ij}\in GL_n(K)$. $(E+E_{ij})\cdot A=A(E+E_{ij})\Rightarrow E_{ij}A=AE_{ij}$. $A=(a_{ij})$ としてみると，$E_{ij}A$ は第 i 行が $a_{j1}\,a_{j2}\cdots a_{jn}$ で，他は0の行列. AE_{ij} は第 j 列が $a_{1i}\,a_{2i}\cdots a_{ni}$ (をたてにしたもの) で他は0の行列. この二つが一致するのは，$a_{jj}=a_{ii}$ であって，$a_{jl}=a_{ki}=0$ ($l\neq j$, $k\neq i$). これがすべての i, j ($i\neq j$) についていえるのだから，A はスカラー行列.

Exercise 5 (1) 48ページで述べたことから，A_1, A_2, A_3, A_4 が $\mathbf{Z}/5\mathbf{Z}$ の単元群である．A_1 が単位元，$A_2{}^2=A_4, A_2{}^3=A_3, A_2{}^4=A_1$ であり，次の群表が作れる．他の部分群としては，$\{A_1, A_4\}$, $\{A_1\}$ があり，その群表は下のとおり．

	A_1	A_2	A_3	A_4
A_1	A_1	A_2	A_3	A_4
A_2	A_2	A_4	A_1	A_3
A_3	A_3	A_1	A_4	A_2
A_4	A_4	A_3	A_2	A_1

	A_1	A_4
A_1	A_1	A_4
A_4	A_4	A_1

	A_1
A_1	A_1

(2) $A_i+A_j=A_l$, $l\equiv i+j \pmod 5$ ゆえ，A_0, A_1, A_2, A_3, A_4 は加法によって可換群をなし，群表は右のとおりである．A_0 がゼロ．

	A_0	A_1	A_2	A_3	A_4
A_0	A_0	A_1	A_2	A_3	A_4
A_1	A_1	A_2	A_3	A_4	A_0
A_2	A_2	A_3	A_4	A_0	A_1
A_3	A_3	A_4	A_0	A_1	A_2
A_4	A_4	A_0	A_1	A_2	A_3

	A_0
A_0	A_0

部分群 H が A_0 以外の元 A_i を含めば，i は 5 と素であるので，適当な自然数 m により，$mi\equiv 1 \pmod 5$．すると，A_i を m 回加えたものは A_1 になり，したがって，H は A_1, $A_2=A_1+A_1$, $A_3=A_2+A_1$, $A_4=A_3+A_1$ を含む．(A_0 は当然含む)．ゆえに，残りの群は，$\{A_0\}$ だけである．群表は右端のとおり．

Exercise 6 (1) 「P ならば Q である」ではないということは「P であって Q でないものが存在する」ことである．P, Q の関係が右図のようであれば，このような場合になっていて，その場合，「P でないならば，Q でない」は正しくない．したがって (1) は正しくない．

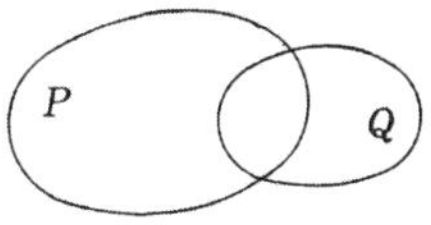

(2) $C=\begin{pmatrix}0 & 1\\ 0 & 0\end{pmatrix}$ のとき，$A=\begin{pmatrix}1 & 0\\ 0 & 1\end{pmatrix}$ $B=\begin{pmatrix}1 & 1\\ 0 & 1\end{pmatrix}$ に対して，$AC=BC=C$．しかし $A\neq B$．ゆえに (2) も正しくない．

第 8 章

類題1. 1. 加法群として $\mathbf{Z}=\langle 1\rangle$, $\mathbf{Z}/n\mathbf{Z}=\langle\bar{1}\rangle$ ($\bar{1}=(n\mathbf{Z}+1)$) ゆえ，これらは巡回群である．A が巡回群であるとき，例題1により，$|A|=\infty$ なら $A\simeq\mathbf{Z}$．$|A|=n<\infty$ なら $A\simeq\mathbf{Z}/n\mathbf{Z}$．

類題2. 1. $1=\varphi(xx^{-1})=\varphi(x)\varphi(x^{-1})$, $1=\varphi(x^{-1}x)=\varphi(x^{-1})\varphi(x)$. $\therefore\ \varphi(x)^{-1}=\varphi(x^{-1})$

類題2. 2. $\varphi\in\mathrm{Aut}_{環}\,\mathbf{Z}/5\mathbf{Z}$ については，$\varphi(1)=1$ であることから，$\mathrm{Aut}_{環}\,\mathbf{Z}/5\mathbf{Z}$ は恒等写像だけ．$\mathrm{Aut}_{群}\,\mathbf{Z}/5\mathbf{Z}=\{\varphi_1, \varphi_2, \varphi_3, \varphi_4\}$ ($\varphi_e(\bar{n})=\overline{en}$; $\overline{}$ は法 5 の剰余類)．φ_2 の位数は 4 ゆえ，$\langle\varphi_2\rangle$ と一致する．

類題2. 3. $G=\langle a\rangle$, $a^9=1$. $\varphi(a)=a^e$ ($\varphi\in\mathrm{Aut}\,G$) としてみると，$a^e$ の位数は 9 でなくてはならない．ゆえに，$e=1, 2, 4, 5, 7, 8$ のいずれか．$\mathrm{Aut}\,G=\{\varphi_1, \varphi_2, \varphi_4, \varphi_5, \varphi_7, \varphi_8\}$ (ただし，$\varphi_e(a^i)=a^{ei}$)．(これだけで，解答終りにしてはいけない．どんな群になっているかも答える必要がある)．

$\varphi_e\varphi_f=\varphi_g$ とすると $g\equiv ef \pmod 9$. $\therefore\ \varphi_2{}^2=\varphi_4$, $\varphi_2{}^3=\varphi_8$, $\varphi_2{}^4=\varphi_7$, $\varphi_2{}^5=\varphi_5$, $\varphi_2{}^6=\varphi_1$ (＝単位元) ゆえ，$\mathrm{Aut}\,G$ は φ_2 ($\varphi_2{}^{-1}=\varphi_5$ でもよい) を生成元とする，位数 6 の巡回群である．

類題3. 1. 前半：r についての数学的帰納法を利用する．$x\equiv c_i \pmod{m_i}$ ($i=1, 2, \cdots, r-1$) の解 b をとる．$x\equiv b \pmod{m_1\cdots m_{r-1}}$, $x\equiv c_r \pmod{m_r}$ の解 a があり，これは $m_1m_2\cdots m_{r-1}m_r$ を法として一意的である．$a\equiv b \pmod{m_1\cdots m_{r-1}}$, $b\equiv c_i \pmod{m_i}$ ($i=1, 2, \cdots, r-1$) ゆえ，a は与えられた連立合同式の解である．逆に，a' がこの連立合同式の解であれば，$a-a'\equiv 0 \pmod{m_i}$ ($i=1, 2, \cdots, r$) ゆえ，$a\equiv a' \pmod{m_1m_2\cdots m_r}$．したがって $m_1m_2\cdots m_r$ を法とす

る剰余類 $m_1m_2\cdots m_r\boldsymbol{Z}+a$ に m_i を法とする剰余類の組 $(m_1\boldsymbol{Z}+a,\ m_2\boldsymbol{Z}+a,\ \cdots,\ m_r\boldsymbol{Z}+a)$ を対応させれば，$\boldsymbol{Z}/m_1m_2\cdots m_r\boldsymbol{Z}$ と直積 $(\boldsymbol{Z}/m_1\boldsymbol{Z})\times\cdots\times(\boldsymbol{Z}/m_r\boldsymbol{Z})$ との一対一対応が得られる．すると例題3の証明と同様にして，この対応が同型写像を与えることがわかる．

類題3.2. (1) φ_1 は恒等写像ゆえ，自己同型．$c\neq1$ ならば，$\varphi_c(1)\neq1$ ゆえ，環としての自己同型にはならない．$c\neq0$ なら，φ_c は $\boldsymbol{Q}$ の加法群の自己同型．［証明：$r\in\boldsymbol{Q}$ なら，$r=\varphi_c(c^{-1}r)$ ゆえ，$\varphi_c(\boldsymbol{Q})=\boldsymbol{Q}$．$cr=cs\Rightarrow r=s$ ゆえ，1対1．$c(r+s)=cr+cs$ ゆえ，$\varphi_c(r+s)=\varphi_c(r)+\varphi_c(s)$］．$c=0$ なら，加法群の自己同型にもならない．［理由「$\varphi_c(\boldsymbol{Q})=\{0\}\neq\boldsymbol{Q}$」，「$a\neq b$ のとき $\varphi_0(a)=\varphi_0(b)\ (=0)$」のどちらも理由になる．］

(2) 自己同型である．［$B\in M(2,\boldsymbol{R})\Rightarrow\varphi_A(ABA^{-1})=B$．$\therefore\ \varphi_A(M(2,\boldsymbol{R}))=M(2,\boldsymbol{R})$．$\psi_A(X)=\psi_A(Y)\Rightarrow A^{-1}XA=A^{-1}YA$．左から A，右から A^{-1} をかけて，$X=Y$．$\psi_A(X+Y)=A^{-1}(X+Y)A=A^{-1}XA+A^{-1}YA=\psi_A(X)+\psi_A(Y)$．$\psi_A(XY)=A^{-1}XYA=A^{-1}XAA^{-1}YA=\psi_A(X)\psi_A(Y)$］．したがって，当然，加法群の自己同型でもある．

類題4.1. (1) $\begin{pmatrix}1&x\\0&1\end{pmatrix}\begin{pmatrix}1&y\\0&1\end{pmatrix}=\begin{pmatrix}1&x+y\\0&1\end{pmatrix}$ ゆえ，N は群であり，$x\to\begin{pmatrix}1&x\\0&1\end{pmatrix}$ により，N と $\boldsymbol{R}$ の加法群とが同型であることがわかる．

$$\begin{pmatrix}a&b\\0&c\end{pmatrix}^{-1}=\begin{pmatrix}a^{-1}&-a^{-1}c^{-1}b\\0&c^{-1}\end{pmatrix}\text{ゆえ，}\begin{pmatrix}a&b\\0&c\end{pmatrix}^{-1}\begin{pmatrix}1&x\\0&1\end{pmatrix}\begin{pmatrix}a&b\\0&c\end{pmatrix}=\begin{pmatrix}1&a^{-1}b+a^{-1}cx-a^{-1}b\\0&1\end{pmatrix}\in N$$

ゆえに，任意の $g\in G$ について $g^{-1}Ng\subseteq N$．したがって，N は正規部分群．

(2) φ が準同型であることは容易に確かめられる．$\varphi\begin{pmatrix}a&b\\0&c\end{pmatrix}=\begin{pmatrix}1&0\\0&1\end{pmatrix}\Leftrightarrow a=c=1$ ゆえ，φ の核は N．φ の像は H であるから，$\varphi(G)\simeq H$．

類題4.2. $1\in H\cap K$; $a,b\in H\cap K$ ならば $ab\in H\cap K$, $a^{-1}\in H\cap K$ ゆえ，$H\cap K$ は部分群．H, K が正規部分群ならば，$g\in G$ について，$g^{-1}(H\cap K)g\subseteq g^{-1}Hg\cap g^{-1}Kg=H\cap K$．

類題5.1. (ii)により R の各元 x は $x=x_1+x_2+\cdots+x_m\ (x_i\in S_i)$ の形に表せる．e_i は S_i の単位元であるから，$x_i=x_ie_i$．$\therefore\ xe_i=(x_1e_1+x_2e_2+\cdots+x_ne_n)e_i=x_ie_i^2=x_ie_i$．ゆえに，$x_i$ は xe_i であり，x に対して唯一．したがって，$\varphi: x\to(x_1,x_2,\cdots,x_n)\in S_1\times S_2\times\cdots\times S_n$ という写像が定まる．逆に $y_i\in S_i$ であれば，$y=y_1+y_2+\cdots+y_n$ は R の元であり，$ye_i=y_ie_i=y_i$ ゆえ $\varphi(R)=S_1\times\cdots\times S_n$．また，$\varphi(x)=(x_1,x_2,\cdots,x_n)$ のとき，$x=x_1+x_2+\cdots+x_n$ ゆえ，$\varphi(x)=\varphi(y)$ ならば，$x=y$ が得られる．ゆえに，あと演算について確めればよい．$x=x_1+x_2+\cdots+x_n$, $y=y_1+y_2+\cdots+y_n\ (x_i,y_i\in S_i)$ のとき，$x+y=(x_1+y_1)+(x_2+y_2)+\cdots+(x_n+y_n)$, $xy=\sum x_iy_j=\sum x_ie_ie_jy_i=\sum x_iy_i$　$\therefore\ \varphi(x+y)=\varphi(x)+\varphi(y)$, $\varphi(xy)=\varphi(x)\varphi(y)$．

類題5.2. $r=2$: N_1 として，$\{2^m\mid m=0,\pm1,\pm2,\cdots\}$，$N_2$ として，分母分子がともに奇数であるような有理数(分母1も含む)全体をとれば一つの例になる．$r=3$: N_1 は上と同様とし，$N_2=\{3^m\mid m=0,\pm1,\pm2,\cdots\}$，$N_3$ として，分母分子がともに3の倍数でない奇数であるような有理数全体をとれば一つの例になる．

類題6.1. (1) $n\boldsymbol{Z}$ の元は $na,\ nb\ (a,b\in\boldsymbol{Z})$ の形ゆえ，$na-nb=n(a-b)\in n\boldsymbol{Z}$．$m\in\boldsymbol{Z}$ について $(na)m=n(am)\in n\boldsymbol{Z}$ ゆえ，$n\boldsymbol{Z}$ は $\boldsymbol{Z}$ のイデアル．(2) 48ページで知ったように，$\boldsymbol{Z}/n\boldsymbol{Z}$ の単元群は，n と素な $m\ (1\leqq m\leqq n)$ の入っている類全体である．n が素数であれば，それは0の入っている類以外全部ゆえ，$\boldsymbol{Z}/n\boldsymbol{Z}$ の零以外の元は単元ということになる．ゆえにこのとき $\boldsymbol{Z}/n\boldsymbol{Z}$ は体である．

類題6.2. 可換環であることは容易に確かめられるから略す．I_{abc} がイデアルであること：$f(x,y,z)$, $g(x,y,z)\in I_{abc}$ とする．$f(a,b,c)+g(a,b,c)=0+0=0$．$\therefore\ f(x,y,z)+g(x,y,z)\in I_{abc}$．また，$h(x,y,z)\in\boldsymbol{Q}[x,y,z]$ であれば，$f(a,b,c)h(a,b,c)=0\cdot h(a,b,c)=0$ ゆえ，$f(x,y,z)h(x,y,z)\in I_{abc}$．ゆえに I_{abc} はイデアル．(以上の分の代りに，以下の準同型 φ を示し，その核だからイデアル，というふうにしてもよい．) 写像 $\varphi: f(x,y,z)\to f(a,b,c)$ を考える．すると，$f(x,y,z)+g(x,y,z)\to f(a,b,c)+g(a,b,c)$, $f(x,y,z)g(x,y,z)\to f(a,b,c)g(a,b,c)$ ゆえ，φ は準同型．像は a,b,c について，有理数係数の整式として表しうるもの全体であるから，$\varphi(\boldsymbol{Q}[x,y,z])=\boldsymbol{Q}[a,b,c]$．核が I_{abc} ゆえ，

$\boldsymbol{Q}[a, b, c]\simeq\boldsymbol{Q}[x, y, z]/I_{abc}$.

Exercise 1 (1) $h\in H$, $g\in G$ ならば $h^{-1}g^{-1}hg\in H$ ゆえ，$g^{-1}hg\in hH=H$. すなわち，$g\in G$ ならば，$g^{-1}Hg\subseteq H$ ゆえに，H は正規部分群 (55ページの注意). 自然準同型 ψ: $G\to G/H$ を考えると，$a, b\in G$ ならば，$a^{-1}b^{-1}ab\in H$ ゆえ，$\psi(a^{-1}b^{-1}ab)=1$. ∴ $\psi(a)^{-1}\psi(b)^{-1}\psi(a)\psi(b)=1$ ∴ $\psi(a)\psi(b)=\psi(b)\psi(a)$

(2) 自然準同型 φ: $G\to G/N$ を考える. G/N が可換ゆえ，$\varphi(a)^{-1}\varphi(b)^{-1}\varphi(a)\varphi(b)=1$. ゆえに $\varphi(a^{-1}b^{-1}ab)=1$ ∴ $a^{-1}b^{-1}ab\in N$

Exercise 2 (1) $p\mathbf{Z}\subsetneqq J$ であるようなイデアル J を考える. $q\in J$, $q\notin p\mathbf{Z}$ であるような整数 q をとると，q は p では割りきれない. p は素数ゆえ，p と q との最大公約数は 1. ゆえに，整数 a, b で $ap+bq=1$ となるものがある(5ページの枠囲みの定理). J が p, q を含むのだから，ap, bq も含み，したがってその和 1 も含む. すると，どんな整数 m についても，$m=m1\in J$ となり，$\mathbf{Z}=J$. ゆえに $p\mathbf{Z}$ は極大イデアル. 逆: n が素因数 p をもち，$|n|\neq p$ であれば，$n\mathbf{Z}\subsetneqq p\mathbf{Z}\subsetneqq\mathbf{Z}$. ゆえに $n\mathbf{Z}$ は極大イデアルではない. これは証明すべきことの対偶.

(2) $\boldsymbol{Q}[x]$ においてもユークリッドの互除法で最大公約元を求めることができる. したがって，5ページと同様に，$f(x), g(x)\in\boldsymbol{Q}[x]$ で，$d(x)$ が $f(x), g(x)$ の最大公約元であれば，適当な多項式 $a(x), b(x)\in\boldsymbol{Q}[x]$ をとれば，$d(x)=a(x)f(x)+b(x)g(x)$ とかける. したがって，(1)と同様.

Exercise 3 中心を Z で表そう. $1\in Z$. $a\in Z$ ならば，$g\in G$ に対して，$ag=ga$. ゆえに $ga^{-1}=a^{-1}g$. ∴ $a^{-1}\in Z$. $a, b\in Z$ ならば，$abg=agb=gab$. ∴ $ab\in Z$. ゆえに Z は部分群. $z\in Z$ ならば，$g^{-1}zg=z$ ゆえ，$g^{-1}Zg=Z$. ゆえに正規部分群. φ_g は G から G の中への写像であるが，$x\in G$ は $\varphi_g(g^{-1}xg)$ として得られるから，$\varphi_g(G)=G$. $\varphi_g(x)=\varphi_g(y)\Leftrightarrow gxg^{-1}=gyg^{-1}\Leftrightarrow x=y$. $\varphi_g(xy)=gxyg^{-1}=gxg^{-1}gyg^{-1}=\varphi_g(x)\varphi_g(y)$ ゆえ，φ_g は G の自己同型. $(\varphi_h\varphi_g)(x)=\varphi_h(gxg^{-1})=hgxg^{-1}h^{-1}=\varphi_{hg}(x)$. ゆえ，$g\to\varphi_g$ は G から $\mathrm{Aut}\,G$ の中への準同型である. g がその核の元 $\Leftrightarrow$ $x\in G$ ならば $\varphi_g(x)=x$ $\Leftrightarrow$ $x\in G$ ならば $gxg^{-1}=x$ $\Leftrightarrow$ $x\in G$ ならば $gx=xg$ $\Leftrightarrow$ g が中心の元.

Exercise 4 (a_1, a_2) が $R_1\times R_2$ の単元 $\Leftrightarrow$ $(a_1, a_2)(b_1, b_2)=(1, 1)=(b_1, b_2)(a_1, a_2)$ となる元 (b_1, b_2) がある $\Leftrightarrow$ a_1, a_2 がそれぞれ R_1, R_2 の単元. ゆえに，$R_1\times R_2$ の単元群は (R_1 の単元群)×(R_2 の単元群).

第 9 章

類題1. 1. (1) (1 2 4)(3 6 7 5) (2) (1 3 5)(2 4 8)(6 7) (3) (1 4)(2 5) (4) (1 5)(2 3 4) (5) (1 7 2 3 4 5 6)

類題2. 1. 62ページの定理の証明の最初で見たように，長さ r の巡回置換は $r-1$ 個の互換の積である.

類題2. 2. 互換 σ をとり，また奇置換全体を B とする. $\sigma A_n\subseteq B$. また，$\sigma B\subseteq A_n$. ∴ $B\subseteq\sigma^{-1}A_n=\sigma A_n$. ゆえに，$B=\sigma A_n$. ゆえに，$B$ と A_n とは同じ元数をもつ. S_n が A_n と B とに(共通元なしで)分れるのだから，A_n の元数は S_n の元数 $n!$ の半分である.

類題2. 3. (i) 奇置換 (ii) 偶置換.

類題3. 1. (i) (1 2 3 4)(3 4 5 6)=(1 2 3)(4 5 6) ゆえ，型は (3, 3).

(ii) (1 2 3)(3 4 5 6)=(1 2 3 4 5 6) ゆえ，型は 6.

類題4. 1. 与式$=a_0\Pi(X-\alpha_i)$ であるから，$a_1=-a_0s_1(\alpha_1, \alpha_2, \cdots, \alpha_n)$, $a_2=a_0s_2(\alpha_1, \alpha_n, \cdots, \alpha_n)$, …, $a_r=(-1)^r a_0 s_r(\alpha_1, \alpha_2, \cdots, \alpha_n)$, …, $a_n=(-1)^n a_0 s_n(\alpha_1, \alpha_2, \cdots, \alpha_n)$. ∴ $s_1(\alpha_1, \cdots, \alpha_n)=-a_1/a_0$, $s_2(\alpha_1, \cdots, \alpha_n)=a_2/a_0$, …, $s_r(\alpha_1, \cdots, \alpha_n)=(-1)^r a_r/a_0$, …, $s_n(\alpha_1, \cdots, \alpha_n)=(-1)^n a_n/a_0$.

類題4. 2. (i) $x^2y+y^2z+z^2x+xy^2+yz^2+zx^2=(x+y+z)(xy+yz+zx)-3xyz=s_1s_2-3s_3$.

(ii) $x^3+y^3+z^3=(x+y+z)^3-3(x^2y+y^2z+z^2x+xy^2+yz^2+zx^2)-6xyz=s_1{}^3-3(s_1s_2-3s_3)-6s_3=s_1{}^3-3s_1s_2+3s_3$.

類題5. 1. (i) $|G|=3!=6$, $|H|=3$ ゆえ，$[G:H]=6\div 3=2$.

(ii) $\sigma^2=1$, $\tau^2=1$, $\sigma\tau=(1\ 4)(2\ 3)=\tau\sigma$ ゆえ，$H=\{1, \sigma, \tau, \tau\sigma\}$. $[G:H]=(4!)/4=6$.

(iii) $G/H=\mathbf{Z}/n\mathbf{Z}$. この元数は n. ゆえに $[G:H]=n$.

類題5. 2. (i) $1\in H_f$ は明らか. $\sigma\in H_f\Rightarrow \sigma f=f\Rightarrow f=\sigma^{-1}f$. $\therefore\ \sigma^{-1}\in H_f$. また，$\sigma, \tau\in H_f\ \Rightarrow\ (\sigma\tau)f=\sigma(\tau f)=\sigma f=f$. $\therefore\ \sigma\tau\in H_f$.

(ii) $\sigma f=\tau f\ \Rightarrow\ \tau^{-1}\sigma f=f\ \Rightarrow\ \tau^{-1}\sigma\in H_f\ \Rightarrow\ \sigma\in\tau H_f\ \Rightarrow\ \sigma H_f\subseteq\tau H_f$. 対称的ゆえに $\sigma H_f=\tau H_f$. 逆に $\sigma H_f=\tau H_f\Rightarrow \sigma=\tau\eta\ (\eta\in H_f)\ \Rightarrow\ \sigma f=(\tau\eta)f=\tau(\eta f)=\tau f$.

(iii) (ii)により，σf と σH_f とが一対一対応をする．ゆえに (σf の数)$=[S_n:H_f]$

(iv) これは定義により明らか.

(v) g が対称式，h が交代式，$f=g+h$ とかければ，$\sigma\in A_n$ に対して，$\sigma g=g$, $\sigma h=h$ ゆえ，$\sigma f=\sigma(g+h)=\sigma g+\sigma h=g+h=f$. $\therefore\ H_f\supseteq A_n$. また，$\tau$ が奇置換であれば，$\tau g=g$, $\tau h=-h\neq h$. ゆえ，$\tau f=\tau(g+h)=\tau g+\tau h=g-h\neq g+h=f$. $\therefore\ \tau\notin H_f$. ゆえに，$H_f=A_n$. 逆に，$H_f=A_n$ とする．奇置換 τ を一つとり，$g=(f+\tau f)/2$, $h=(f-\tau f)/2$ とおく．(iii)により，τf は奇置換 τ のとり方には依存せずに定まる．互換 σ を任意にとると，$\sigma g=(\sigma f+\sigma\tau f)/2=(f+\sigma f)/2=g$ ゆえ，g は対称式. $\sigma h=(\sigma f-f)/2=-h$. $f\neq\tau f$ ゆえ，$\sigma h\neq h$. ゆえに h は交代式.

類題5. 3. $a\notin H\,(a\in G)$ ならば G は H と Ha との和集合(共通元なし)であり，H と aH との和集合でもあるのだから，Ha, aH は G における H の補集合である．$\therefore\ aH=Ha$. H の元 h について，$hH=Hh$ は$=H$ により明らかゆえ，H は正規部分群.

類題6. 1. φは各 $g\in G$ について，M の元におよぼす作用を考えているのであるから，$\varphi_g\varphi_h=\varphi_{gh}$ であり，定理 2 の証明と同様にして，各 $m\in M$ に対して $\sigma_m 1=m$ である σ_m をとれば，$m, m'\in M$ について，$gm=m'\Leftrightarrow\varphi_g(m)=m'\Leftrightarrow g\sigma_m\in\sigma_{m'}H_1$ ゆえ，φG と H_1 による置換表現で得られる群とは本質的に同じ置換であり，したがって同型である．定理 2，(i)により，τH_1 は $\tau 1$ が何であるかによってきまるから，M の元と τH_1 の形の剰余類とが一対一対応する．

類題6. 2. 頂点 A を B, C, D どの位置にもっていくことも可能であるから，定理 2 の(ii)の場合にあたる．A を動かさない回転は，(B, C, D) およびそのべきしかないから，3 個．これが指数 4 (文字の数) の部分群をなすのだから，群の位数は $3\times 4=12$.

Exercise 1 (i) $(1\ 3\ 2\ 4\ 7\ 6\ 5)$，偶置換，位数 7．

(ii) $(1\ 4\ 6)(2\ 3\ 7\ 5)$，奇置換，位数12. (iii) $(1\ 5\ 2\ 4\ 3)$，偶置換，位数 5．

(iv) $(1\ 4\ 5\ 6\ 7\ 3\ 2)$，偶置換，位数 7． (v) $(2\ 4\ 3\ 6)(1\ 5\ 7)$，奇置換，位数12.

Exercise 2 (i) 与式$=s_1{}^2-2s_2$ は容易にわかる．

(ii) (i)により，$s_2(s_1{}^2-2s_2)=(x^2+y^2+z^2)\times(xy+yz+zx)=$(与式)$+xyz(x+y+z)$. $\therefore$ 与式$=s_1{}^2s_2-2s_2{}^2-s_1s_3$.

(iii) 64ページの類題 4. 2 の(ii)により $x^3+y^3+z^3=s_1{}^2-3s_1s_2+3s_3$. $\therefore\ s_1(s_1{}^3-3s_1s_2+3s_3)=(x+y+z)(x^3+y^3+z^3)=x^4+y^4+z^4+$((ii)の式). $\therefore\ x^4+y^4+z^4=s_1{}^4-3s_1{}^2s_2+3s_1s_3-(s_1{}^2s_2-2s_2{}^2-s_1s_3)=s_1{}^4-4s_1{}^2s_2+2s_2{}^2+4s_1s_3$.

Exercise 3 (i) S_4 で $(2, 2)$ 型の元は $\sigma, \tau, \sigma\tau=(1\ 3)(2\ 4)$ に限られる．$\sigma, \tau, \sigma\tau$ の S_4 での共役は $(2, 2)$ 型であるから，H に含まれる．$\therefore\ gHg^{-1}\subseteq H$ がすべての $g\in S_4$ についていえる．したがって H は正規部分群.

(ii) $\sigma, \tau, \sigma\tau$ のうちの互いに異なる二元を η, ν とすると，$\eta^2=1$, $\nu^2=1$, $\eta\nu=\nu\eta$. ゆえ，σ を η に，τ を ν にうつして，H から $\langle\eta, \nu\rangle$ への同型がえられる．$\eta, \nu\in H$ ゆえ，これは H の自己同型であり，$\sigma\tau$ に $\eta\nu$ が対応する．したがって，$\{\sigma, \tau, \sigma\tau\}$ の置換 α に対して，$\varphi_\alpha(\sigma)=\alpha\sigma$; $\varphi_\alpha(\tau)=\alpha\tau$ であるような自己同型 φ_α がえられる．逆に，φ が H

の自己同型ならば, $\{\varphi(\sigma), \varphi(\tau), \varphi(\sigma\tau)\}=\{\sigma, \tau, \sigma\tau\}$ ゆえ, φ は $\{\sigma, \tau, \sigma\tau\}$ の置換をひきおこす. ゆえに, Aut H は $\{\sigma, \tau, \sigma\tau\}$ の上の対称群 S_3 と同じと考えられる.

(iii) $g \in S_4$ による内部自己同型でひきおこす H の自己同型を φ_g で表そう. $\varphi_{(123)}(\sigma)=(2\ 3)(1\ 4)=\sigma\tau$, $\varphi_{(123)}(\tau)=(2\ 1)(3\ 4)=\sigma$ ゆえ, $\varphi_{(123)}$ は $\{\sigma, \tau, \sigma\tau\}$ の上の置換として, $(\sigma\ \sigma\tau\ \tau)$ である. また, $\varphi_{(14)}(\sigma)=\tau$, $\varphi_{(14)}(\tau)=\sigma$ でこれは互換 $(\sigma\ \tau)$ である. この二元で S_3 は生成されるので, Aut H の元はすべて $\varphi_g\ (g \in S_4)$ の形で得られる.

Exercise 4 σ, η が G から H への同型であれば, σ^{-1} は H から G への同型であり, したがって, $\eta\sigma^{-1}$ は二つの同型 σ^{-1}: $H \to G$, τ^{-1}: $G \to H$ の合成ゆえ, $H \to H$ の同型, すなわち, H の自己同型である. ゆえに, $\eta=\eta\sigma^{-1}\sigma \in (\text{Aut } H)\sigma$. 逆に, $\tau \in \text{Aut } H$ ならば, $\tau\sigma$ は G から H への同型であるから, G から H への同型写像の全体は $\{\tau\sigma | \tau \in \text{Aut } H\}$ と一致する.

Exercise 5 $g\ (\in G)$ によって定まる内部自己同型 $x \to gxg^{-1}$ を φ_g で表すことにすると, Aut G の元 σ に対して, $(\sigma\varphi_g\sigma^{-1})(x)(x \in G)$ を考えると, これは $\sigma(\varphi_g(\sigma^{-1}(x)))=\sigma(g\sigma^{-1}(x)g^{-1})=\sigma(g)x\sigma(g)^{-1}$ ゆえ, $\sigma\varphi_g\sigma^{-1}=\varphi_{\sigma(g)}$. したがって内部自己同型全体 I (これが群になることは, 58 ページの Exercise 3 における準同型による G の像ということからわかるが, 直接証明することも易しい)について, 「$\sigma \in \text{Aut } G$ ならば $\sigma I\sigma^{-1} \subseteq I$」がいえたことになり, I は Aut G の正規部分群である.

第 10 章

類題1. 1. R の元によりガウス平面は一辺の長さ 1 の正三角形に分けられる. したがって, 例題 1 の解と同様に証明できる.

類題1. 2. (i) $\dfrac{4-2\sqrt{-1}}{2-4\sqrt{-1}}=\dfrac{2-\sqrt{-1}}{1-2\sqrt{-1}}=\dfrac{(1+2\sqrt{-1})(2-\sqrt{-1})}{(1+2\sqrt{-1})(1-2\sqrt{-1})}=\dfrac{4+3\sqrt{-1}}{5}$ これと $1+\sqrt{-1}$ との距離 <1 ゆえ, $q=1+\sqrt{-1}$, $r=4-2\sqrt{-1}-(2-4\sqrt{-1})q=4-2\sqrt{-1}-(2-4\sqrt{-1})(1+\sqrt{-1})=4-2\sqrt{-1}-(6-2\sqrt{-1})=-2$. これは $2-4\sqrt{-1}$ をわりきるから, 2 が最大公約数. 2 数をかけて 2 で割ると $10\sqrt{-1}$. 最小公倍数 10.

(ii) $|3+\sqrt{-1}|<|7+4\sqrt{-1}|$ ゆえ, $\dfrac{7+4\sqrt{-1}}{3+\sqrt{-1}}$ を考える. $\dfrac{7+4\sqrt{-1}}{3+\sqrt{-1}}=\dfrac{(3-\sqrt{-1})(7+4\sqrt{-1})}{(3-\sqrt{-1})(3+\sqrt{-1})}=\dfrac{25+5\sqrt{-1}}{10}=\dfrac{5+\sqrt{-1}}{2}$. $q=2$ として, $r=7+4\sqrt{-1}-(3+\sqrt{-1})2=1+2\sqrt{-1}$. したがって, 求める最大公約数は, $3+\sqrt{-1}$ と $1+2\sqrt{-1}$ との最大公約数である. $\dfrac{3+\sqrt{-1}}{1+2\sqrt{-1}}=\dfrac{(1-2\sqrt{-1})(3+\sqrt{-1})}{(1-2\sqrt{-1})(1+2\sqrt{-1})}=\dfrac{5-5\sqrt{-1}}{5}=1-\sqrt{-1} \in \boldsymbol{Z}[\sqrt{-1}]$.
ゆえに, $1+2\sqrt{-1}$ が最大公約数. 最小公倍数は $11-3\sqrt{-1}$.

類題1. 3. $n=2$ のとき, 5 ページの枠囲みで述べたことにより, $d \in a_1R+a_2R$. $\therefore\ dR \subseteq a_1R+a_2R$. 逆に, $a_i \in dR$ ゆえ, $a_1R+a_2R \subseteq dR$. $\therefore\ dR=a_1R+a_2R$.

$n>2$ のとき, $n-1$ のときは正しいと仮定し証明する: $a_1, a_2, \cdots, a_{n-1}$ の最大公約数元 d_1 をとると, d は d_1 と a_n との最大公約元. 帰納法の仮定により, $d_1R=a_1R+\cdots+a_{n-1}R$. $n=2$ のときにより $dR=d_1R+a_nR$. $\therefore\ dR=a_1R+a_2R+\cdots+a_nR$.

類題2. 1. $\boldsymbol{Q}(\sqrt{3})$ のとき, $S=\{a+b\sqrt{3} \mid a, b \in \boldsymbol{Z}\}$ とおく. $S \subseteq R$. $\alpha \in R$ とする. $\alpha=s+t\sqrt{3}$, $s, t \in \boldsymbol{Q}$, $\alpha^2+c\alpha+d=0\ (c, d \in \boldsymbol{Z})$. $s=0$ または $t=0$ のときは例題と同様に, $\alpha \in S$ がわかる. $s \neq 0$, $t \neq 0$ としよう. α と, $\beta=s-t\sqrt{3}$ とは同じ 2 次方程式 (有理数係数) の根であるから, α, β が X^2+cX+d の二根. $\therefore\ 2s=\alpha+\beta=-c$, $s^2-3t^2=\alpha\beta=d$. (i) c が偶数のとき: $s \in \boldsymbol{Z}$. ゆえに, $\alpha-s \in R$ から, $t \in \boldsymbol{Z}$ を得, $\alpha \in S$. (ii) c が奇数であったとする. $\alpha+(c+1)/2$ を考えて, $s=1/2$ としてよい. $2\alpha-1=2t\sqrt{3} \in R$ ゆえ, $2t \in \boldsymbol{Z}$. $2t=m$ とおく. $\alpha=(1+m\sqrt{3})/2$. $s^2-3t^2=d$ ゆえ, $1-3m^2=4(s^2-3t^2)=4d$. $\therefore\ 3m^2 \equiv 1 \pmod 4$. m^2 は m が奇数なら $\equiv 1$, 偶数なら $\equiv 0$

ゆえ，この式は不合理．ゆえに，c が奇数であることはない．$\therefore\ S=R$.

$\boldsymbol{Q}(\sqrt{5})$ のとき：$\theta=(1+\sqrt{5})/2$ とおくと，答は，$R=\{a+b\theta | a, b\in\boldsymbol{Z}\}$ である．

（証明）$S=\{a+b\theta | a, b\in\boldsymbol{Z}\}$ とおく．θ は X^2-X-1 の根ゆえ，$\theta\in R$．$\therefore\ S\subseteq R$．逆に，$\alpha=s+t\sqrt{5}\in R$ とする．$s=0$ または $t=0$ のときは上と同様．$s\neq 0$, $t\neq 0$ のときを考える．$\alpha, \beta=s-t\sqrt{5}$ が X^2+cX+d $(c, d\in\boldsymbol{Z})$ の 2 根になる．そこで，$2s=\alpha+\beta=-c\in\boldsymbol{Z}$, $s^2-5t^2=\alpha\beta\in\boldsymbol{Z}$．$c$ が偶数ならば，$s\in\boldsymbol{Z}$ ゆえ，$\alpha-s$ を考えて，$\alpha-s\in S$．c が奇数のときは $\alpha-\theta$ を考えると，$s\in\boldsymbol{Z}$ の場合になり，$\alpha-\theta\in S$．いずれにしても $\alpha\in S$.

類題2.2. (i) $S\subseteq R$ は容易．$\alpha=s+t\sqrt{d}\in R$ とする．$s=0$ または $t=0$ なら上と同様．$s\neq 0$, $t\neq 0$ とする．$\alpha^2+c\alpha+e=0$ $(c, e\in\boldsymbol{Z})$ とすると，α と $\beta=s-t\sqrt{d}$ とは有理数係数の同じ 2 次方程式の根ゆえ，α, β は X^2+cX+e の二根である．$\therefore\ 2s=\alpha+\beta=-c$, $s^2-dt^2=\alpha\beta=e$.

c が偶数ならば，$s\in\boldsymbol{Z}$ ゆえ，$\alpha-s$ を考えて，$s=0$ の場合を得るので，$\alpha-s\in S$．c が奇数であると仮定しよう．α に $(c+1)/2$ を加えて，$s=1/2$ としてよい．$2\alpha-1$ は $s=0$ の場合ゆえ，$m=2t\in\boldsymbol{Z}$．そこで，$4e=4(s^2-dt^2)=1-dm^2$．$\therefore\ dm^2\equiv 1 \pmod 4$．$d\equiv 0, 2, -1 \pmod 4$ のいずれかであるが，いずれの場合も適合する $m\in\boldsymbol{Z}$ はない．ゆえに $s\in\boldsymbol{Z}$ であり，$\alpha\in S$．$\therefore\ R=S$.

(ii) θ は $X^2-X+(1-d)/4$ の根であり，$(1-d)/4\in\boldsymbol{Z}$ ゆえ，$T\subseteq R$．逆に，$\alpha=s+t\sqrt{d}\in R$ とする．上と同様，$s=0$ または $t=0$ のときは，$s, t\in\boldsymbol{Z}$, $\alpha\in T$．$s\neq 0$, $t\neq 0$ のとき，$\alpha^2+c\alpha+e=0$ $(c, e\in\boldsymbol{Z})$ とすると，$\alpha, \beta=s-t\sqrt{d}$ が X^2+cX+e の二根になる．$2s=\alpha+\beta=-c\in\boldsymbol{Z}$．$c$ が偶数ならば $s\in\boldsymbol{Z}$ ゆえ，$\alpha-s$ を考え ($s=0$ の場合)，$t\in\boldsymbol{Z}$, $\alpha\in T$．c が奇数ならば，$\alpha+\theta$ を考えれば，$s\in\boldsymbol{Z}$ の場合に帰着され，$\alpha\in T$．$\therefore\ R=T$.

類題3.1. pR が素イデアルであること：（方法 1）$f(X_1, X_2, \cdots, X_n)g(X_1, X_2, \cdots, X_n)\in pR$ とする．$X_1, X_2, \cdots, X_n$ についての単項式に $X_1^{e_1}X_2^{e_2}\cdots X_n^{e_n}>X_1^{d_1}X_2^{d_2}\cdots X_n^{d_n} \Leftrightarrow e_1>d_1$，または，$e_1=d_1$, $e_2>d_2$, $\cdots$，または，$e_i=d_i$ $(i<j)$, $e_j>d_j$, $\cdots$，または，$e_i=d_i$ $(i<n)$, $e_n>d_n$，と定義する．$f, g\notin pR$ と仮定する．f, g の項で係数が p で割れないものの最小のものが，それぞれ $f_{d_1\cdots d_n}X_1^{d_1}X_2^{d_2}\cdots X_n^{d_n}$, $g_{e_1\cdots e_n}X_1^{e_1}\cdots X_n^{e_n}$ $(f_{d_1\cdots d_n}, g_{e_1\cdots e_n}\in\boldsymbol{Z})$ であれば，fg の $X_1^{d_1+e_1}X_2^{d_2+e_2}\cdots X_n^{d_n+e_n}$ の係数は $f_{d_1\cdots d_n}g_{e_1\cdots e_n}+$($p$ の倍数) になって，$fg\in pR$ に反する．ゆえに，$f\in pR$ または $g\in pR$．（方法 2）$\boldsymbol{Z}/p\boldsymbol{Z}=K$ は体である．(57ページ類題6.1，または48ページ中頃で述べたことから，$0<i<p$ のとき p と i とは互いに素であり，$\boldsymbol{Z}+i$ は K の単元)．K の上の n 変数の多項式環 $K[X_1, X_2, \cdots, X_n]$ は整域である．R から $K[X_1, \cdots, X_n]$ の中への写像 φ を，$\varphi(\sum a_{i_1\cdots i_n}X_1^{i_1}\cdots X_n^{i_n})=\sum\bar{a}_{i_1\cdots i_n}X_1^{i_1}\cdots X_n^{i_n}$ ($a\in\boldsymbol{Z}$ に対し，$\bar{a}$ は $a \pmod p$ の類 $p\boldsymbol{Z}+a$ を表す)によって定めれば，φ は準同型になり，$\varphi^{-1}(0)=pR$．ゆえに pR は素イデアル.

$pR+X_1R$ が素イデアルであること．（方法 1）上の方法 1 と同様にするが，$fg\in pR$ のとき，f, g の項のうち，p または X_1 で割りきれる項は消してから考えてよい．その上で，$X_2, \cdots, X_n$ についての単項式に上と同様の順序を入れて示せばよい．（方法 2）上の方法 2 のようにして，R から，多項式環 $K[X_2, \cdots, X_n]$ $(K=\boldsymbol{Z}/p\boldsymbol{Z})$ への写像 ψ を，$\psi(\sum a_{i_1\cdots i_n}X_1^{i_1}\cdots X_n^{i_n})=\sum'\bar{a}_{0, i_2\cdots i_n}X_2^{i_2}\cdots X_n^{i_n}$ ($\sum'$ は $i_1=0$ の部分についてだけ加える)と定めれば，ψ は準同型であり，$\psi^{-1}(0)=pR+X_1R$.

最後：$pR+X_1R=fR \Rightarrow f$ は p, X_1 の共通因子 $\Rightarrow fR=R\neq pR+X_1R$.

類題3.2. (i) 群の場合と同様であるので略す．

(ii) R/I が体のとき：体 K のイデアル J が 0 でなければ，$a\in J$, $a\neq 0$ をとると，$a^{-1}\in K$．J はイデアルゆえ，$a^{-1}a\in J$．$\therefore\ 1\in J$．$x\in K$ ならば，$x=x\cdot 1\in J$．$\therefore\ J=K$．すなわち，体には $\{0\}$ と自身以外のイデアルはない．(i)の対応をイデアル（両側イデアル）のときに適用し，I は極大イデアルであることを知る．I が極大イデアルのとき：$K=R/I$ には 0 と K 以外にイデアルがない．$a\in K$, $a\neq 0$ とすると，$aK\neq\{0\}$ ゆえ，$aK=K$．$I\neq R$ ゆえ，(1

を含む剰余類)が K の単位元 $\bar{1}$ として存在する．$aK=K\ni\bar{1}$ ゆえ，K の元 b で $ab=\bar{1}$ となるものがある．(可換ゆえ) b は a の逆元．ゆえに a は単元．0でない任意の元 a についていえるから R/I は体．

類題4.1. $\boldsymbol{Z}\subseteq\boldsymbol{Q}$，かつ $\boldsymbol{Q}$ の元は $\boldsymbol{Z}$ の二元の比にかけるから，$\boldsymbol{Q}$ は $\boldsymbol{Z}$ の商体である．

類題4.2. $K(x)$ は体で，$K[x^n, x^{n+1}]$ を含む．逆に，$K[x^n, x^{n+1}]$ を含む体は $x=x^{n+1}/x^n$ を含むから $K(x)$ を含む．ゆえに $K(x)$ は $K[x^n, x^{n+1}]$ の商体である．

類題4.3. (i) $K(x^2)$ の元は，x^2 についての有理式 $f(x^2)/g(x^2)$ でかけるものである．x はこの形では表せないから，商体は $K(x)$ とは一致しない．

(ii) $K[x^2+x, x^3-x]\ni x^2+x+x^3-x=x^3+x^2$. $(x^3+x^2)/(x^2+x)=x$ ゆえ，商体は $K(x)$ と一致する．

類題5.1. 容易に確かめられるので略す．

類題5.2. $a, b\in M\subseteq K=(S$ の商体) ゆえ，$b\neq 0$ とすれば，$a/b=s/t$ となる $s, t\in S$ がある．すると，$ta-sb=0$ ゆえ，a, b は一次独立にはならない．($b=0$ なら，$0a+1b=0$ ゆえ，一次独立ではない)．すなわち，二つ以上の元からなれば一次独立でない．$M\neq\{0\}$ ゆえ，一次独立基は少なくとも一つの元をもつ必要があるから，1個の元からなる．例としては，$S=\boldsymbol{Z}$ (有理整数環)，$M=\{n/2|n\in\boldsymbol{Z}\}$ とおけば，Mの一次独立基として $1/2$ がとれる．

類題6.1. $[K(a):K]=m$, $[K(b):K]=n$ とすると，$K(a)$ 上の b の最小多項式 $g(x)$ の次数は n 以内．ゆえに $[K(a, b):K(a)]\leqq n$. $\therefore$ $[K(a, b):K]=[K(a, b):K(a)][K(a):K]\leqq mn$.

類題6.2. $n=[L:K]=[L:K(\alpha)][K(\alpha):K]=[L:K(\alpha)]\times n$. $\therefore$ $[L:K(\alpha)]=1$. $\therefore$ $L=K(\alpha)$.

類題6.3. L 上の $f(x)$ の既約因子 $g(x)$ を考える．$L[x]/g(x)L[x]=M$ は，$g(x)L[x]$ が極大イデアルであるから，体であり，$L\cap g(x)L[x]=\{0\}$ ゆえ，自然準同型 $\varphi: L[x]\to M$ は L 上には同型をひきおこす．したがって，$L\subseteq M$ と考えられる．$[M:K]=[M:L][L:K]$ ゆえ，$[M:K]$ は m の倍数．他方，M における x を含む剰余類を a とすると，$g(a)=0$. $g(x)$ は $f(x)$ の因子ゆえ，$f(a)=0$. $f(x)$ は K 上既約であったから，$K[x]\to K(a)$ の自然準同型の核は $f(x)K[x]$ であり，したがって，$[K(a):K]=n$. そして，$[M:K]=[M:K(a)][K(a):K]$ ゆえ，$[M:K]$ は n の倍数でもある．m と n とが互いに素であるから，$[M:K]$ は mn の倍数．$[M:L]\leqq n$, $[L:K]=m$ ゆえ，$[M:L]=n$. すなわち，($g(x)$ の次数)$=$($f(x)$ の次数) ゆえ，$f(x)$ は L 上でも既約．

Exercise 1 1辺の長さが1，隣りの1辺が$\sqrt{2}$ の長方形の中の点から，一番近い頂点までの距離 <1 ゆえ，$\boldsymbol{Z}[\sqrt{-1}]$ のときと同様にできる．詳細は略す．

Exercise 2 71ページの類題2.2により，$-5\not\equiv 1 \pmod 4$ ゆえ，$\boldsymbol{Z}[\sqrt{-5}]$ が $\boldsymbol{Q}(\sqrt{-5})$ の整数環．$(1\pm\sqrt{-5})/2$, $(1\pm\sqrt{-5})/3$ はいずれも $\boldsymbol{Z}[\sqrt{-5}]$ に入らない．すなわち，この環においては，$1\pm\sqrt{-5}$ は2でも3でも割りきれない．

[2が分解しないこと] $2=(a+b\sqrt{-5})(c+d\sqrt{-5})$ と分解したと仮定しよう．a, b が偶数なら，$c+d\sqrt{-5}$ は単元ゆえ，a, b は互いに素．同様 c, d は互いに素．右辺を展開して左辺と比べると，$ac-5bd=2$, $ad+bc=0$.

$\therefore$ $c=ac_1$, $b=db_1$, $1+b_1c_1=0$. ゆえに，$(b_1, c_1)=(1, -1)$ または $(-1, 1)$.

$(b_1, c_1=(1, -1)$ のとき：$b=d$, $c=-a$. $-a^2-5b^2=2$. 左辺 $\leqq 0$ ゆえ不可能.

$(b_1, c_1)=(-1, 1)$ のとき：$b=-d$, $c=a$, $a^2+5b^2=2$. $b\geqq 1$ なら，左辺 $\geqq 5$ で不合理．$b=0$ なら，$a^2=2$ で不可能．ゆえに，2は $\boldsymbol{Z}[\sqrt{-5}]$ では分解しない．

[3が分解しないこと] $3=(a+b\sqrt{-5})(c+d\sqrt{-5})$ として，2の場合と同様にすると，$ac-5bd=3$, $ad+bc=0$ ゆえ，$-a^2-5b^2=3$ または $a^2+5b^2=3$ を得，2の場合と同様不合理．

[2を含む素イデアル] $\boldsymbol{Z}[\sqrt{-5}]\simeq\boldsymbol{Z}[X]/(X^2+5)\boldsymbol{Z}[X]$ (X を含む類が $\sqrt{-5}$ に対応) であるから，$R/2R\simeq\boldsymbol{Z}[X]/((X^2+5)\boldsymbol{Z}[X]+2\boldsymbol{Z}[X])=\boldsymbol{Z}[X]/((X^2-1)\boldsymbol{Z}[X]+2\boldsymbol{Z}[X])$. $(\sqrt{-5})^2-1\in 2R$ ゆえに $(1+\sqrt{-5})(1-\sqrt{-5})\in 2R$ とな

り，2を含む R の素イデアル P は，$1+\sqrt{-5}$ または $1-\sqrt{-5}$ を含む．$I=(1-\sqrt{-5})R+2R$ とおくと，I は $1+\sqrt{-5}$ も含む ($2\in I$ ゆえ)．R/I は，上の同型と同様にして，$R/I\simeq \boldsymbol{Z}[X]/((1+X)\boldsymbol{Z}[X]+2\boldsymbol{Z}[X])\simeq \boldsymbol{Z}/2\boldsymbol{Z}$ ゆえ，これは体．ゆえに I は素イデアルで，$P=I$.

[P^2] 72ページで述べたイデアルの積の定義により，P^2 は $(1-\sqrt{-5})^2$, $2(1-\sqrt{-5})$, 4 で生成されたイデアルである．$(1-\sqrt{-5})^2=-4-2\sqrt{-5}=-2(2-\sqrt{-5})$ ゆえ，$P^2\subseteq 2R$. 逆に $2(1+\sqrt{-5})+(1-\sqrt{-5})^2=-2$ であって $1+\sqrt{-5}\in P$ ゆえ，P^2 は2を含む．∴ $2R\subseteq P^2$. ∴ $P^2=2R$.

Exercise 3 $\boldsymbol{Q}(\sqrt[3]{5})\simeq\boldsymbol{Q}[X]/(X^3-5)\boldsymbol{Q}[X]$. 1の虚立方根の一つを ω とすると，X^3-5 の根は $\sqrt[3]{5}$, $\omega\sqrt[3]{5}$, $\omega^2\sqrt[3]{5}$ の三つであるから，求める体は，$\boldsymbol{Q}(\sqrt[3]{5})$, $\boldsymbol{Q}(\omega\sqrt[3]{5})$, $\boldsymbol{Q}(\omega^2\sqrt[3]{5})$ の三つ．$(\boldsymbol{Q}(\omega\sqrt[3]{5},\ \omega^2\sqrt[3]{5})=\boldsymbol{Q}(\omega,\sqrt[3]{5})$ は6次拡大ゆえ，$\boldsymbol{Q}(\omega\sqrt[3]{5})\neq\boldsymbol{Q}(\omega^2\sqrt[3]{5})$．$\boldsymbol{Q}(\sqrt[4]{2})\simeq\boldsymbol{Q}[X]/(X^4-2)\boldsymbol{Q}[X]$. X^4-2 の4根は，$\pm\sqrt[4]{2}$, $\pm\sqrt{-1}\sqrt[4]{2}$．ゆえに求める体は $\boldsymbol{Q}(\sqrt[4]{2})$, $\boldsymbol{Q}(\sqrt{-1}\sqrt[4]{2})$ の二つ．

Exercise 4 $f(x)$ の L 上の既約因子 $g(x)$ を考え，$M=L[x]/g(x)L[x]$ におけるxを含む剰余類 α をとる．$[M:K]=[M:L][L:K]=4\times(\deg g(x))$. また $[M:K]=[M:K(\alpha)][K(\alpha):K]$ で，α が $f(x)$ の根ゆえ，$[K(\alpha):K]=2m$. ゆえに，$\deg g(x)$ は m の倍数．そして $\leqq 2m$ ゆえ，$\deg g(x)$ は m または $2m$.

Exercise 5 (i) K 加群としての，L の一次独立基 $a_1, a_2, \cdots, a_e$ をとる．L の元は $\sum c_ia_i$ $(c_i\in K)$ の形に一意的に表されるのだから，これに $(c_1, \cdots, c_e)$ を対応させることにより，K の元を e 個ならべたものと L の元とが一対一対応する．各 c_i は p 通りずつ独立にとりうるから，$(c_1, \cdots, c_e)$ の数は p^e．ゆえに L の元数は p^e である．

(ii) $K-\{0\}$ は位数 q の乗法群．ゆえに49ページの系により $\alpha^q=1$ が出る．

第 11 章

類題1.1. G が巡回群，H がその部分群であれば，任意の自然数 n について，$S_n=\{x\in G|x^n=1\}$ の元数 $\leqq n$. 特に $S_n\cap H$ の元数 $\leqq n$ ゆえ，H は巡回群．次にある体 K の中の，1のべき根から成る有限群 H あれば，H の位数 h による $G=\{x\in K|x^h=1\}$ を考えると，G は巡回群で，H はその部分群であるから，H も巡回群である．

類題1.2. $(\alpha\beta)^{mn}=\alpha^{mn}\beta^{mn}=1$ ゆえ，$(\alpha\beta)^s=1$ となる自然数 s が mn の倍数であることを示せばよい．$\alpha^s\beta^s=1$ ゆえ，$\alpha^s=\beta^{-s}$. 左辺は m 乗すれば1，右辺は n 乗すれば1になるから，$\alpha^s=\beta^{-s}$ の位数は m, n の公約数である．m, n が互いに素ゆえ，位数1．∴ $\alpha^s=\beta^{-s}=1$ ゆえに，s は m, n の公倍数．ゆえに s は mn の倍数.

類題2.1. (i) $\sqrt{-1}\to\sqrt{-1}$ と，$\sqrt{-1}\to-\sqrt{-1}$ による二つ.

(ii) α は1の原始5乗根である．5は素数ゆえ，1の原始5乗根は $\alpha, \alpha^2, \alpha^3, \alpha^4$ の四つ．したがって，$\alpha\to\alpha^i$ $(i=1, 2, 3, 4)$ による四つの埋め込みがある．

(iii) $\boldsymbol{Q}(\sqrt{2})$ の埋め込みは $\sqrt{2}\to\sqrt{2}$, $\sqrt{2}\to-\sqrt{2}$ による二つ．$[\boldsymbol{Q}(\sqrt{2}):\boldsymbol{Q}]=2$, $[\boldsymbol{Q}(\sqrt[3]{3}):\boldsymbol{Q}]=3$ ゆえ，$[\boldsymbol{Q}(\sqrt{2}, \sqrt[3]{3}):\boldsymbol{Q}]$ は2と3の公倍数（第10章 類題6.3, Exercise 4 参照）．ゆえに，$[\boldsymbol{Q}(\sqrt{2}, \sqrt[3]{3}):\boldsymbol{Q}]=6$. ゆえに，$X^3-3$ は $\boldsymbol{Q}(\sqrt{2})$ の上でも既約であり，$\boldsymbol{Q}(\sqrt{2})$ の各埋め込みを，$\sqrt[3]{3}\to\sqrt[3]{3}$, $\sqrt[3]{3}\to\omega\sqrt[3]{3}$, $\sqrt[3]{3}\to\omega^2\sqrt[3]{3}$ の三通りに拡張することができるので，その組合せ，計 $2\times3=6$ 通り．

(iv) $[\boldsymbol{Q}(\omega):\boldsymbol{Q}]=2$. $\boldsymbol{Q}(\omega)$ の埋め込みは，$\omega\to\omega$ と $\omega\to\omega^2$ とによる二つ．(iii)と同様にし，$[\boldsymbol{Q}(\omega, \sqrt[3]{3}):\boldsymbol{Q}]=6$. ゆえに，この $\boldsymbol{Q}(\omega)$ の埋め込みは，$\sqrt[3]{3}\to\sqrt[3]{3}$, $\sqrt[3]{3}\to\omega\sqrt[3]{3}$, $\sqrt[3]{3}\to\omega^2\sqrt[3]{3}$ の三通りの拡張でき，したがって，埋め込みは $2\times3=6$ 通り．

類題2.2. (i) $-\sqrt{-1}\in\boldsymbol{Q}(\sqrt{-1})$ ゆえ，二つとも自己同型.

(ii) $\alpha^i \in \boldsymbol{Q}(\alpha)$ $(i=1,2,3,4)$ ゆえ，四つとも自己同型．

(iii) $\omega\sqrt[3]{3}$, $\omega^3\sqrt[3]{3} \notin \boldsymbol{Q}(\sqrt{2}, \sqrt[3]{3})$ ゆえ，自己同型になるのは $(\sqrt{2}, \sqrt[3]{3}) \to (\sqrt{2}, \sqrt[3]{3})$ によるものと，$(\sqrt{2}, \sqrt[3]{3}) \to (-\sqrt{2}, \sqrt[3]{3})$ によるものの二つだけ．

(iv) $\omega, \omega^2 \in \boldsymbol{Q}(\omega, \sqrt[3]{3})$ ゆえ，全部自己同型．（注意．埋め込んだ像がもとの体に含まれることだけを述べたが，有限次拡大の埋め込みゆえ，次数が保存されるので，像が含まれれば，一致するのである．）

類題3. 1.　$f(x)=f_1(x)f_2(x)\cdots f_n(x)$ の最小分解体に他ならないから，定理の系１によってわかる．

類題3. 2.　(i)　$\boldsymbol{Q}(\sqrt{-2})$.

(ii) $\boldsymbol{Q}(\sqrt[3]{3}, \omega)$ ただし，ω は１の虚立方根 $(-1\pm\sqrt{-3})/2$ の一つ．

(iii) $\boldsymbol{Q}(\sqrt[4]{5}, \sqrt{-1})$.

(iv) $x^4-36=(x^2-6)(x^2+6)$ ゆえ，$\boldsymbol{Q}(\sqrt{6}, \sqrt{-6})=\boldsymbol{Q}(\sqrt{6}, \sqrt{-1})$.

類題4. 1.　$q=p^e$ とし，$(a+b)^q=a^q+b^q$ を，e についての数学的帰納法で証明する：$q'=p^{e+1}$ のときは $(a+b)^{q'}=((a+b)^q)^p=(a^q+b^q)^p=a^{qp}+b^{qp}=a^{q'}+b^{q'}$．次に，$n$ についての数学的帰納法を利用する：$n+1$ 個のときは，$(a_1+\cdots+a_{n+1})^q=(a_1+\cdots+a_n)^q+a_{n+1}{}^q=a_1{}^q+\cdots+a_n{}^q+a_{n+1}{}^q$.

類題4. 2.　(i)　$\sqrt{2}+\sqrt{-1}$　　(ii)　$\sqrt{3}+\sqrt[3]{2}$　　(iii)　$\sqrt{6}+\sqrt[4]{2}$　　(iv)　$\sqrt[4]{-3}$

類題4. 3.　S を含む充分大きい体 M の中への埋め込み（K 上では恒等写像になるもの）を考える．$\beta\in S$ であり，β の共役元 β_i をとれば，$\beta\to\beta_i$ となる $K(\beta)$ の埋め込みがあるので，80ページの系２により，$\beta_i\in S$．他方，β の最小多項式 $g(x)$ の根はβの共役ゆえ，S 上では $g(x)$ が一次因子の積に分解する．

類題5. 1.　$h\in K(x_1, \cdots, x_n)$ に対して，$\sigma, \tau\in S_n$ なら，$\tau(\sigma h)=\tau\sigma h$ は64ページと同様であるが，注意しなくてはいけないことは，σ, τ が S_n の異なる元ならば，σ が定める自己同型と，τ が定める自己同型が異なることを示さないと，S_n から $\mathrm{Aut}\,K(x_1, \cdots, x_n)$ の中への準同型があることを示したにすぎなくなる．それを実行するのには，$\sigma^{-1}\tau$ が単位元でないから，$(\sigma^{-1}\tau)i\neq i$ であるような番号 i をとれば，$\sigma x_i\neq\tau x_i$ によればよい．後半：$x_1, \cdots, x_n$ の基本対称式 $s_1, s_2, \cdots, s_n$ をとると，$s_i\in K(x_1, \cdots, x_n)^{S_n}$．次に，$f\in K(x_1, \cdots, x_n)^{S_n}$ としよう．$f=g(x_1, \cdots, x_n)/h(x_1, \cdots, x_n)$ (g, h は多項式）と表す．分母分子に $\prod_{\sigma\neq1} h(x_{\sigma1}, \cdots, x_{\sigma n})$ をかければ分母は対称式になるから，h は対称式と仮定してよい．（既約とは仮定しない．）$\sigma f=f, \sigma h=h$（すべての $\sigma\in G$）ゆえ，$\sigma g=g$ にもなり，g は対称式．ゆえに，分母，分子は $s_1, s_2, \cdots, s_n$ の整式でかけ，$f\in K(s_1, s_2, \cdots, s_n)$．ゆえに不変体は $K(s_1, s_2, \cdots, s_n)$.

類題5. 2.　(i)　$\mathrm{Aut}\,\boldsymbol{Q}(\sqrt{2})=\{1, \sigma\}$ ただし，$\sigma(\sqrt{2})=-\sqrt{2}$ ($a+b\sqrt{2}$ (a, b 有理数）のとき，$\sigma(a+b\sqrt{2})=a-b\sqrt{2}$ の意味．以下このように略記する）．不変体は $\boldsymbol{Q}$.

注意　自己同型で，１は１にうつるから，$\boldsymbol{Q}$ の各元はいつも自己同型で不変である．これは以下同様である．

(ii) $\mathrm{Aut}\,\boldsymbol{Q}(\sqrt{2}, \sqrt[3]{2})=\{1, \sigma\}$ ただし，$\sigma(\sqrt[3]{2})=\sqrt[3]{2}$，$\sigma(\sqrt{2})=-\sqrt{2}$．不変体 $\boldsymbol{Q}(\sqrt[3]{2})$.

(iii) $\mathrm{Aut}\,\boldsymbol{Q}(\sqrt{-1}, \sqrt[4]{2})=\{1, \sigma, \tau, \tau^2, \tau^3, \sigma\tau, \sigma\tau^2, \sigma\tau^3\}$ ただし，$\sigma(\sqrt[4]{2})=\sqrt[4]{2}$, $\sigma(\sqrt{-1})=-\sqrt{-1}$, $\tau(\sqrt{-1})=\sqrt{-1}$, $\tau(\sqrt[4]{2})=\sqrt{-1}\sqrt[4]{2}$．$\sigma^2=1$, $\tau^4=1$, $\sigma\tau\sigma=\tau^{-1}$．不変体 $\boldsymbol{Q}$.

(iv) $\mathrm{Aut}\,\boldsymbol{Q}(\sqrt[4]{2})=\{1, \sigma\}$，ただし，$\sigma(\sqrt[4]{2})=-\sqrt[4]{2}$．不変体 $\boldsymbol{Q}(\sqrt{2})$.

(v) $\mathrm{Aut}\,\boldsymbol{Q}(\sqrt[3]{2})=\{1\}$．不変体 $\boldsymbol{Q}(\sqrt[3]{2})$.

類題6. 1.　(i)　$x^3-2=(x-\sqrt[3]{2})(x-\omega\sqrt[3]{2})(x-\omega^2\cdot\sqrt[3]{2})$（$\omega$ は１の虚立方根）ゆえ，最小分解体は $\boldsymbol{Q}(\omega, \sqrt[3]{2})$．例題と同様に考えて，ガロア群 $G=\langle\sigma, \tau\rangle$, σ: $(\omega, \sqrt[3]{2})\to(\omega, \omega\sqrt[3]{2})$，$\tau$: $(\omega, \sqrt[3]{2})\to(\omega^{-1}, \sqrt[3]{2})$．$\sigma$ の位数３，τ の位数２，$\tau\sigma\tau=\sigma^{-1}$，$G$ の位数６．

(ii) $x^4+2x^3-6x^2+2x+1=(x-1)^2(x^2+4x+1)$．$x^2+4x+1$ の根は $-2\pm\sqrt{3}$ ゆえ，最小分解体は $\boldsymbol{Q}(\sqrt{3})$．ゆえに，

ガロア群 $G=\langle\sigma\rangle$, σ の位数は 2, $(\sigma\sqrt{3})=-\sqrt{3}$.

類題6.2. (i) $\boldsymbol{Q}(\omega, \sqrt[3]{5})$ はガロア拡大であり, そのガロア群は, 上の(i)と同様 $G=\langle\sigma, \tau\rangle$, σ: $(\omega, \sqrt[3]{5})\to(\omega, \omega\sqrt[3]{5})$; τ: $(\omega, \sqrt[3]{5})\to(\omega^{-1}, \sqrt[3]{5})$, σ の位数3, τ の位数2, $\tau\sigma\tau=\sigma^{-1}$, G の位数6. 部分群は, 位数1…{1}. 位数2… $\langle\tau\rangle$, $\langle\sigma\tau\rangle$, $\langle\sigma^2\tau\rangle$. 位数3… $\langle\sigma\rangle$, 位数6… $\langle\sigma, \tau\rangle$. 対応する部分体は, $\boldsymbol{Q}(\omega, \sqrt[3]{5})$, $\boldsymbol{Q}(\sqrt[3]{5})$, $\boldsymbol{Q}(\omega^{-1}\cdot\sqrt[3]{5})$, $\boldsymbol{Q}(\omega\sqrt[3]{5})$, $\boldsymbol{Q}(\omega)$, $\boldsymbol{Q}$.

(ii) $\boldsymbol{Q}(\sqrt{-1}, \sqrt[4]{2})$ もガロア拡大で, そのガロア群は $G=\langle\sigma, \tau\rangle$, σ: $(\sqrt{-1}, \sqrt[4]{2})\to(\sqrt{-1}, \sqrt{-1}\sqrt[4]{2})$, τ: $(\sqrt{-1}, \sqrt[4]{2})\to(-\sqrt{-1}, \sqrt[4]{2})$, σ の位数4, τ の位数2, $\tau\sigma\tau=\sigma^{-1}$, G の位数8. 部分群は, 位数1…{1}, 位数2…$\langle\sigma^2\rangle$, $\langle\tau\rangle$, $\langle\sigma^2\tau\rangle$, $\langle\sigma\tau\rangle$, $\langle\sigma^{-1}\tau\rangle$, 位数4… $\langle\sigma\rangle$, $\langle\sigma^2, \tau\rangle$, 位数8…$G$. 対応する部分体は, $\boldsymbol{Q}(\sqrt{-1}, \sqrt[4]{2})$, $\boldsymbol{Q}(\sqrt{-1}, \sqrt{2})$, $\boldsymbol{Q}(\sqrt[4]{2})$, $\boldsymbol{Q}(\sqrt{-1}\sqrt[4]{2})$, $\boldsymbol{Q}((1+\sqrt{-1})\sqrt[4]{2})$, $\boldsymbol{Q}((1-\sqrt{-1})\sqrt[4]{2})$, $\boldsymbol{Q}(\sqrt{-1})$, $\boldsymbol{Q}(\sqrt{2})$, $\boldsymbol{Q}$.

Exercise 1 (i) mod 7: $(\pm2)^2=4$, $(\pm2)^3=\pm8\equiv\pm1$. ゆえに -2 の mod 7 での位数は 6. ゆえに, $-2\equiv 5$ は 7 を法とする原始根である.

(ii) mod 13: $(\pm2)^2=4$, $(\pm2)^3=\pm8$, $(\pm2)^4=16\equiv3$, $(\pm2)^6\equiv12\equiv-1$. ゆえに, 2 は13を法とする原始根である.

Exercise 2 $f(x)=x^{p-1}+x^{p-2}+\cdots+x+1$ は33ページの類題4.1により既約である. その一つの根を ζ とすると, ζ は1の原始 p 乗根であるから, $f(x)$ の根は $\zeta, \zeta^2, \cdots, \zeta^{p-1}$ の $p-1$ 個である. したがって $\boldsymbol{Q}(\zeta)$ はガロア拡大である. p を法とする原始根の一つ r をとる. ガロア群 G の元で, $\zeta\to\zeta^r$ であるものを σ とする. σ^i: $\zeta\to\zeta^{r^i}$ ゆえ, $\sigma, \sigma^2, \sigma^3, \cdots, \sigma^{p-1}$ は互いに異なる. ゆえに $G=\langle\sigma\rangle$.

$p=5$ のとき, σ の位数は4. $\langle\sigma\rangle$ の部分群は $\{1\}$, $\langle\sigma^2\rangle$, $\langle\sigma\rangle$ の三つ. r として2をとってよいから, $\sigma^2(\zeta)=\zeta^{-1}$. したがって, 対応する部分体は, $\boldsymbol{Q}(\zeta)$, $\boldsymbol{Q}(\zeta+\zeta^{-1})$, $\boldsymbol{Q}$. [第12章 類題1.1によれば $\boldsymbol{Q}(\zeta+\zeta^{-1})=\boldsymbol{Q}(\sqrt{5})$.]

Exercise 3 (i) $\sqrt[4]{3}$ の共役は $(\sqrt{-1})^i\sqrt[4]{3}$ $(i=0, 1, 2, 3)$ ゆえ, $K=\boldsymbol{Q}(\sqrt[4]{3})$ を含む最小のガロア拡大 L は $\boldsymbol{Q}(\sqrt{-1}, \sqrt[4]{3})$. このガロア群は86ページの類題6.2, (ii)と同様に, $G=\langle\sigma, \tau\rangle$, σ: $(\sqrt{-1}, \sqrt[4]{3})\to(\sqrt{-1}, \sqrt{-1}\sqrt[4]{3})$, τ: $(\sqrt{-1}, \sqrt[4]{3})\to(-\sqrt{-1}, \sqrt[4]{3})$, σ の位数は4, τ の位数は2, $\tau\sigma\tau=\sigma^{-1}$. K は $\langle\tau\rangle$ に対応する体であるから, Gの部分群で $\langle\tau\rangle$ を含むものを考える. 位数2: $\langle\tau\rangle$, 位数4: $\langle\tau, \sigma^2\rangle$, 位数8: G. ゆえに, K の部分体は, $K=\boldsymbol{Q}(\sqrt[4]{3})$, $\boldsymbol{Q}(\sqrt{3})$, $\boldsymbol{Q}$ の三つだけ.

(ii) $\boldsymbol{Q}(\sqrt{2}, \sqrt{-1})$ はガロア拡大であり, そのガロア群 G は $\langle\sigma, \tau\rangle$, σ: $(\sqrt{2}, \sqrt{-1})\to(-\sqrt{2}, \sqrt{-1})$, τ: $(\sqrt{2}, \sqrt{-1})\to(\sqrt{2}, -\sqrt{-1})$. $\sigma\tau=\tau\sigma$, σ の位数2. τ の位数2. G の部分群は, 位数1…{1}, 位数2: $\langle\sigma\rangle$, $\langle\tau\rangle$, $\langle\sigma\tau\rangle$, 位数4 …G. 対応する部分体は, $\boldsymbol{Q}(\sqrt{2}, \sqrt{-1})$, $\boldsymbol{Q}(\sqrt{-1})$, $\boldsymbol{Q}(\sqrt{2})$, $\boldsymbol{Q}(\sqrt{-2})$, $\boldsymbol{Q}$ の五つ.

Exercise 4 (i) $\sqrt[4]{5}$ の共役で $\boldsymbol{Q}(\sqrt[4]{5})$ に入っているものは $-\sqrt[4]{5}$ だけ σ: $\sqrt[4]{5}\to-\sqrt[4]{5}$ は位数2の自己同型. ゆえに, Aut $\boldsymbol{Q}(\sqrt[4]{5})=\langle\sigma\rangle$. 不変体は $\boldsymbol{Q}(\sqrt{5})$.

(ii) 1の虚立方根 $\omega\in\boldsymbol{Q}(\sqrt{-3})$ ゆえ, $\boldsymbol{Q}(\sqrt{-3}, \sqrt[3]{2})=\boldsymbol{Q}(\omega, \sqrt[3]{2})$ はガロア拡大であり, ガロア群は86ページの類題6.1と同様に, $G=\langle\sigma, \tau\rangle$, σ: $(\omega, \sqrt[3]{2})\to(\omega, \omega\sqrt[3]{2})$, τ: $(\omega, \sqrt[3]{2})\to(\omega^{-1}, \sqrt[3]{2})$, σ の位数3, τ の位数2, $\tau\sigma\tau=\sigma^{-1}$. G の位数6. この G が自己同型群. 不変体は $\boldsymbol{Q}$.

(iii) $\boldsymbol{Q}(\sqrt{-1}, \sqrt{3})$ はガロア拡大. 自己同型群はガロア群であり, 前問の(ii)と同様に, $\langle\sigma, \tau\rangle$, σ: $(\sqrt{-1}, \sqrt{3})\to(-\sqrt{-1}, \sqrt{3})$, τ: $(\sqrt{-1}, \sqrt{3})\to(\sqrt{-1}, -\sqrt{3})$. σ, τ の位数は2で, $\sigma\tau=\tau\sigma$. $\langle\sigma, \tau\rangle$ の位数は4. 不変体は $\boldsymbol{Q}$.

Exercise 5 (i) $x^4+5x^2+6=(x^2+2)(x^2+3)$. ゆえに最小分解体 K は $\boldsymbol{Q}(\sqrt{-2}, \sqrt{-3})$. ゆえに前問(iii)と同様に, ガロア群は $\langle\sigma, \tau\rangle$, σ: $(\sqrt{-2}, \sqrt{-3})\to(-\sqrt{2}, \sqrt{-3})$, τ: $(\sqrt{-2}, \sqrt{-3})\to(\sqrt{-2}, -\sqrt{-3})$. σ の位数2, τ の位数2. $\sigma\tau=\tau\sigma$, $\langle\sigma, \tau\rangle$ の位数4.

(ii) 与式$=(x+1)(x^2+1)$ ゆえ最小分解体は $\boldsymbol{Q}(\sqrt{-1})$. ゆえにガロア群は $\langle\sigma\rangle$, $\sigma(\sqrt{-1})=-\sqrt{-1}$, 位数は2.

(iii) 与式$=(x^3+2)(x^2+1)$ ゆえ，最小分解体は $\boldsymbol{Q}(\sqrt[3]{2}, \omega, \sqrt{-1})$, ただし，$\omega$ は1の虚立方根. $\boldsymbol{Q}(\sqrt[3]{2}, \omega)$ はガロア拡大で，そのガロア群が，86ページ類題6.1(i)の，$\langle\sigma, \tau\rangle$. これは，$\sqrt{-1}\to\sqrt{-1}$ であるように拡張できる. η: $(\sqrt[3]{2}, \omega, \sqrt{-1})\to(\sqrt[3]{2}, \omega, -\sqrt{-1})$ となる位数2の元 η がある. ガロア群は $\langle\sigma, \tau, \eta\rangle$, σ の位数3，τ の位数2，η の位数2，$\tau\sigma\tau=\sigma^{-1}$, $\sigma\eta=\eta\sigma$, $\tau\eta=\eta\tau$, $\langle\sigma, \tau, \eta\rangle$ の位数12.

Exercise 6 Advice に書いたように，φ: $\sigma\to\sigma|_M$ を考える. $\varphi(G)=\mathrm{Gal}(M/K)$ は Advice に述べたとおり. $(\sigma\tau)|_M=(\sigma|_M)(\tau|_M)$ は写像の制限ということによってわかる. ゆえに準同型. $\sigma|_M$ が恒等写像 $\Leftrightarrow \sigma\in H$ ゆえ，φ の核は H と一致する. $\therefore$ $\mathrm{Gal}(M/K)\simeq G/H$.

第 12 章

類題1.1. 1の原始5乗根は $x^4+x^3+x^2+x+1=0$ の根. 相反方程式であるから，$y=x+x^{-1}$ とおけば，$y^2=x^2+x^{-2}+2$ ゆえ，$y^2-2+y+1=0$. $\therefore$ $y^2+y-1=0$. $y=(-1\pm\sqrt{5})/2$.

この数を α とすると，$x+x^{-1}=\alpha$. $\therefore$ $x^2-\alpha x+1=0$. $\therefore$ $x=(\alpha\pm\sqrt{\alpha^2-4})/2=(2\alpha\pm\sqrt{4\alpha^2-16})/4$.

答 $(-1+\sqrt{5}\pm\sqrt{-2\sqrt{5}-10})/4$, $(-1-\sqrt{5}\pm\sqrt{2\sqrt{5}-10})/4$.

類題1.2. $\mathrm{Gal}(M/K)=G$ とおき，L に対応する部分群を H とする. G から G/H への自然な準同型を φ とする. σ が G の生成元であれば，$\varphi(\sigma)$ が $\varphi(G)$ の生成元である. ゆえに $\mathrm{Gal}(L/K)$ は巡回群 (87ページ Exercise 6 による). すなわち，L は K の巡回拡大. また，$[L:K]=m$ とおくと，$\varphi(\sigma^n)=1$ であるための条件は n が m の倍数ということであるから，$H=\langle\sigma^m\rangle$. ゆえに，H も巡回群であり，M は L の巡回拡大である.

類題2.1. $x^7-1=(x-1)(x^6+x^5+x^4+x^3+x^2+x+1)$ であるから，x^7-1 の根は1と，$f(x)=x^6+x^5+x^4+x^3+x^2+1$の根とである. $f(x)=0$ は相反方程式であるから，$y=x+x^{-1}$ とおけば $y^2=x^2+x^{-2}+2$, $y^3=x^3+x^{-3}+3y$ ゆえ，$y^3-3y+y^2-2+y+1=0$. $\therefore$ $y^3+y^2-2y-1=0$ これは3次方程式ゆえ，その根 α_1, α_2, α_3 は有理数に，四則演算と $\sqrt{\ }$, $\sqrt[3]{\ }$ をほどこした形で表せる. $f(x)$ の根は $x^2-\alpha_i x+1=0$ を解いて得られるから，$f(x)$ の根についても同様である.

類題2.2. 1の原始4乗根は $\pm\sqrt{-1}$ である. $(x+y\sqrt{-1})^2=\sqrt{-1}$ (x, y は実数) を解けば $x=y=\pm1/\sqrt{2}$ を得る. $(x+y\sqrt{-1})^2=-\sqrt{-1}$ を解けば $x=-y=\pm1/\sqrt{2}$ を得る. 答 $\pm(1+\sqrt{-1})/\sqrt{2}$, $\pm(1-\sqrt{-1})/\sqrt{2}$.

類題2.3. 8次の場合: 4次方程式を解いて，その根 α を用いた. $x^2-\alpha x+1=0$ を解いて根が求められる. α が四則演算と $\sqrt{\ }$, $\sqrt[3]{\ }$ で表せるのだから，もとの方程式の根についてもよい. 6次の場合は，最初に解くのが3次方程式になるだけだから同様である. 奇数次のときは，次数が一つ少い相反方程式の場合に帰するから，7次の場合は6次の場合によってよい. 5次の場合は4次の場合に帰せられる (この場合 $\sqrt[3]{\ }$ は使わないことになる). 4次以内の場合がよいのは当然である.

類題3.1. $\mathrm{Gal}(L/K)=\langle\sigma\rangle$, $\mathrm{Gal}(M/K)=\langle\tau\rangle$ とすると，$\langle\sigma\rangle\times\langle\tau\rangle$ において，$\sigma\tau$ の位数は σ, τ の位数 l, m の最小公倍数である. l, m が互いに素であるから，それは lm. $\therefore$ $\langle\sigma\rangle\times\langle\tau\rangle=\langle\sigma\tau\rangle$ で，これは巡回群. $\langle\sigma\tau\rangle=\mathrm{Gal}(L^*/K)$ ゆえ，例題3により L^* は K の巡回拡大体である.

類題3.2. (i) $\mathrm{Gal}(L^*/K)\simeq G\times H$ ならば，$[L^*:K]=[L:K][M:K]$. $L=K(\alpha)$, $M=K(\beta)$ となる元 α, β をとると，$L^*=K(\alpha, \beta)$ ゆえ，$[L^*:K]=[K(\alpha, \beta):K(\beta)][K(\beta):K]$. 右辺の第1因子は ($\alpha$ の $K(\beta)$ 上の次数)$\leqq$(α の $L\cap M$ 上の次数). 最初の等式は，第1因子が α の K 上の次数に等しいことを示すから，$L\cap M=K$.

(ii) L, M に対応する $G^*=\mathrm{Gal}(L^*/K)$ の部分群を N, N' とすれば, N, N' は正規部分群であり, $N\cap N'=\{1\}$ (L^* が L と M との合成体ゆえ), $NN'=G^*$ ($L\cap M=K$ ゆえ). ゆえに $G^*\simeq N\times N'$. 他方, $G^*/N\simeq G$, $G^*/N'\simeq H$ ゆえ, $G\simeq N'$, $H\simeq N$. $\therefore$ $G^*\simeq N\times N'\simeq H\times G\simeq G\times H$.

(iii) $\mathrm{Gal}(L^*/K)$ の各元 σ を, 例題3の意味において $G\times H$ の元と考えるとき, $\sigma=(\sigma|_L, \sigma|_M)$ である. ゆえに, $(\sigma, \tau)\in\mathrm{Gal}(L^*/K)$ ならば, $\sigma|_{L\cap M}=\tau|_{L\cap M}$. L^* は $L\cap M$ のガロア拡大で, $\mathrm{Gal}(L^*/(L\cap M))\simeq\mathrm{Gal}(L^*/K)/\mathrm{Gal}((L\cap M)/K)$ ゆえ, 一つの $\eta\in\mathrm{Gal}((L\cap M)/K)$ に対して, $\sigma|_{L\cap M}=\eta$ となる $\mathrm{Gal}(L^*/K)$ の元 σ は $[L^*:(L\cap M)]$ 個だけ存在する. したがって, $\sigma|_{L\cap M}=\tau|_{L\cap M}=\eta$ となる $(\sigma, \tau)\in G\times H$ の数が $[L^*:(L\cap M)]$ 個であることがわかればよい. $\{(\sigma, \tau)\in G\times H\,|\,\sigma|_{L\cap M}=\tau|_{L\cap M}\}\ni(\sigma, \tau)\to\sigma|_{L\cap M}\in\mathrm{Gal}((L\cap M)/K)$ は準同型だから, $\eta=1$ のときにいえればよい. (ii)の結果を $L\cap M$ 上のガロア拡大と考えて適用すれば, $\mathrm{Gal}(L^*/(L\cap M))\simeq\mathrm{Gal}(L/(L\cap M))\times\mathrm{Gal}(M/(L\cap M))$. 右辺は $\{(\sigma, \tau)\in G\times H\,|\,\sigma|_{L\cap M}=\tau|_{L\cap M}=1\}$ と自然に同一視されるから, 上のことがいえた.

類題3. 3. l と m との最大公約数を d で表そう. $\mathrm{Gal}(L/K)=\langle\sigma\rangle$, $\mathrm{Gal}(M/K)=\langle\tau\rangle$ とする. $\mathrm{Gal}((L\cap M)/K)=\langle\sigma|_{L\cap M}\rangle=\langle\tau|_{L\cap M}\rangle$. したがって, τ の代りに τ の適当なべきをとることにより, $\sigma|_{L\cap M}=\tau|_{L\cap M}$ と仮定してよい. 前問(iii)により, $\mathrm{Gal}(L^*/K)=\{(\sigma^i, \tau^j)\,|\,\sigma^i|_{L\cap M}=\tau^j|_{L\cap M}\}$ と考えられる. 仮定により, $(\sigma, \tau)\in\mathrm{Gal}(L^*/K)$.

(i) $[L\cap M:K]=d$ のとき: ((σ, τ) の位数)=(l と m の最小公倍数)$=lm/d$. 一方 $[L^*:K]=[L^*:L\cap M][L\cap M:K]$ 第1因数は前問により $[L:L\cap M][M:L\cap M]=(l/d)(m/d)$. $\therefore$ ((σ, τ) の位数)$=[L^*:K]$. $\therefore$ $\mathrm{Gal}(L^*/K)=\langle(\sigma, \tau)\rangle$.

(ii) $[L\cap M:K]\neq d$ のとき: $l=[L:L\cap M][L\cap M:K]$, $m=[M:L\cap M][L\cap M:K]$ ゆえ, $[L\cap M:K]$ は l, m の公約数. ゆえに $[L\cap M:K]<d$. ゆえに, $[L^*:K]>lm/d$. $\langle\sigma\rangle\times\langle\tau\rangle$ のどの元の位数も lm/d の約数であるから, $\mathrm{Gal}(L^*/K)$ は巡回群ではない.

類題4. 1. $120=2^3\times3\times5$ ゆえ, 単位円に内接する正120角形の作図ができる. $3^\circ=360^\circ\div120$ ゆえ, 3° の作図ができる. ゆえに, 3の倍数の度数の角は作図できる. 次に, 3の倍数でない n について, n° の作図ができたとする. $n=3m\pm1$ となる自然数 m があり, $3m^\circ$ の作図ができるのだから, それと n° との差の 1° の作図ができることになる. すると正360角形の作図ができることになる. 360は 3^2 の倍数であるから, 例題4の結果により不合理. ゆえに, 作図できるのはnが3の倍数のときに限る.

類題4. 2. 1の原始7乗根 ζ が与えられての作図ということになる. ζ が与えられていなくても, 1の原始17乗根 η の作図はできる. $\zeta\eta$ は1の原始7×17乗根であるから, 正7×17角形の作図ができる.

類題4. 3. n が奇素数 p を因子にもつならば, どんな角の p 等分も作図可能のはずである. 正 p^2 角形の作図ができないのだから, 360° または $(360/p)^\circ$ の p 等分はできない. ゆえに n は2のべきである.

類題4. 4. x^3-a が有理数体 $\boldsymbol{Q}$ 上既約ならば, 93ページの定理1により, どの根も作図できない. x^3-a が $\boldsymbol{Q}$ 上可約であるならば, x^3-a が $\boldsymbol{Q}$ 上一次因子をもつ. すなわち, 一根は有理数であり, 他の根は有理数であるか, $\boldsymbol{Q}$ 上2次の元である. したがって, これらは作図できる. すなわち,「一つの根の作図が可能」$\Leftrightarrow$「x^3-aが $\boldsymbol{Q}$ 上可約」$\Leftrightarrow$「a はある有理数の3乗」$\Leftrightarrow$「三根とも作図可能」.

類題4. 5. ヒントで述べたように, 最小分解体 L 上での二次式の積への分解を考える. 二つの因子を x^2+ax+b, $x^2+a'x+b'$ としてみると, $a+a'=0$, $bb'=1$ ゆえ,

$x^4+x+1=(x^2+ax+b)(x^2-ax+b^{-1})$, $a^2=b+b^{-1}$, $a^{-1}=b^{-1}-b$. $\therefore$ $2b=a^2-a^{-1}$, $2b^{-1}=a^2+a^{-1}$. $\therefore$ $a^4-a^{-2}=4$. $\therefore$ $a^6-4a^2-1=0$. L の元 a^2 の最小多項式は X^3-4X-1. ゆえにガロア群の位数は3の倍数.

Exercise 1 $\sqrt[4]{5}$ の $\boldsymbol{Q}$ 上の共役は $\pm\sqrt[4]{5}, \pm\sqrt{-1}\sqrt[4]{5}$ ゆえ, $L=\boldsymbol{Q}(\sqrt[4]{5}, \sqrt{-1})$. $\therefore$ $[L:\boldsymbol{Q}]=8$. $\sigma:(\sqrt[4]{5}, \sqrt{-1})\mapsto(\sqrt{-1}\sqrt[4]{5}, \sqrt{-1})$ と $\tau:(\sqrt[4]{5}, \sqrt{-1})\mapsto(\sqrt[4]{5}, -\sqrt{-1})$ はガロア群の元で, $\sigma\tau$ によって, $\sqrt[4]{5}\mapsto\sqrt{-1}\sqrt[4]{5}$, また $\tau\sigma$ によって $\sqrt[4]{5}\mapsto-\sqrt{-1}\sqrt[4]{5}$ となるから, $\sigma\tau\neq\tau\sigma$.

Exercise 2 **問 1** $\zeta_p\zeta_q$ は1の原始 pq 乗根であるから，F_{pq} は F_p と F_q の合成体である．$\varphi(pq)=\varphi(p)\times\varphi(q)$. 定理1により $[F_{pq}:\boldsymbol{Q}]=\varphi(pq)$, $[F_p:\boldsymbol{Q}]=\varphi(p)$, $[F_q:\boldsymbol{Q}]=\varphi(q)$. 例題3により，$\mathrm{Gal}(F_{pq}/\boldsymbol{Q})\subseteq\mathrm{Gal}(F_p/\boldsymbol{Q})\times\mathrm{Gal}(F_q/\boldsymbol{Q})$ であるが，$\mathrm{Gal}(F_{pq}/\boldsymbol{Q})$ の位数が $\varphi(pq)$ で，これが $\mathrm{Gal}(F_p/\boldsymbol{Q})\times\mathrm{Gal}(F_q/\boldsymbol{Q})$ の位数と一致するのであるから，上の $\subseteq$ は $=$. F_{pq} が $\boldsymbol{Q}$ の巡回拡大であれば，$\mathrm{Gal}(F_p/\boldsymbol{Q})$ と $\mathrm{Gal}(F_q/\boldsymbol{Q})$ は互いに素な位数をもたなくてはならない．しかし，$\varphi(p)$, $\varphi(q)$ ともに偶数ゆえ，$\mathrm{Gal}(F_p/\boldsymbol{Q})\times\mathrm{Gal}(F_q/\boldsymbol{Q})$ は巡回群ではない．

問 2 1の原始 n 乗根は $\varphi(n)$ 個ある．前半: $\mathrm{Gal}(F_n/\boldsymbol{Q})\simeq(\boldsymbol{Z}/n\boldsymbol{Z})^\times$ で右辺の位数が $\varphi(n)$ であるから，$[F_n:\boldsymbol{Q}]=\varphi(n)$. 後半: $[F_n:\boldsymbol{Q}]=\varphi(n)$ ゆえ，1の原始n乗根は互いに共役である．ゆえに，a が n と素な整数ならば，ガロア群 $\mathrm{Gal}(F_n/\boldsymbol{Q})$ の元 σ_a で，ζ_n を $\zeta_n{}^a$ に写すものがある．$a\equiv b \pmod{n}$ ならば $\sigma_a=\sigma_b$. したがって，このような σ_a 全体が $\varphi(n)$ 個ある．$\mathrm{Gal}(F_n/\boldsymbol{Q})$ の位数は $[F_n:\boldsymbol{Q}]=\varphi(n)$. ゆえ，$\mathrm{Gal}(F_n/\boldsymbol{Q})=\{\sigma_a | a$ と n とは素$\}$. $\sigma_a\sigma_b=\sigma_{ab}$ は $\sigma_a\sigma_b(\zeta_n)$ をしらべてすぐわかる．ゆえに，$(a \bmod n)\mapsto\sigma_a$ は $(\boldsymbol{Z}/n\boldsymbol{Z})^\times$ とガロア群との同型を与える．

問 3 ζ_n を $\zeta_n{}^{-1}$ にうつすガロア群の元を τ とする．$\tau^2=1$, $\tau\eta_n=\eta_n$. $\zeta_n{}^2-\eta_n\zeta_n+1=0$ ゆえ $[\boldsymbol{Q}(\zeta_n):\boldsymbol{Q}(\eta_n)]\leqq 2$. ゆえに，$\sigma\in\mathrm{Gal}(F_n/\boldsymbol{Q})$, $\sigma\eta_n=\eta_n$ ならば，σ は1，τ のいずれか．($n\geqq 3$ ゆえ，$\zeta_n{}^{-1}\neq\zeta_n$ ゆえ $\tau\neq 1$.) ゆえに $\boldsymbol{Q}(\eta)$ は位数2の部分群 $\langle\tau\rangle$ に対応する．$\therefore$ $[F_n:\boldsymbol{Q}(\eta)]=2$. n が奇素数であると仮定する．n を法とする原始根の一つを r とすると，$(\boldsymbol{Z}/n\boldsymbol{Z})^\times$ は $\bar{r}=(r \bmod n)$ で生成された，位数 $n-1$ の巡回群である．したがって $\mathrm{Gal}(\boldsymbol{Q}(\eta_n)/\boldsymbol{Q})$ は η_n を $\zeta_n{}^r+\zeta_n{}^{-r}$ にうつすような元で生成された，位数 $(n-1)/2$ の巡回群である．

問 4 $\boldsymbol{Q}(\zeta_m,\zeta_n)\subseteq F_l$ は明らか．l の素因数 p に対して，m, n の p べき因数が p^s, p^t であれば，l には p^s, p^t の大きい方がきっかり p べき因数として現れる．$s\geqq t$ ならば ζ_m の m/p^s 乗は1の原始 p^s 乗根．というわけで，$l=p_1{}^{e_1}p_2{}^{e_2}\cdots p_c{}^{e_c}$ ならば，各 i について，1の原始 $p_i{}^{e_i}$ 乗根が $\boldsymbol{Q}(\zeta_m,\zeta_n)$ に含まれる．ゆえに，$\boldsymbol{Q}(\zeta_m,\zeta_n)$ は1の原始 l 乗根を含む．$\therefore$ $\boldsymbol{Q}(\zeta_m,\zeta_n)=F_l$ [蛇足: m と n とが互いに素という仮定がないから，$\zeta_m\zeta_n$ は1の原始 l 乗根であるとは限らぬ].

$F_m\cap F_n\supseteq F_d$ は明らか．p, s, t は上と同様とする．l, m, n, d に含まれる p べき因数によって定まる $\varphi(l)$, $\varphi(m)$, $\varphi(n)$, $\varphi(d)$ の因数は $s\geqq t$ のとき，p^s-p^{s-1}, p^s-p^{s-1}, ($t\geqq 1$ のとき，p^t-p^{t-1}; $t=0$ のとき，1), ($t\geqq 1$ のとき，p^t-p^{t-1}; $t=0$ のとき1)．$s\leqq t$ のときも同様ゆえ，$\varphi(l)\varphi(d)=\varphi(m)\varphi(n)$ である．$[F_m:F_d]=\varphi(m)/\varphi(d)$. $[F_n:F_d]=\varphi(n)/\varphi(d)$. F_l が F_m と F_n との合成体であるから，もしも $F_m\cap F_n\neq F_d$ であれば，$\varphi(l)/\varphi(d)=[F_l:F_d]=[F_l:F_m][F_m:F_d]\leqq[F_n:F_m\cap F_n][F_m:F_d]<[F_n:F_d][F_m:F_d]=\varphi(n)\varphi(m)/\varphi(d)^2=\varphi(l)/\varphi(d)$ となり不合理．$\therefore$ $F_m\cap F_n=F_d$.

Appendix 1

練習 1 素数が有限個しかないと仮定し，それら全体を p_1, p_2, $\cdots$, p_n としよう．$N=p_1p_2\cdots p_n+1$ の素因数 q を考えると，p_1, p_2, $\cdots$, p_n が素数全部であったことから，q は p_i のどれかと一致する．ゆえに $N=1 \pmod{q}$. これは q が N の素因数であったことに反する．

練習 2 $n=ab$ (a, b は自然数>1) とする．X^a-1 は $X-1$ でわりきれるから，$2^n-1=(2^b)^a-1$ は 2^b-1 でわりきれる．これは 2^n-1 が素数ということに反する．ゆえに n は素数．

Appendix 3

練習 1 例えば，$\sum x^2y$ のように一つの単項式に $\sum$ をつけたときは，その単項式の文字をかえたもの全部を加えた対称式を表すことにする．(1)の問題の式は $\sum x^2y$ である．

(1) 最大の単項式は x^2y であるから，最初に引き算するのは $s_2s_1=(\sum xy)(\sum x)$. これを計算すると $\sum x^2y+3xyz$ であるから，与式 $\sum x^2y=s_2s_1-3s_3$.

(2) x^4 が最大の項ゆえ，最初に引き算をするのは $s_1^4=(\sum x)^4=\sum x^4+4\sum x^3y+6\sum x^2y^2+12\sum x^2yz$. $\therefore$ 与式$-s_1^4=\sum x^4-2\sum x^2yz-\sum x^4-4\sum x^3y-6\sum x^2y^2-12\sum x^2yz=-4\sum x^3y-6\sum x^2y^2-14\sum x^2yz$.

最大の項は $-4x^3y$ ゆえ，次に引き算をするのは $-4s_2s_1^2=-4(\sum xy)(\sum x)^2=-4(\sum x^3y+2\sum x^2y^2+5\sum x^2yz)$. 与式 $-s_1^4+4s_2s_1^2=2\sum x^2y^2+6\sum x^2yz$. $2x^2y^2$ が最大の項ゆえ，次に引き算をするのは $2s_2^2=2(\sum x^2y^2+2\sum x^2yz)$. 与式 $-s_1^4+4s_2s_1^2-2s_2^2=2\sum x^2yz=2s_3s_1$. $\therefore$ 与式$=s_1^4-4s_2s_1^2+2s_2^2+2s_3s_1$.

Appendix 4

練習 1 (1) $(x^2+\lambda)^2=(2\lambda-2)x^2+4x+(\lambda^2-8)$. 右辺の判別式 $D=4(4-(2\lambda-2)(\lambda^2-8))=8(2-\lambda^3+\lambda^2+8\lambda-8)=-8(\lambda^3-\lambda^2-8\lambda+6)$. $\lambda=3$ とすると，$D=0$. ゆえ $\lambda=3$ とする．

$$(x^2+3)^2=4x^2+4x+1=(2x+1)^2 \qquad \therefore\ x^2+3=\pm(2x+1)$$

$$\left.\begin{array}{lll} +\text{の方}: & x^2-2x+2=0 & \therefore\ x=1\pm\sqrt{-1} \\ -\text{の方}: & x^2+2x+4=0 & \therefore\ x=-1\pm\sqrt{-3} \end{array}\right\} \text{(答)}$$

(2) $y=x+1$ とおいて　$y^4-3y^2+2y+5=0$

$$(y^2+\lambda)^2=(2\lambda+3)y^2-2y+(\lambda^2-5) \quad \text{右辺の判別式}\ D=4(1-(2\lambda+3)(\lambda^2-5))$$

$\lambda=-2$ とすると $D=0$ であるから $\lambda=-2$ とする．$y^2-2=\pm\sqrt{-1}(y+1)$

$+$のとき $y^2-\sqrt{-1}y-(2+\sqrt{-1})=0$. $\therefore\ y=\dfrac{\sqrt{-1}\pm\sqrt{7+4\sqrt{-1}}}{2}$

$-$のとき $y^2+\sqrt{-1}y-(2-\sqrt{-1})=0$　$y=\dfrac{-\sqrt{-1}\pm\sqrt{7-4\sqrt{-1}}}{2}$.

$x=y-1$ ゆえ　答 $x=-1+\dfrac{\sqrt{-1}\pm\sqrt{7+4\sqrt{-1}}}{2}$, $-1-\dfrac{\sqrt{-1}\pm\sqrt{7-4\sqrt{-1}}}{2}$.

[補足] $z=x^{-1}$ とおけば 3 次の項のない方程式が得られるから，それを使うのもよい．

練習 2 (1) $x=-1$ を根にもつから，左辺$=(x+1)(x^3+5x^2+8x+6)$. これは $x=-3$ を代入して 0 になるから，左辺$=(x+1)(x+3)(x^2+2x+2)$. $\therefore\ x=-1,\ -3,\ -1\pm\sqrt{-1}$.

(2) 左辺 $f(x)=x^6-21x^4-48x^3-24x^2-16$ の導函数 $f'(x)$ は $6x^5-84x^3-144x^2-48x=6x(x^4-14x^2-24x-8)$. 重根をみつけるのには，$f(x)$ と $x^4-14x^2-24x-8$ との共通根をみつければよい．互除法を利用して，$(x+2)^2$ が $f(x)$ と $f'(x)$ との最大公約元であることがわかるので，-2 が $f(x)$ の三重根である．ゆえに $f(x)$ は $(x+2)^3$ で整除される: $f(x)=(x+2)^3(x^3-6x^2+3x-2)$.

x^3-6x^2+3x-2 において，$y=x-2$ とおくと $y^3-9y-12$ となる．この三次式の根はカルダノ公式により $d=q^2+4p^3=36$, $\alpha^3=(-q+\sqrt{d})/2=9$, $\beta^3=(-q-\sqrt{d})/2=3$ を用いて，$\alpha+\beta=\sqrt[3]{9}+\sqrt[3]{3}$, $\omega\alpha+\omega^2\beta=-\dfrac{1}{2}((\sqrt[3]{9}+\sqrt[3]{3})+\sqrt{-3}(\sqrt[3]{3}-\sqrt[3]{9}))$, $\omega^2\alpha+\omega\beta=-\dfrac{1}{2}((\sqrt[3]{9}+\sqrt[3]{3})-\sqrt{-3}(\sqrt[3]{3}-\sqrt[3]{9}))$ の三つである．$x=y+2$ ゆえ

答　6 根は -2 (3 重), $2+\sqrt[3]{9}+\sqrt[3]{3}$, $2-\dfrac{1}{2}((\sqrt[3]{9}+\sqrt[3]{3})\pm\sqrt{-3}(\sqrt[3]{3}-\sqrt[3]{9}))$.

Appendix 5

練習 1 $f(x)$ は mod 30 では唯一つゆえ，例の $f(x)$ の 4 次以下の係数を mod 30 で同じという条件で変えればよい．例えば $x^5-5x^4-20x^3+5x^2+4x+9$.

練習 2 $g(x)=x^5+x-1$ は (mod 3) で既約である．(証明: これは $\boldsymbol{Z}/3\boldsymbol{Z}$ では根をもたないから，可約とすれば 2 次の因子をもつ．ゆえに，$\boldsymbol{Z}/3\boldsymbol{Z}$ の 2 次拡大に根をもたないことを示せばよい．それには，x^8-1 との最大公約元 ($\boldsymbol{Z}/3\boldsymbol{Z}$ 上での) を求めて，x^8-1 と共通因子のないことをたしかめればよい)．$h_1(x)=x^4+x+1$ は (mod 2) で既約である．(理由　一次因子はもたないから，分解すれば 2 次因子をもつ．$\boldsymbol{Z}/2\boldsymbol{Z}$ の 2 次拡大体の元は 4 個の元から成り x^4+x を 0 にするから，x^4+x+1 は 0 にならない．) そこで $h(x)=xh_1(x)$ とおいてよい．$k_1(x)=x^2-x+3$(mod 7) は既約 ($\boldsymbol{Z}/7\boldsymbol{Z}$ に根をもたないから)．そこで，$k(x)=(x^2-x+3)(x+1)(x-1)x=x^5-x^4+2x^3+x^2-3x$ とおいてよい．そこで $f(x)$ の一例は $f(x)=x^5+6x^4-12x^3+15x^2-17x+14$

Appendix 6

練習 1 $\mathrm{Gal}(\boldsymbol{Q}(\zeta_7)/\boldsymbol{Q})=\langle\sigma\rangle$，ただし，$\sigma\zeta_7=\zeta_7^{-2}$ (このように σ を定めると，σ^2: $\zeta_7\mapsto\zeta_7^4=\zeta_7^{-3}$，$\sigma^3$: $\zeta_7\mapsto\zeta_7^6=\zeta_7^{-1}$ ということから，σ の位数が 6 であることがわかる．したがって，$\langle\sigma\rangle$ がガロア群と一致する)．$\boldsymbol{Q}$ の 2 次拡大は指数 2 の部分群に対応する．指数 2 の部分群は $\langle\sigma^2\rangle$ だけ．したがって，$\boldsymbol{Q}$ の 2 次拡大で $\boldsymbol{Q}(\zeta_7)$ に含まれるものは唯一で，$\langle\sigma^2\rangle$ の不変体である．ζ_7 を使ってそれを求めれば $\eta=\zeta_7+\zeta_7^2+\zeta_7^4$ を $\boldsymbol{Q}$ につけた体でよいのであるが，具体的に求めてみると，$\eta=(-1\pm\sqrt{-7})/2$ であるので，$\boldsymbol{Q}(\sqrt{-7})$ が求める 2 次拡大である．(ζ_7 を求めるのには，6 次の相反方程式 $x^6+x^5+x^4+x^3+x^2+x+1=0$ を解けばよい．これは 3 次方程式を解くことによって解ける．計算の詳細は略す)．

練習 2 $\Phi_3(x)$ が mod p で可約 $\Leftrightarrow$ $p=3$ または $p\neq 3$ で $\boldsymbol{Z}/p\boldsymbol{Z}$ の乗法群に位数 3 の元がある $\Leftrightarrow$ $p=3$ または $p-1\equiv 0$ (mod 3)．

$\Phi_5(x)$ については，同様にして，(i) $\Phi_5(x)$ が mod p で一次因子をもつ $\Leftrightarrow$ $p=5$ または $p-1\equiv 0$ (mod 5)．(ii) $\Phi_5(x)$ が mod p で一次因子はもたないで，2 次因子をもつ $\Leftrightarrow$ $\boldsymbol{Z}/p\boldsymbol{Z}$ の 2 次拡大で始めて 1 の原始 5 乗根が含まれる $\Leftrightarrow$ $p^2-1\equiv 0$ (mod 5)，かつ $p-1\not\equiv 0$ (mod 5)．

(i)，(ii)合せて: $\Phi_5(x)$ が mod p で可約 $\Leftrightarrow$ $p^2-1\equiv 0$ (mod 5) または $p=5$．

練習 3 $\Phi_8(x)=x^4+1$ がその例である．これは mod 2 では $(x+1)^4$ に分解する．p が奇素数ならば，$p^2-1\equiv 0$ (mod 8) であるから，$\boldsymbol{Z}/p\boldsymbol{Z}$ の 2 次拡大 K を考えると，K の乗法群 K^* は位数 p^2-1 の巡回群であり，1 の原始 8 乗根をもっている．ゆえに $\Phi_8(x)$ は mod p では 2 次または 1 次の因子をもつ．($p-1\equiv 0$ (mod 8) のとき一次因子の積に分解，そうでないとき 2 次因子二つの積に分解)．

練習 4 (i) $\boldsymbol{Q}(\zeta_7)$　(ii) $\boldsymbol{Q}(\zeta_{17}+\zeta_{17}^{-1})$ (これについては96ページの Exercise 2，問 3 参照)．

練習 5 二つの有限巡回群 G, H の直積が巡回群であるための条件は，G, H の位数が互いに素であることである．$\varphi(n)$ は $n=1, 2$ を除けばすべて偶数であるから，$\mathrm{Gal}(\boldsymbol{Q}(\zeta_n)/\boldsymbol{Q})$ が巡回群になる場合は，(1) n が奇素数のべき，(2) n が 2×(奇素数のべき)，(3) $n=4$ のいずれかのときということで特徴づけられる (奇素数のべきといえば，1 も含められることに注意)．

Appendix 7

練習 1 $3=2^2-1$ ゆえ，$3^2\equiv 1-2^3$ (mod 2^4)，$3^4\equiv 1-2^4$ (mod 2^5)，…となるから，$\bar{5}$ のときと同様の結果になる．

練習 2 n のべきの因数 n' を適当にとって，(n の素因数であるような素数の積) の方の因数×n' が n のべきであるようにすることができる．n' を分母分子にかけてみると，分数は，残りの因数を分母にしたものと比べれば，小数点を変えただけのものになる．

練習 3 60=4×3×5．ゆえに求める群 $\simeq\langle\sigma\rangle\times\langle\tau\rangle\times\langle\eta\rangle$, σ, τ, η の位数 3, 2, 4．$n=70$ のときは $70=2\times5\times7$ ゆえ，求める群 $\simeq\langle\alpha\rangle\times\langle\beta\rangle$, α, β の位数 4, 6．これは $\alpha\beta^2$ の位数が12であるから，$\langle\alpha\beta^3\rangle\times\langle\beta^2\rangle$ として，位数12の巡回群と位数 2 の巡回群との直積にも表せる．

Appendix 8

練習 1 x と y とで生成されたイデアル $x\boldsymbol{Q}[x,y]+y\boldsymbol{Q}[x,y]$ は単項イデアルではない．（理由: $=f\boldsymbol{Q}[x,y]$ となると，f は x,y の共通因子．$\therefore f\boldsymbol{Q}[x,y]=\boldsymbol{Q}[x,y]\ni1\notin x\boldsymbol{Q}[x,y]+y\boldsymbol{Q}[x,y]$)．ゆえに定理 2 により $\boldsymbol{Q}[x,y]$ はユークリッド環ではない．

練習 2 アイゼンシュタインの既約性定理の証明の真似をすればよい．すなわち，既約でないとしたら，定理 4 と条件③とにより $(b_0x_n{}^e+b_1x_n{}^{e-1}+\cdots+b_e)(c_0x_n{}^f+c_1x_n{}^{f-1}+\cdots+c_f)$（ただし，$b_i$, c_j は $x_1,\cdots,x_{n-1}$ についての多項式，$e+f=d$, $e>0$, $f>0$）と分解する．x_1, $\cdots$, x_{n-1} に 0 を代入してみると，条件①によれば，$a_0(0,\cdots,0)x_n{}^d$ になるのだから，定理 5 の(1)の証明と同様にして，b_i, c_j の $(0,\cdots,0)$ における値は，b_0, c_0 は 0 でない値，他の b_i, c_j は 0 となる．すなわち，b_0, c_0 は定数項 $\neq0$ をもち，他の b_i, c_j は定数項 0 である．すると，x_n の多項式としての定数項 $b_ec_f=a_d$ には 2 次以上の項ばかりになり，仮定②に反する．

Appendix 9

練習 1 K が有限体，標数が p，元数が p^e とする．e より大きい自然数 d をとり $q=p^d$ に対して，X^q-X を考える．導函数=1 ゆえ X^q-X は K の代数的閉包において重根をもたない．ゆえに K の代数的閉包は q 個以上の元をもたなくてはならず，K の元数では不足．これがどの有限体にもいえるのだからこの命題の証明ができる．

練習 2 複素数の中に超越数があるから．

Appendix 10

練習 1 x,y についての条件は，l の方程式(一次式)と円 C の方程式（2 次式）とを連立させたものであるから，解をつけ加えた体は 2 次以内の拡大である．

練習 2 二円の方程式を連立させたとき，方程式を引き算すれば，一次と 2 次の連立になるから，上と同じ理由が適用される．

Appendix 11

練習 1 x,y の間の代数関係がなく，$z^2=x^2+y^2$ ゆえ z は $\boldsymbol{Q}(x,y)$ に代数的．ゆえに，x, y は一つの超越基．x, z; y, z についても同様．

練習 2 $K=K_0\subseteq K_1=K_0(x_1)\subseteq\cdots\subseteq K_i=K_{i-1}(x_i)\subseteq\cdots\subseteq K_n=K_{n-1}(x_n)$ という列を考えれば，$\{x_i|K_i$ は K_{i-1} 上超越的$\}$ は L の超越基になる．

練習 3 L が $K'=K(y_1,\cdots,y_r)$ 上代数的であるならば $y_1,\cdots,y_r$ が超越基だからよい．代数的でないならば，K'

上超越的な L の元 y_{r+1} をとって $y_1, \cdots, y_r$, y_{r+1} を考えて同様のことをくりかえす．超越次数有限だから，超越次数だけの元数になったとき操作は止まり，$y_1, \cdots, y_r$ を含む超越基が得られる．

Appendix 12

練習 1　ε は Q の中心の元ゆえ，$\boldsymbol{R}[Q]$ でも中心に属する．ゆえに $(1+\varepsilon)\boldsymbol{R}[Q]$ は両側イデアルである．$\boldsymbol{R}[Q] \to \boldsymbol{R}[Q]/(1+\varepsilon)\boldsymbol{R}[Q]$ の自然準同型では Q の元を $1, i, j, k, \varepsilon, \varepsilon i, \varepsilon j, \varepsilon k$ と表したとき，$a+bi+cj+dk+e\varepsilon+f\varepsilon i+g\varepsilon j+h\varepsilon k \to (a-e)+(b-f)i+(c-g)j+(d-h)k$ と写されるが，四元数体の構成では，ε を -1 と同一視し，したがって，$ai, \varepsilon j, \varepsilon k$ を $-i, -j, -k$ と同一視しているのだから，同型なものが得られている．

練習 2　124ページの証明に使った $\boldsymbol{R}$ の性質は，体であること以外には，r, s, t, u のうちに 0 でないものがあれば，$r^2+s^2+t^2+u^2 \neq 0$ ということだけである．したがって，$\boldsymbol{R}$ の部分体を代りに使っても非可換体ができる．

索　　引

あ　行

アイゼンシュタインの既約性定理……33
アーベル拡大……92
アーベル群……45
アルキメデスの公理……15
余り……3
イデアル……57
位数……45
一次独立(基)……74
一般線型群……47
因子……30
因数……30
　——定理……29
埋め込み……79
円周等分多項式……108
オイラーの函数……26

か　行

ガウス平面……23
カルダノの解法……36
ガロア拡大……85
ガロア群……85, 86
ガロアの基本定理……85
可解……102
可換群……45
可換体……46
加群……74
解（一次合同式の）……9, 11
外部自己同型……63
核……51
拡大次数……75
型……63
完全数……1
完全体……77
環……46
奇置換……62
基本対称式……59
既約……30, 113
　——剰余類……110
逆元……45
虚軸……23
虚数単位……21
虚部……21
虚立方根（1の）……26
虚 p 乗根（1の）……26
共役……22, 63, 83
行列表現……123
極形式……23
極大イデアル……58
極大元……117
偶置換……62
群……45
　——多元環……123
係数……30
結合法則……44
原始根（…を法とする）……78
原始 n 乗根（1の）……26
互換……60
互除法……1, 5
公倍元……30
公倍数……3
公約元……30
公約数……3
交代群……59
交代式……64
交換子……58
　——群……58
交換法則……44
合同……9
　——（方程）式……11
根……32

さ　行

差積……62
最簡交代式……62
最小公倍元……30
最小公倍数……30
最小多項式……75
最小分解体……80
最大公約元……30
最大公約数……30
作図……93
四元数群……124

四元数体……124
次(対称群，交代群，置換群などの)……59, 60
次数……30, 75
　見かけ上の——……30
自己同型……53
　——群……53
自然準同型……55, 57
指数……48, 59
実軸……23
実部……21
重根……32
商……3
　——環……57
　——群……55
　——体……73
剰余……3
　——定理……29
　——環……57
　——群……55
剰余類……48
　——環……57
　——群……55
巡回拡大体……89
巡回群……52
巡回置換……60
純虚数……21
純非分離的……115, 116
準同型……52
進法表記……2
数学的帰納法……6
ゼロ……46
正規部分群……55
正則元……46
生成……52, 68
　——元……52
　——系……74
整……70
　——域……70
　——数環……72
　——除……3, 30
　——閉包……71
斉次式……31
絶対値……22
素……3
　——イデアル……72
　——因子分解の一意性……30
　——因数分解の一意性……30
素元……113
　——分解環……113
　——分解の一意性……30
素数……3
相似……111
相反方程式……36

た　行

代数(数)体……70
代数的……75
　——数……70
　——整数……70
　——独立……121, 122
　——に解ける……102
　——に閉じている……115
　——閉体……115
　——閉包……115
対称群……60
対称式……64
体……46
単位元……45
単元……30, 46
　——群……48
単項イデアル環……69
単項イデアル整域……113
単項式……30
単射……79
単純群……105
置換……60
　——群……60
　——表現……66
中心……58, 123
超越基……121, 122
超越次数……121, 122
超越数……16
超越的……75, 121
直積……47, 54, 56
直和……47
ツォルンの補題……117
同型……52, 53, 54
　——写像……52
　中への——……79
導来群……58

な 行

内部自己同型……63
二重帰納法……7
二面体群……124

は 行

倍元……30
倍数……3, 30
非可換体……46
非分離的……81
左イデアル……57
左加群……74
左剰余類……48
標数……81
フェラリの解法……101
フェルマーの問題……70
不変体……77
部分環……47
部分群……45
部分体……47
部分分数……34
複素数……20
複素共役……22
複素平面……23
分配法則……44
分離(代数)的……81
べき等元……47
べき零元……46
変換……63
偏角……23
ホーナーの方法……41

ま 行

右イデアル……57
右加群……74
右剰余類……48
無理数……16
モニック……115

や 行

約元……30
約数……3, 30
——の総和……4
ユークリッド環……69
ユークリッド整域……113
ユークリッドの互除法……1, 5
有限群……45
有限次代数体……70
有限生成……74
有限体……81
有理数……16
有理整数……70

ら 行

両側イデアル……57
零……46
——因子……46
連立一次合同式……12

著者紹介：

永田 雅宜（ながた・まさよし）

昭和2年生まれ

京都大学名誉教授，理学博士

著書：

集合論入門，森北出版，2003

抽象代数への入門，朝倉書店，2005

大学院への代数学演習，現代数学社，2006

群論への招待，現代数学社，2007

可換環論，紀伊國屋書店，2008

復刊 近代代数学，秋月康夫・永田雅宜共著，共立出版，2012

ほか

新訂　新修代数学

1984年　6月20日　　初　版1刷発行
2017年10月25日　　新訂版1刷発行

検印省略

著　者　　永田雅宜
発行者　　富田　淳
発行所　　株式会社　現代数学社
〒606-8425 京都市左京区鹿ヶ谷西寺ノ前町1
TEL 075 (751) 0727　FAX075 (744) 0906
http://www.gensu.co.jp/

印刷・製本　　亜細亜印刷株式会社

ISBN978-4-7687-0477-6

落丁・乱丁はお取替え致します.